## अभिप्राय

शस्त्रक्रिया करताना भूल देण्याच्या पद्धती, इजिप्त मध्ये इसवीसनपूर्व ३९०० मध्ये केला जाणारा आरशांचा वापर, स्वाहिली भाषेचे संस्कृत भाषेशी असलेले साम्य आदी रंजक माहिती या पुस्तकात वाचायला मिळेल.

**दै. सकाळ - ११/०१/२००९**

'कर्तबगार पूर्वजांचे पुराव्याने स्मरण'

**महाराष्ट्र टाईम्स - २६/०७/२००९**

'विज्ञानाचा ऐतिहासिक ठेवा'

**लोकसत्ता - २६/०४/२००९**

# आपल्या पूर्वजांचे विज्ञान

निरंजन घाटे

मेहता पब्लिशिंग हाऊस

Ⓒ +91 020-24476924 / 24460313

Email : production@mehtapublishinghouse.com

Website : www.mehtapublishinghouse.com

◆ *या पुस्तकातील लेखकाची मते, घटना, वर्णने ही त्या लेखकाची असून त्याच्याशी प्रकाशक सहमत असतीलच असे नाही.*

**AAPALYA PURVAJANCHE VIDNYAN** by NIRANJAN GHATE

**आपल्या पूर्वजांचे विज्ञान : निरंजन घाटे**

Email : author@mehtapublishinghouse.com

© निरंजन घाटे

प्रकाशक : सुनील अनिल मेहता, मेहता पब्लिशिंग हाऊस,
१९४१, सदाशिव पेठ, माडीवाले कॉलनी, पुणे – ४११०३०.

प्रकाशनकाल : नोव्हेंबर, २००८ / मे, २००९ / ऑक्टोबर, २०१० /
मे, २०१३ / सप्टेंबर, २०१४ / पुनर्मुद्रण : जानेवारी, २०२०

मुखपृष्ठ : चंद्रमोहन कुलकर्णी

P Book ISBN 9788190734431
E Book ISBN 9789353170721

E Books available on : play.google.com/store/books
www.amazon.in
https://books.apple.com

# माझी भूमिका

विज्ञान विषयावरील कुठल्याही व्याख्यात्याला, कुठल्याही ठिकाणी हमखास विचारण्यात येणारे दोन-तीन प्रश्न म्हणजे बर्म्युडा ट्रँगलविषयीची माहिती, पिरॅमिडची शक्ती, महाभारतातले अणुबॉम्ब आणि विमानं, तसंच आपले देव म्हणजे परग्रहावरून आलेली माणसं होती का? हे प्रश्न विचारून झाले की, विज्ञानविषयाचा व्याख्याता त्याच्या कुवतीप्रमाणे या प्रश्नात कसं तथ्य नाही, हे श्रोत्यांना सांगतो. मग प्रश्नकर्त्यांपैकी एखादा उठतो आणि वादाचा पवित्रा घेतो. हे सगळं छापून आलंय, मी एक पुस्तक वाचलंय, असं असताना तुम्ही याला खोटं कसं म्हणता, असं त्याचं म्हणणं असतं. छापलेलं सर्व खरंच असतं असं नाही हे म्हणणं त्याला पटत नसतं. रेल्वेतून प्रवास करताना त्यानं शंभर-दोनशे रुपये खर्च करून घेतलेलं आणि त्याचा बहुमूल्य वेळ खर्च करून वाचलेलं पुस्तक रद्दी आहे, हे त्याला मान्य होणं अवघड असतं.

आपल्याकड खूप तंत्रज्ञान होतं, विज्ञानाची खूप प्रगती झाली होती. पुढं पाश्चात्त्य माणसानं साम्राज्य पसरवायच्या धडपडीत इतर संस्कृतींना दुय्यम ठरवून त्यांचं सर्व ज्ञान नष्ट केलं, अशा तऱ्हेचा दावा करणारी पुस्तकं १९६५ नंतर बाजारात मोठ्या संख्येनं आली. ही पुस्तकं लिहिणाऱ्यांत चार्ल्स बर्लित्झ, अलेक्झांडर टोमास आणि एरिख फॉन डॅनिकेन यांचा फार मोठा वाटा होता. याशिवायही इतर लेखक होतेच. १९५२ साली जॉर्ज अॅडाम्स्की नावाच्या लेखकानं एक फार मोठं पुस्तक लिहिलं. मोठं म्हणजे जाडजूड. 'रोझवॉल इन्सिडेन्स'नंतर लगेचच दोन-तीन वर्षांत ते बाजारात आलं. हे पुस्तक वाचलं की, या पुढच्या पुस्तकांचा उगम कुठून आहे ते लक्षात येतं. या 'जॉर्ज अॅडाम्स्की'च्या पुस्तकात बर्म्युडा ट्रँगल, आकाशातून आलेले देव, रामायण-महाभारतातली विमानं आणि अण्वस्त्र, रेड इंडियन दंतकथा, अटलांटिस आणि सूर्यमालेतील दहावा ग्रह, उडत्या तबकड्या अशा सर्व बाबी आपल्याला आढळतात.

या प्रकारच्या लेखनावर विश्वास ठेवणारी माणसं प्रत्यक्ष या क्षेत्रात संशोधन करणाऱ्या माणसांवर म्हणजे पुरातत्त्व शास्त्रज्ञ, जीवाश्म संशोधक अशा व्यक्तींवर विश्वास ठेवत नाहीत. आर्किऑलॉजी (पुरातत्त्व) आणि पॉलिएंटॉलॉजीचे (पुराजीवशास्त्र) अभ्यासक पुरावे गोळा करण्यासाठी धडपडतात. उत्खननं करतात. उत्खननात सापडलेल्या वस्तूंचा कसून अभ्यास करतात. या वस्तू किती वर्षांपूर्वीच्या आहेत तो काळ अचूक ठरवण्याची आज सोय आहे. इथं अचूक असा शब्द वापरलाय तो दिवस, वार आणि घड्याळी वेळ या अर्थानं नव्हे तर साधारण शे-दोनशे वर्षे इकडे तिकडे या अर्थानं. लाख-पाच लाख वर्षांमध्ये शे-दोनशे वर्षे कोणाच्याही खिजगणतीत नसतात. गेल्या दोन-पाच हजार वर्षांत घडलेल्या घटनांचे योग्य पुरावे मिळाले तर पाच-पन्नास वर्षे इकडे तिकडे इतपत अचूक त्या पुराव्यावरून एखाद्या गोष्टीचं वय ठरवता येतं. शास्त्रज्ञ त्यांच्या त्या पुराव्यातल्या त्रुटी मान्य करूनच हे पुरावे आपल्या पुढं ठेवतात, कसे ते आपण पुढे बघणार आहोतच.

शास्त्रज्ञांनी फॉन डॅनिकेन किंवा बर्लित्झचा पुरावा खोटा ठरवला तर त्याबाबत जो प्रतिवाद केला जातो तो वाचण्यासारखा असतो. जर फॉन डॅनिकेन आणि बर्लित्झचं म्हणणं मान्य केलं तर शास्त्रज्ञ चुकीच्या मार्गानं जात होते असं सिद्ध होईल, म्हणून ते हे म्हणणं मान्य करीत नाहीत. शास्त्रज्ञ काही वेळा एखादं संशोधन अमान्य करतात हे खरं आहे; पण सबळ पुरावे मिळाले तर असं संशोधन पुढं मान्य केलं जातं. फॉन डॅनिकेनसारख्यांचे बरेच पुरावे हे 'अमक्या तमक्या वस्तुसंग्रहालयात होते पण पुढे गायब झाले' या स्वरूपाचे असतात. याबद्दल एक गमतीशीर पुरावा माझ्याकडे आहे.

१९७२ च्या सुमारास फॉन डॅनिकेनचा आणि माझा पत्रव्यवहार चालू असे. 'चॅरियट्स ऑफ गॉड' या त्याच्या पुस्तकानं मला मोहिनी घातली होती. भारतामधल्या प्रत्येक व्यक्तीला संस्कृत येतं अशी डॅनिकेनची ठाम समजूत होती. डॅनिकेनच्या 'एन्शंट ऑस्ट्रॉनाट सोसायटी'चा मी स्वीकृत सदस्य होतो. 'एन्शंट स्काईज्' या त्यांच्या नियतकालिकात मी एक-दोन लेखही लिहिले होते. दरम्यान, 'एन्शंट स्काईज' मध्ये दोन लेख प्रसिद्ध झाले. त्या लेखांबरोबर छायाचित्रेही होती. हे दोन लेख साधारणपणे पुढील प्रकारचे होते.

माल्टा नावाचं बेट आहे. तिथं चुनखडकांमध्ये मैलोगणती लांब समांतर चर पडले होते. असे चर का पडावेत? कुठल्या तरी अतिप्रगत संस्कृतीच्या प्रचंड वेगानं जाणाऱ्या वाहनांच्या चाकांमुळं हे चर पडले होते. बहुधा अटलांटिस या बुडालेल्या महाखंडावर वावरणाऱ्या अतिबुद्धिमान महामानवांची ही वाहनं असावीत, असा हा पहिला लेख होता. दुसरा लेख ऑस्ट्रेलियातील पिरॅमिडवरचा होता. हे दोन्ही लेख सचित्र होते. या दोन्ही लेखांतील चित्रं बघितली तेव्हा मला आश्चर्याचा धक्काच बसला. त्या काळात मी भूशास्त्राचं अध्ययन आणि अध्यापन करीत होतो. माल्टात जे चर होते ते ज्या-ज्या ठिकाणी चुनखडक (म्हणजे फरशीचा दगड) सापडतो. त्या-त्या ठिकाणच्या चुनखडकात तसेच चर नैसर्गिकरीत्या निर्माण होतात हे मला ठाऊक होते. भूशास्त्राच्या सर्व पाठ्यपुस्तकात अशा चरांची छायाचित्रे छापलेली असत. ऑस्ट्रेलियातील पिरॅमिडच्या पायऱ्याही अशाच होत्या. त्याच सुमारास माझा एक मित्र ऑस्ट्रेलियात स्थायिक व्हायला गेला होता. त्याला मी त्या मजकुराची नक्कल करून पाठविली. (तेव्हा झेरॉक्सची सोय नव्हती) मला उत्तर म्हणून माझ्या मित्रानं ऑस्ट्रेलियातील वृत्तपत्रांची कात्रणं पाठवली.

फॉन डॅनिकेनच्या ऑस्ट्रेलियन पिरॅमिडची माहिती प्रसिद्ध होताच डॅनिकेननं लिहिलेल्या माहितीवरून तो पिरॅमिड ज्या भागात होता असं लिहिलेलं होतं त्या भागात अनेक ऑस्ट्रेलियन जाऊन आले होते. यात शास्त्रज्ञही होते. त्या भागाची विमानांनी घेतलेली छायाचित्रे आणि भास प्रतिमा तपासण्यात आल्या. कुणालाही तो पिरॅमिड आढळला नव्हता. माझा तर्क खरा ठरला. अशा अनेक पायऱ्या मी महाराष्ट्रात बघितल्या होत्या. महाराष्ट्रातून बेसॉल्ट नावाचा ज्वालामुखीय खडक आहे. या खडकातल्या भेगांमध्ये जेव्हा खालून येणारा लाव्हा शिरतो आणि थिजतो तेव्हा त्याच्या अशा पायऱ्या निसर्गत:च तयार होतात. यांची रुंदी काही वेळा दहा मीटर किंवा त्याहीपेक्षा जास्त असू शकते. याला भित्ती म्हणतात. अशा भित्ती पुण्याजवळही आळंदीला इंद्रायणी नदीच्या पात्रात उघड्या पडल्या आहेत.

हे मी 'एन्शंट स्काईज'ला कळवलं. यामुळं 'एन्शंट स्काईज' विश्वासार्हता गमावून बसेल असंही मी म्हटलं. तेव्हापासून 'एन्शंट स्काईज' आणि फॉन डॅनिकेननं माझ्याशी संपर्क बंद केला. तर हे असे लोक 'दुनिया झुकती है,

झुकानेवाला चाहिए' या म्हणीप्रमाणे वागत असतात. दुर्दैवानं यांची पुस्तकं भरपूर वाचली जातात. या पुस्तकातलं म्हणणं खोडून काढणारी पुस्तकं मात्र त्या प्रमाणात वाचलीही जात नाहीत आणि खपतही नाहीत. याचं कारण त्या पुस्तकांत वैज्ञानिक माहिती असते. चटपटीतपणा नसतो. भावनेला आवाहन नसतं. परग्रहावरील माणसं पृथ्वीवर आली तेव्हा त्यांनी स्वत:बरोबर हवेच्या बाटल्या आणल्या होत्या. तोंडावरच्या मुखवट्यात हवा सोडणाच्या नळीला आपण सोंड समजतो. त्यामुळं गणपतीला सोंड आली असं म्हटलं की, आपल्याला एकदम भारावून जायला होतं. याचं कारण देवभोळ्या माणसाला आपला देव कसा का असेना, खरंच अस्तित्वात होता, असा पुरावा मिळाला याचाच आनंद जास्त असतो.

मी एरिख फॉन डॅनिकेनची, चार्ल्स बर्लिट्झची आणि इतरही अनेक लेखकांची या विषयांवरची बरीच पुस्तकं वाचली. त्या पुस्तकांवर टीका करणारी, त्यातला खोटेपणा सिद्ध करणारीही पुस्तकं वाचली आणि एक दिवस मनात विचार आला की, या लोकांचा प्रतिवाद करण्याऐवजी प्राचीन काळात मानवी तंत्रज्ञानाची आणि विज्ञानाची किती प्रगती झाली, ती कशी झाली, त्याचे कोणते पुरावे उपलब्ध आहेत वगैरे माहिती एकत्र करावी आणि ती मराठीत प्रसिद्ध करावी. या प्रयत्नांमध्ये मला जे. डी. बर्नल यांचं 'सायन्स इन हिस्टरी', 'ॲनल्स ऑफ द न्यूयॉर्क ॲकॅडमी ऑफ सायन्सेस' खंड ४४१, 'सायन्स ॲण्ड टेक्नॉलॉजी इन मेडिकल सोसायटी', 'एन्शंट इन्व्हेन्शन्स' हे पीटर जेम्स आणि निक थॉर्पे यांचे पुस्तक, कार्ल सागन यांचं लेखन, 'स्केप्टिकल एन्क्वायरर', 'सायन्स' आणि 'सायंटिफिक अमेरिकन' मधले काही लेख यांचा खूप उपयोग झाला, ते ऋण मान्य करणं आवश्यक वाटतं. आपल्या पूर्वजांनी ते ज्या परिस्थितीत होते, ज्या काळात वावरत होते, त्या काळास अनुसरून अनेक शोध लावले आणि त्यामुळेच मानव जातीची प्रगती होत राहिली. काही शोध झटकन सर्वत्र पसरले तर काही काळाच्या ओघात नाहीसे झाले. काही शोध काही काळ मागे पडले. नंतर त्यांना अनुकूल अशी परिस्थिती निर्माण होताच या शोधांनी डोकं वर काढलं, तर काही वेळा कृती तीच पण पद्धत वेगळी अशा तऱ्हेनं आपण काही तंत्रं आत्मसात केली.

पूर्वी उपयुक्त असलेले शोध आणि तंत्रं नाहीशी का झाली, यालाही मानवी

स्वभावच कारणीभूत ठरला. चीनमध्ये एका उत्खननात सुमारे दोन हजार वर्षांपूर्वीची ॲल्युमिनियमची भांडी सापडली. ॲल्युमिनियम हे त्याच्या खनिजापासून – बॉक्साईटपासून– वेगळं करण्याची पद्धत गेल्या शतकाच्या उत्तरार्धात माणसाला हस्तगत झाली. शुद्ध स्वरूपातील ॲल्युमिनियमला त्याआधी सोन्याहून जास्त किंमत होती. नेपोलियन, पीटर द ग्रेट असे मोठे लोकच फक्त ॲल्युमिनियमच्या थाळ्यात जेवू शकत. पुढं विद्युत विघटनानं शुद्ध ॲल्युमिनियम मिळविण्याचा शोध लागला आणि ॲल्युमिनियमचा भाव संपला. ते राजवाड्यामधून रस्त्यावर आलं. या पार्श्वभूमीवर दोन हजार वर्षांपूर्वी शुद्ध ॲल्युमिनियमची भांडी सापडावीत हे फार महत्त्वाचं ठरतं. ॲल्युमिनियम शुद्ध स्वरूपात निसर्गात सापडत नाही. त्या चिनी माणसाला ॲल्युमिनियम बॉक्साईटपासून मिळवायची पद्धत योगायोगानं म्हणा किंवा इतर काही प्रयोग करताना लक्षात आली. त्यानं ती कुणाला कळू न देता वापरली आणि त्याच्या मृत्यूनंतर ती पद्धत त्याच्याबरोबरच लुप्त झाली.

कोकणातल्या अनेक वैद्यांच्या आख्यायिका मी ऐकल्या आहेत. त्यांच्याकडे अनेक रोगांवर रामबाण औषधं असायची. मृत्यू अगदी समीप आला की, ते ही औषधं मोठ्या मुलाला सांगायचे. तो मुलगा जर गुणी नसेल तर त्या वैद्याची विद्या त्याच्याबरोबरच लयास जात  असे किंवा असा वैद्य आकस्मिक मेला तरी ती विद्या संपायची. आपली विद्या घेऊन मुलगा आपलाच प्रतिस्पर्धी बनला अशी अनेक उदाहरणं त्या वैद्यराजांनी बघितलेली, ऐकलेली असायची. यामुळेच ते ही सावधगिरी बाळगत असत. शिवाय तरुण मनाला अनेक मोह पडतात. यामुळे ही विद्या दुसऱ्याच्या हाती जाईल ही भीती असे. काही वेळा बढाईखोर माणसं स्वतःचा मोठेपणा सिद्ध करण्यासाठी विद्या गमवून बसल्याच्या कथाही माझे आजोबा सांगायचे.

कोकणातल्या जडीबुटींची माहिती असलेल्या बऱ्याच वैद्यराजांचे चिरंजीव मुंबईस गेले आणि चाकरमाने बनले. यामुळेही बरीच विद्या गेली. हे आपल्या देशातच घडलं किंवा घडतंय असंही नाही. हे सर्वत्र घडत आलंय. बऱ्याच पाश्चिमात्य वैद्यकीय संशोधन संस्थांनी आता आदिवासींकडे जाऊन वनस्पतींचे औषधी गुणधर्म समजावून घेण्यास सुरुवात केली आहे.

मानव जातीचं प्राचीन काळातलं ज्ञान जायला आणखीही काही घटना कारणीभूत ठरल्या आहेत. पूर्वी फार थोड्या गोष्टी लिहून ठेवल्या जात असत. त्या जतन करणारी ग्रंथालयं मग विद्येचं माहेरघर म्हणून ओळखली जायची. ख्रिश्चन धर्मीयांनी आणि नंतर मुसलमानांनी अशी असंख्य ग्रंथालये पाखंडी मताचा प्रसार करतात म्हणून उद्ध्वस्त केली. त्यातली हस्तलिखितं जाळली. अलेक्झांड्रिया, नालंदा अशा ग्रंथालयांची अशा तऱ्हेने वाट लागली. त्याबरोबर खूप ज्ञान नाहीसं झालं.

हे मान्य करूनही आपले पूर्वज चंद्रावर जात होते, आकाशात विहार करीत होते, त्यांच्याजवळ अण्वस्त्र बनविण्याचं ज्ञान होतं, यावर विश्वास ठेवणं अवघड वाटतं. जोपर्यंत ठोस पुरावे मिळत नाहीत तोपर्यंत अशा गोष्टींवर विश्वास ठेवणं ही आत्मवंचना ठरेल, असं मला वाटतं.

माझा काही पुरातत्त्वशास्त्रज्ञांशी संबंध आला. काही उत्खननांना भेटी देण्याचा योग आला. तेव्हापासूनच उपलब्ध पुराव्यांचा वापर करून तंत्रज्ञानाची किंवा वैज्ञानिक प्रगतीची माहिती मी यापूर्वी वेळोवेळी लिहिली. पुढं पृथ्वीवरच्या विविध जमातीतील चालीरीतींची माहिती मी गोळा करीत होतो. त्यावेळीही प्रत्येक जमात ही आपल्या परिस्थितीनुरूप प्रगत होते. त्या जमातीला भले एखाद्या कृतीमागचे वैज्ञानिक तत्त्व माहीत नसते पण त्या तत्त्वाचा वापर करून निर्माण होणारे तंत्रज्ञान ही जमात वापरते. काही वेळा एखादा शोध वेळेआधीच लागतो. त्याला पूरक तंत्रज्ञान उपलब्ध नसते तेव्हा तो शोध मागे पडतो. याचं उदाहरणच घ्यायचं तर अग्निबाणाचं घेता येईल. टिटॅनियमचा शोध लागेपर्यंत अग्निबाणाबद्दल खूप सैद्धांतिक माहिती आणि गणिती आकडेमोड तयार होती. पण त्यातून फारसं काही निष्पन्न होत नव्हतं. टिटॅनियम आणि मिश्र धातू तंत्रामध्ये प्रगती होताच अग्निबाण तंत्रज्ञानात झपाट्यानं प्रगती झाली. अशी अनेक उदाहरणे आहेत.

विसाव्या शतकाला निरोप द्यायची आणि एकविसाव्या शतकाचे स्वागत करण्याची एक नामी संधी साप्ताहिक मार्मिक आणि त्याचे कार्यकारी संपादक श्री. पंढरीनाथ सावंत यांच्यामुळे मिळाली. 'आकाशातून आलेले परग्रहवासी म्हणजे आपले देव' अशा अर्थाची जी पुस्तके असतात, त्यांचे दावे कसे फोल असतात याबद्दल आम्ही बोलत होतो. प्रत्यक्ष पुरावे कोणकोणते आहेत, याबद्दल काही लेख

लिहिता येतील, पण ते सलग छापायला लागतील असं मी म्हटलं तेव्हा श्री. सावंत यांनी 'तू लिही' असं म्हटलं. सहा महिने चालवायचं हे सदर, पुढे सहा महिने, मग आणखी एक वर्ष चाललं. त्याला वाचकांचा चांगलाच प्रतिसाद मिळाला. त्याची कात्रणं गोळा करून बघताना या लेखमालेची दोन पुस्तक तयार करता येतील असंही लक्षात आलं. यातला एक भाग होता, तो माणसानं स्वत:ची काळजी घेण्यासाठी जे प्रयत्न केले त्याचा वैद्यकीय उपचार, सौंदर्य प्रसाधनं, वैयक्तिक स्वच्छता, बाग-बगिचे वगैरे. म्हणून या पुस्तकास, 'आपल्या पूर्वजांचे विज्ञान' असं नाव दिलं आहे तर दळणवळण, कालवे, युद्धसाधने इत्यादी माहिती असलेल्या पुस्तकास 'आपल्या पूर्वजांचे तंत्रज्ञान' असं नाव दिलं आहे.

या पस्तकात पृथ्वीवरील विविध भागांत, विविध क्षेत्रांत प्राचीन काळी विज्ञान आणि तंत्रज्ञानाची जी प्रगती झाली होती आणि ज्या प्रगतीचे सबळ पुरावे उपलब्ध आहेत, अशा प्रगतीचाच विचार केला आहे. आपल्या पूर्वजांचे तंत्रज्ञान वाचताना याबाबतचे गैरसमज दूर होतील, अशीही आशा आहे.

ह्या दोन्ही पुस्तकांसाठी वापरलेल्या ग्रंथांची यादी पुस्तकांमध्ये दिली आहे. ही दोन्ही पुस्तके लिहिताना मला संदर्भ मिळवून देण्याचे काम माझी पत्नी डॉ. सविता घाटे हिने तिची कामे व संशोधन सांभाळून करून दिले, हे नमूद करणे भाग आहे. 'मेहता पब्लिशिंग हाऊस' या संस्थेनं माझी किमान पन्नास पुस्तके काढली असावीत, त्या संस्थेच्या सर्वांनीच न कंटाळता आणि आपुलकीनं ह्या दोन्ही पुस्तकांना पूर्णत्वास नेलं. या पुस्तकांची निर्मिती करणं हे तसं किचकट काम होतं. सुनील मेहतांसह सर्वांनीच माझा जाच सहन केला आहे. त्यांचे परिश्रमही नोंदवणं मी माझं कर्तव्य समजतो.

# तिसऱ्या आवृत्तीच्या निमित्ताने

एखाद्या पुस्तकाची तिसरी आवृत्ती निघणं ही लेखकाच्या दृष्टीनं आनंदाची गोष्ट असते. त्यातही ते पुस्तक विज्ञानविषयक असताना ते वाचकांनी आपलं म्हणावं, त्यामुळे आपल्या लेखनाची पावती मिळाली असं वाटतं. 'आपल्या पूर्वजांचे विज्ञान' आणि 'आपल्या पूर्वजांचे तंत्रज्ञान' ही पुस्तके प्रसिद्ध झाल्यानंतर अनेक वाचकांनी दूरध्वनी करून तसंच पत्र पाठवून माझं अभिनंदन केलं. त्या सर्वांचे आभार मानणं, हे मी माझं कर्तव्य मानतो. तिथं हेही स्पष्ट करणं भाग आहे की, सर्वच पत्रं किंवा दूरध्वनी हे अभिनंदन करणारे नव्हते, तर या पुस्तकावर टीका करणारेही होते. या टीकेचा सूर दोन प्रकारचा होता. एक म्हणजे या पुस्तकात भारतीयांनी प्राचीन काळी केलेल्या वैज्ञानिक प्रगतीची दखल घेतलेली नाही. त्याबद्दलची माझी भूमिका मी खरं तर पुस्तकाच्या सुरुवातीलाच स्पष्ट केलेली आहे. ज्यांचे पुरावे उपलब्ध आहेत अशाच वैज्ञानिक आणि तंत्रज्ञान विषयक गोष्टींचा समावेश या पुस्तकांमध्ये केला आहे. त्यानुसार अनेक भारतीय बाबींचा समावेश या दोन्ही खंडात केलेला आहे.

रामायण आणि महाभारत हे पुराणग्रंथ बहुतेक भारतीयांनी वाचलेले असतात. रामायणाबद्दल बरंच संशोधन झालंय. कुठल्याही संशोधकाने रावणाची लंका ही आजची श्रीलंका असं म्हटलेलं नाही. तसे पुरावे उपलब्ध नाहीत. परिशिष्ट १ मध्ये हनुमानाबद्दलचे एक मानवशास्त्रीय स्पष्टीकरण देण्यात आले आहे. तसेच परिशिष्ट २ मध्ये 'अ क्हॉल्युम ऑफ इस्टर्न अँड इंडियन स्टडीज्'च्या १९३९मधील विशेषांकातील श्री. एम. व्ही. किबे त्यांच्या 'इनहॅबिटंट्स ऑफ द कंट्री अराउंड रावणाज् लंका इन अमरकंटक' या लेखासोबत देण्यात आलेला लंकेचा स्थानदर्शक नकाशाही देण्यात आलेला आहे.

ज्या विज्ञान तंत्रज्ञानाबद्दल पुरावे उपलब्ध आहेत अशा प्राचीन भारतीय विज्ञान- तंत्रज्ञानाबद्दल एक पुस्तक लिहिण्यासाठी संदर्भ साहित्य गोळा करण्याचे माझे प्रयत्न सुरू आहेत. ते पूर्ण होताच, लेखन सुरू करून हे पुस्तक मेहतांच्या हाती सोपविण्याचा संकल्प मी सोडला आहे. तो केव्हा पूर्ण होतो, ते बघायचे.

तिसऱ्या आवृत्तीच्या तयारीत आधीच्या आवृत्तीमधील राहिलेले काही मुद्रणदोष दूर करण्यास मदत करणारा माझ मित्र आनंद केतकर याचे आभार.

निरंजन घाटे

# अनुक्रमणिका

# आद्य रुग्णालये

आदिमानव हा उघड्यावर राहणारा प्राणी होता. शिकार करणे, दुसऱ्या प्राण्यांनी केलेली शिकार चोरणे, फळे आणि कंदमुळे वेचणे हे त्याचे पोट भरायचे मार्ग होते. त्याला बरेच शत्रू होते. यामुळे चकमकीत झालेल्या जखमा बऱ्या व्हाव्यात म्हणून झाडपाला वापरणे, जखमी टोळी-बांधवांची सेवाशुश्रूषा करणे अशा गोष्टींमधून वैद्यकशास्त्राचा पाया घातला गेला, असं मानलं जातं. मानवशास्त्रज्ञ आणि पुरातत्त्व शास्त्रज्ञांच्या मते माणसानं माणसाची काळजी घ्यायला सुरुवात

प्राचीन रुग्णालय

केली त्याचा पहिला ठाम पुरावा उत्तर इराकमधल्या शानिदार गुहांमध्ये सापडला. इथं आदिमानवाची एक वेगळीच जात राहात होती. या जातीच्या मानवांना निअँडरथल मानव म्हणण्यात येतं. हे निअँडरथल मानव फारसे बुद्धिमान नसावेत आणि त्यांच्या जगण्याला शिस्त नसावी; असं १९६० पूर्वी मानण्यात येत असे. पण १९६०-

७० या काळात शानिदार गुहांमध्ये जे पुरावे मिळाले त्यावरून निअँडर्थल मानव हा शिस्तबद्ध जीवन जगत होता. त्याच्या आयुष्यात परंपरांना स्थान होतं, असे पुरावे मिळाले. निअँडर्थलांनी त्यांच्या टोळीतील मृतांना व्यवस्थित पुरून त्यावर कबरी बांधल्या होत्या. सर्व प्रेतं एका विशिष्ट ठिकाणी पुरली होती. ती एकमेकांना समांतर होती. एवढंच नव्हे तर या प्रेतात एका जखमी झालेल्या आणि नंतर जखम व्यवस्थित बरी झालेल्या निअँडर्थलाचं प्रेत होतं. हा निअँडर्थल मेला तेव्हा ४० वर्षांचा होता. त्याला जीर्ण संधिवात होता. तो कुठेतरी बसला असताना डोक्यावर दगड कोसळून मेला होता. ही घटना सुमारे पन्नास हजार वर्षांपूर्वी घडली होती. त्याचे दात खूप झिजलेले होते. तो शिकार करण्यास किंवा फळे वेचण्यास असमर्थ असल्यामुळं त्याला त्याच्या जमातीनं चामडी चावून मऊ करायचं काम दिलं होतं. त्यामुळं त्याचे दात एवढे झिजले असावेत.

नीट चालण्यास असमर्थ असलेली व्यक्ती ४० वर्षे जगली याचाच अर्थ जमातीनं तिच्या पालनपोषणाची जबाबदारी घेतली होती असा आपण लावू शकतो. याहीपेक्षा महत्त्वाची गोष्ट म्हणजे या व्यक्तीचा उजवा हात दंडाजवळ तुटला होता. त्या दंडाच्या हाडाच्या तुकड्याला पुढच्या बाजूनं गोलाई प्राप्त झाली होती. यावरून हात तुटल्यानंतर ती जखम पूर्णपणे भरून आलेली होती, हे स्पष्ट होते. या प्रेताच्या तसंच या दफनस्थानातील बऱ्याच प्रेतांवर फुलं वाहिली होती. त्यावरून निअँडर्थल आपल्या टोळीतील वृद्धांची काळजी घेत होतेच; पण मृत्यूनंतरही त्यांच्याबद्दल आदर व्यक्त करित होते. गंभीर स्वरूपांच्या जखमांतून त्यांचे रुग्ण बरे होत होते, हे स्पष्ट होतं.

पूर्वी अशी समजूत होती की, आदिमानवी टोळ्या अपंग किंवा मतिमंद मुलांना लहानपणीच मारून टाकत असत. पुराश्मयुगातले काही पुरावे या समजुतीस खोटे ठरवणारे आहेत. दक्षिण इटालीमधील रिपारो डेल रोमिटो इथल्या गुहेत केलेल्या उत्खननात एका कुबड्या बुटक्या मुलाचे अवशेष मिळाले आहेत. तो सतरा वर्षांचा होऊन नैसर्गिक कारणांनी मेला होता. तो मेल्याला आता बारा हजार वर्षे होऊन गेली. त्याच्या शारीरिक अपंगत्वामुळं समाजाला त्याचा काहीच उपयोग नव्हता. तरीही त्या टोळीनं या मुलाला सांभाळलं होतं.

मानवी इतिहासातल्या पुराव्यानं शाबित झालेला पहिला वैद्य मेसोपोटेमियात होता, त्याचं नाव लुलू. तो सुमेरचा प्रमुख वैद्य होता असा लिखित पुरावा मिळाला आहे. त्याआधी वैद्य होऊन गेले असणार. लुलूनं त्याची विद्या दूरदूर प्रवास करून प्राप्त करून घेतली होती, याचाच अर्थ त्यालाही शिकवणारे कुणीतरी होते. पण लुलूच्या आधीच्या वैद्यांबद्दल पुरावा उपलब्ध नाही. पिरॅमिड बांधताना मजुरांना होणाऱ्या दुखापतींवर उपचार करणाऱ्या वैद्यांबद्दलची माहिती इजिप्तमध्ये आढळते.

खि. पू. २६०० ते खि. पू. २१०० या काळात एकूण पन्नास प्रमुख वैद्यांची नोंद करण्यात आली आहे. या सर्व वैद्यराजांच्या कबरींवर त्यांच्या वैद्यकीय कौशल्याचा आदरपूर्वक उल्लेख आढळतो. पॅपिरीवरच्या लेखनातही या वैद्यराजांच्या कौशल्याची वर्णनं, त्यांनी केलेल्या शस्त्रक्रिया आणि त्यांनी वापरलेली औषधं यांची सविस्तर वर्णने आढळतात. विशेषत: काही औषधी वनस्पतींचे कोणते भाग कोणत्या आजारात कसे वापरले जातात हे यात सांगितले आहे.

इजिप्त हे औषधांबरोबरच औषधी ज्ञानाचे आगर आहे याची ग्रीकांना कल्पना होती. त्यांनी वेगवेगळ्या ग्रंथांतून हे ऋण मान्य केलं आहे. इजिप्तमधील या ज्ञानाचा फायदा हिप्पोक्रॅटीसनं (खि.पू. ४६० ते ३८०) घेतला. प्राचीन ग्रीक संस्कृतीच्या सुवर्णकाळात तो एजिअन सागरातल्या कोस या बेटावर राहत होता. ग्रीकांनी पर्शियनांचा नुकताच पराभव केला होता. त्यामुळे पूर्वेकडून बरंच वैद्यकीय ज्ञान ग्रीकांना मिळवता आलं होतं. हिप्पोक्रॅटीसनं त्या काळात त्याला उपलब्ध असं सर्व वैद्यकीय ज्ञान एकत्र संकलित केलं. हिप्पोक्रॅटीसनं वैद्यांसाठी जी शपथ तयार केली, ती आजही आधुनिक डॉक्टरांच्या नैतिकतेचा आधार मानली जाते.

हिप्पोक्रॅटीसचा वैद्यकशास्त्राकडं पाहण्याचा दृष्टिकोन अगदी शास्त्रीय होता. रुग्णाचं निरीक्षण करून या निरीक्षणाच्या नोंदी तो ठेवी आणि नोंदींची तुलनाही करीत असे. रुग्णाचं मन प्रसन्न राहायला हवं, रुग्णाच्या सभोवतालची परिस्थिती चांगली असावी यावर त्याचा कटाक्ष असे. वैद्य हा रोगी बरा करण्यात निसर्गाला मदत करतो, या विचाराचा त्याच्यावर प्रभाव होता. रोग झाल्यावर उपचार करण्याऐवजी, रोग होऊ नये म्हणून काळजी घेणं त्याला महत्त्वाचं वाटत असे. खाण्यावर नियंत्रण आणि मोकळ्या हवेत व्यायाम हा आरोग्याचा पाया आहे. चालण्यासारखा व्यायाम नाही; असं तो म्हणे. हवेतील बदलाचा मानवी प्रकृतीवर परिणाम होतो, हे तो ठामपणे सांगायचा. डॉक्टर कसा दिसतो, कसा वागतो हेसुद्धा रुग्णाच्या दृष्टीनं महत्त्वाचं ठरतं, असं तो लिहून गेला.

याच काळात इराणमध्येही वैद्यक भरभराटीला आलं होतं. यातले बरेच वैद्य भारतातून शस्त्रक्रिया तंत्र शिकून जात असत. त्या काळात झरथुष्ट्राचा (पारशी) धर्म इराणमध्ये प्रमुख धर्म होता. इथल्या शल्य शास्त्रज्ञाला शस्त्रक्रियेचा परवाना मिळवायचा असेल तर त्याला झरथुष्ट्री नसलेल्या तीन रुग्णांवर आधी शस्त्रक्रिया करून दाखवाव्या लागत असत. या शस्त्रक्रियांमधून ते तीन अ-झरथुष्ट्री रुग्ण वाचले तरच मग त्याला पर्शियन झरथुष्ट्री नागरिकांवर शस्त्रक्रिया करायचा परवाना मिळत असे.

रोमन साम्राज्यात वैद्यराजांचा खर्च स्थानिक स्वराज्य संस्था करीत असत. हे सरकारी डॉक्टर रुग्णाची खबर मिळताच त्याच्या घरी जाऊन रुग्णावर उपचार करीत असत. तसंच हे सरकारी डॉक्टर आजकालच्या सरकारी डॉक्टरांप्रमाणेच

वागत असत. श्रीमंत रोमनांसाठी वेगळे डॉक्टर असायचे. इ.स.पू. २२० मध्ये रोममध्ये पहिल्या सार्वजनिक 'प्रमुख' वैद्याची नेमणूक झाली. याने तक्षशिलेला सिकंदराबरोबर जाऊन आलेल्या मॅसेडोनियन वैद्याच्या हाताखाली प्रशिक्षण घेतलं होतं. चाकू वापरणं आणि जखमा बंद करण्यासाठी तापलेल्या पळ्यांचा उपयोग हे या 'आर्कार्गेथस' नावाच्या वैद्याचं वैशिष्ट्य होतं. त्याला रोमन नागरिक 'खाटिक' अशा टोपणनावानं ओळखत असत. त्या काळातला एक ज्येष्ठ रोमन सिनेटर 'कॅटो द एल्डर' याने ग्रीकांनी रोमविरुद्ध एक गुप्त कट रचला असून रोमच्या प्रमुख नागरिकांना नष्ट करण्यासाठी ते 'आर्कार्गेथस' सारखे वैद्यराज रोममध्ये पाठवतात, असे उद्गार काढले होते.

इ.स.१९८९ मध्ये टस्कनीच्या किनाऱ्याजवळ ख्रि.पूर्व शंभरच्या काळातलं एक बुडालेलं जहाज सागरतळावरील उत्खननात सापडलं. या जहाजावर वैद्यासाठी वेगळी खोली होती. या खोलीत या वैद्यराजांची औषधे व हत्यारे असलेल्या एकूण १३६ लाकडी पेट्या मिळाल्या. त्यात मलमं, झाडपाला रक्त वाहू देण्यासाठी हत्यारं, रक्त शोषण्याच्या तुंबड्या; जळवांची पेटी आणि जखमा बऱ्या करणाऱ्या ऑस्क्लेपियस नावाच्या देवाचा लाकडी पुतळाही होता.

चीनमध्येही राजानं नेमलेले सरकारी वैद्य होते. राजवैद्य, सरदारांसाठी वैद्य आणि सामान्य जनांसाठी वैद्य असे यांचे वर्गीकरण असे. सुरुवातीस हे वैद्य फक्त महत्त्वाच्या शहरांमध्ये असत. ख्रि.पूर्व दुसऱ्या शतकात सुरू झालेली ही पद्धत पुढे इ.स.च्या पाचव्या शतकापासून खेड्यापाड्यात पोहोचली. या सर्व शासकीय वैद्यांना वैद्यकीय प्रशांलामधून खास प्रशिक्षण देण्यात येत असे. लो-यांग नावाच्या विद्यापीठासंबंधीचे काही प्राचीन उल्लेख बांबूच्या चोयट्यांवर लिहिलेले सापडले. यांचा काळ इ.स.४९३ आहे. निवृत्त झालेल्या प्राध्यापकांच्या जागी नवीन प्राध्यापक नेमताना कोणती काळजी घ्यावी या संबंधीचे आदेश या लेखांमध्ये आढळतात.

इ.स.५५० च्या आसपास सर्व प्रमुख शहरांतील वैद्यकीय विद्यापीठांखेरीज एक शाही मध्यवर्ती विद्यापीठ शांग आन येथे प्रस्थापित करण्यात आलं होतं, अशीही नोंद आढळते. चीनशी हळूहळू युरोपचा संपर्क आल्यावर ज्या काही महत्त्वाच्या प्रथा पश्चिमेस गेल्या त्यात वैद्यकीय महाविद्यालयाची संकल्पना प्रमुख मानण्यात येते. बगदादमध्ये इ.स.९३१ मध्ये वैद्यकीय महाविद्यालय स्थापन करण्यात आलं. त्यावर भारतीय प्रभाव होता. युरोपातलं पहिलं वैद्यकीय महाविद्यालय सिसिलीतील सालेनॉमध्ये इ.स.११४० मध्ये स्थापन करण्यात आलं.

पहिल्या सार्वजनिक रुग्णालयाची स्थापना चीनमध्ये इ.स.२ मध्ये करण्यात आली. वांगमांग या चिनी सम्राटानं प्रचंड टोळधाड आणि असह्य दुष्काळ यांना तोंड देता यावं म्हणून तात्पुरतं रुग्णालय निर्माण केलं होतं. रोमन साम्राज्यात रोमनांनी

तटबंदी करून जिथं जिथं मोठी लष्करी ठाणी उभारली, त्या त्या किल्ल्यांमध्ये सार्वजनिक रुग्णालयांसाठी वेगळी जागा राखून ठेवलेली होती. नौस ऑन व्हाईन या ठिकाणी केलेल्या उत्खननामध्ये एक मोठं लष्करी ठाणं उघडकीस आलं. या ठाण्यातल्या अतिशय शांत जागी हे रुग्णालय होतं. या रुग्णालयामध्ये एका खोलीत शंभराहून अधिक वैद्यकीय आयुधं सापडली. इथल्या खोल्यांमध्ये कायम स्वच्छ सूर्यप्रकाश असे. तिथे सांडपाण्याचा निचरा होईल अशी गटारे असत. रुग्णालयाच्या आवारात औषधी वनस्पती लावल्या जात. बऱ्या होणाऱ्या रुग्णांना आराम, व्यायाम आणि मनोविनोदन करण्यासाठी वेगळी जागा असे.

रोममध्ये बरेच वैद्य स्वतःच्या घरात व्हरांड्यातच दवाखाना थाटत असत. पहिली सार्वजनिक रुग्णालये रोमन साम्राज्यात देवळांमध्ये असत. रुग्णालयासाठी स्वतंत्र व्यवस्था आणि इमारत बांधण्याची प्रथा ख्रिश्चनांनी निर्माण केली. इ.स.३५० मध्ये पहिलं धर्मादाय सार्वजनिक रुग्णालय स्थापन करण्यात रोममधल्या ख्रिश्चनांनी पुढाकार घेतला होता. भारतात अशी रुग्णालयं अशोकाच्या काळापासून होती. फाहसीयेनच्या (इ.स.चे ४थे शतक) ग्रंथात अशा रुग्णालयांचा उल्लेख आढळतो. या ग्रंथात रुग्णालयांच्या धर्तीवरच इराणमध्ये जुन्दीशापूर (आता शुश्तार) इथं इ.स.४८९ मध्ये एक भव्य रुग्णालय उभारण्यात आलं होतं. गमतीची गोष्ट म्हणजे अथेन्समधून धर्मविरोधक म्हणून हाकलून देण्यात आलेले काही ख्रिश्चन इथं वैद्यकीय ज्ञान मिळवायला आले आणि त्यांनी पुढं हे रुग्णालय चालवलं.

भारतातून गेलेल्या चिनी प्रवाशांनी भारतातल्या रुग्णालयांची जी वर्णनं केली त्यानुसार बौद्ध धर्मप्रसारकांच्या साहाय्यानं चीनमध्ये पहिलं कायमस्वरूपी सार्वजनिक रुग्णालय इ.स.४९१ मध्ये हसेयो झु लियांग या सम्राटानं स्थापन केलं. चीन राजघराण्यानं बौद्धधर्म स्वीकारल्यानंतर काही पिढ्यांतच ही घटना घडली. हे रुग्णालय राजदरबारी लोकांसाठी होतं. यानंतर वीस वर्षांतच गरिबांसाठी धर्मादाय रुग्णालयाची स्थापना इ.स.५१० मध्ये करण्यात आली. बायझंटियममध्ये सम्राट दुसरा जॉन (१११८-११४३) याच्या कारकीर्दीत ऐतिहासिक काळातलं सर्वोत्कृष्ट रुग्णालय उभारण्यात आलं होतं. इथं स्त्री आणि पुरुष रुग्ण वेगवेगळ्या इमारतींमध्ये ठेवण्यात येत असत. प्रत्येक दालनात ५० रुग्ण अशी दहा दालनं इथं होती. यातलं एक दालन शस्त्रक्रियार्थींसाठी तर एक दालन खूप काळ रुग्णालयात राहावं लागेल अशा रुग्णांसाठी राखीव होतं. रुग्णालयात बारा पुरुष आणि दोन स्त्रिया असे १४ डॉक्टर होते. यातील एक स्त्री डॉक्टर शस्त्रक्रिया प्रवीण असे. रुग्णांना इथंच शाकाहारी जेवण देण्याची सोय होती. पुरुष डॉक्टरांच्या मदतीला १२ पुरुष परिचारक आणि आठ मदतनीस असत; तर स्त्री डॉक्टरांच्या मदतीस ४ परिचारिका आणि २ मदतनीस असत. याशिवाय बाह्यरुग्ण विभागात शिकाऊ डॉक्टर काम

करीत. या रुग्णालयास जोडून डॉक्टरांची वसाहत होती. या वसाहतीतील डॉक्टरांची मुलं इथल्याच शाळेत शिकून आधी परिचारक आणि मग डॉक्टर बनत असत. पहिली औषधांची दुकानं आणि डॉक्टरच्या सल्ल्यावरून औषधविक्रीची दुकानं नवव्या शतकात बगदादमध्ये अस्तित्वात आली. बगदादमध्ये बसऱ्यालाही भारत आणि आफ्रिकेतून येणाऱ्या वनस्पतींचा आणि कस्तुरीचा मोठा बाजार होता. इथं या वनस्पतींची पानं, फुलं, मुळं काही खनिजं गोळा करून कुटून त्यांच्या गोळ्या बनवण्यात येत असत. या गोळ्यांना गुलाबपाणी आणि अत्तरं लावून त्यांचा उग्र दर्प लपविण्यात येत असे. याशिवाय निरनिराळी मलमं, प्लास्टर आणि डांबर हेही इथं विक्रीस उपलब्ध असे. या बाजारावर खलिफाच्या तपासनिसांची करडी नजर असे. अशी दुकानं आणि औषधांचे बाजार पूर्वेत सर्वत्र होतेच, पण स्पॅनिश लोक जेव्हा मेक्सिकोत पोहोचले तेव्हा ॲझटेक इंडियनसुद्धा अशीच औषधांची दुकानं चालवीत असल्याचं त्यांना आढळून आलं. हर्नान कोर्टेझनं स्पेनच्या राजाला लिहिलेल्या पत्रांमध्ये टेनोक्टिटलान या राजधानीच्या शहरातील औषध बाजाराचं वर्णन आहे. इथं जखमेवर लावायला एक प्रकारचा पांढरा चीक मिळायचा. यालाच पुढं रबर म्हणण्यात येऊ लागलं. या रबराचा उपयोग मोडलेल्या हाडांना सांधणारा लेप म्हणून करण्यात येत असे.

■

# शस्त्रक्रिया

प्राचीन भारतात वैद्यकशास्त्र अतिशय प्रगत अवस्थेत पोहोचलं होतं. इ.स.पू. दुसऱ्या शतकापासून भारतीय वैद्यकानं जगाचे डोळे दिपवले होते. याचाच अर्थ एवढे प्रगत होण्याआधी निदान पाच-सात शतके तरी ते अस्तित्वात होते. या वैद्यांची वैद्यकीय हत्यारे रोमनांपेक्षाही अधिक प्रगत आणि अतिशय कौशल्यानं बनवलेली असत. सुश्रुत संहितेत अशा शंभरांहून अधिक हत्यारांचं वर्णन आहे. या हत्यारांचे त्यांच्या तीक्ष्णतेनुसार वर्णनही केलेलं इथं आढळलं. या प्रत्येक हत्याराचं नियोजित काम वेगवेगळं असे. यात सुऱ्या, वस्तरे, करवती, शरीर तपासण्याची अवजारे, सुया, आकडे, चिमटे, पकडी, हातोडे, नळ्या, दट्ट्यांनी औषध शरीरात घुसवण्याच्या अवजारांसह (सिरींज), तुंबड्या, शिंगांची हत्यारे, वगैरेंचा समावेश आहे. काही अपवाद वगळता ही अवजारे पोलादी असत. भारतात पोलादनिर्मितीचं तंत्र पराकोटीला पोहोचलं होतं. अतिशय तीक्ष्ण, न गंजणारी, कडक आणि लवचिक, काटक अशी वैद्यकीय आणि इतर उपयोगाची हत्यारे व अवजारे त्या काळात भारतात बनत होती. याशिवाय चांदी, सोनं, तांबं, कांस्य आणि पितळेची अवजारेही भारतात बनत.

वैद्याला माणसावर उपचार करायला सोडण्याआधी त्याच्याकडून निर्जीव वस्तू आणि नंतर प्राणी यांच्यावर सराव करून घेतला जात होता. चामड्याच्या पिशवीत बुळबुळीत शेवाळ भरून गळू कापण्याचं प्रशिक्षण देण्यात येत असे. वैद्याला रक्ताची भीती आणि रोग्याची घृणा वाटू नये म्हणून अनेक मार्गांनी त्याला सराव करावा लागत होता. टाके घालण्यासाठी वेगवेगळ्या जाडीची कापडं आणि प्राण्यांच्या चामड्यावर सराव करावा लागत असे. जखम सीलबंद करण्यासाठीचा (कॉटरायझिंग) सराव मांस खंडावर करण्यात येत असे. मृत प्राण्यांचा उपयोग वैद्यकीय सरावात फार मोठ्या प्रमाणावर केला जात असे.

याशिवाय बरेचदा जखमा– विशेषत: पोटांच्या जखमा शिवण्यासाठी मोठे मुंगळे वापरण्यात येत असत. वैद्य जखमेच्या तोंडावर मुंगळा धरत असे. त्यानं जखम चावली आणि त्या ठिकाणी ती बंद झाली की मुंगळ्याच्या तोंडाचा भाग तसाच ठेवून मागचा भाग तोडून टाकण्यात येई. ठरावीक अंतरावर असे मुंगळे

ठेवून जखम पूर्णपणे बंद केली जात असे. यामुळे शरीरांतर्गत जखमासुद्धा शिवता येत असत. विशेषत: अंतर्गळा (हर्निया) वरच्या शस्त्रक्रियेसाठी हे मुंगळे पोटाची आतली पिशवी शिवण्यास उपयुक्त ठरत. जखम भरत आली की हे मुंगळ्यांचे आकडे आतल्याआत जिरून जात असत.

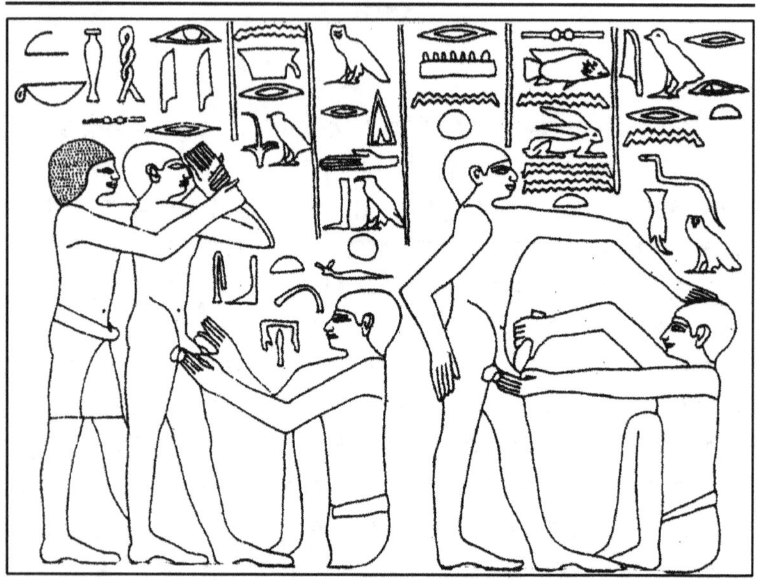

इ.स.पू. २५०० वर्षांपूर्वींचे सुंतेचे शिल्प. वरच्या चित्रलिपीत वैद्य मदतनीसाला सांगत आहे, 'त्याला नीट धरून ठेव. मूर्च्छेमुळे खाली पडू देऊ नकोस.'

जखम शिवण्यासाठी मुंगळे किंवा चावणारे कीटक वापरायचं तंत्र भारतातून नष्ट झालं तरी आफ्रिकेमधील आदिम जमात आणि दक्षिण अमेरिकेतली आदिम जमातींमध्ये अजूनही वापरलं जातं. या मुंगळ्यांचं आकडे आणि चावा घेण्याचे अवयव इतके जबरदस्त असतात की १९२१ मध्ये विल्यम बीबच्या बुटात ते वर्षभर टिकून होते.

वैद्यकशास्त्रात शस्त्रक्रियेला फार महत्त्व असते. फार पूर्वीपासून माणूस शस्त्रक्रिया करू लागला आणि तेव्हापासून शस्त्रक्रियेच्या साधनांचीही तो काळजी करीत होता. मानवाच्या दृश्य अवयवात डोळ्याला फार महत्त्व असते. यामुळे डोळ्यावरची शस्त्रक्रिया ही अगदी पहिल्यापासून वैद्यकशास्त्रामध्ये नाजूक आणि महत्त्वाची शस्त्रक्रिया मानण्यात आली आहे. असे असूनही प्राचीन जगात डोळ्यांवरच्या शस्त्रक्रिया करण्यात पृथ्वीवर अनेक जनसमुदायांमधील वैद्यांनी प्रावीण्य मिळवलेलं

होतं. याचं कारण आज कुपोषणामुळं विकसनशील देशांमध्ये नेत्ररोगी मोठ्या प्रमाणात आढळतात, तसेच प्राचीन काळी कुपोषणामुळं अनेक लोकांना डोळ्यांचे आजार असायचे.

रोममध्ये ट्रिकिऑसिस नावाचा एक विकार फार मोठ्या प्रमाणावर आढळत असे. ट्रिकिऑसिस म्हणजे पापणीवरचे केस आतल्या बाजूस वाढून डोळ्यांना होणारा त्रास. या आजारावरचा उपाय तसा सोपा होता. पापणी बाहेर वळवायची आणि चिमट्याच्या साहाय्यानं आत वाढणारा केस उपटून काढायचा. यानंतर एक अगदी बारीक सुई तापवून त्या पापणीच्या केसाचं मूळ जाळून टाकण्यात येत असे. अशा तऱ्हेच्या उपचारात रोमन वैद्यांनी खूपच प्राविण्य मिळवलेलं होतं, त्यामानानं मोतीबिंदू काढणं, हे मात्र खरोखरच कौशल्याचं काम होतं. आजच्या काळाप्रमाणे प्राचीन काळीही मोतीबिंदूमुळे फार मोठ्या प्रमाणावर लोक आंधळे होत होते. डोळ्याच्या भिंगात द्रव साठला आणि भिंग अपारदर्शक झालं की त्याला आपण मोतीबिंदू म्हणतो, असं अगदी थोडक्यात सांगता येईल. हा द्रव काढून टाकणं (आजकाल नैसर्गिक भिंगाच्या जागी नवं कृत्रिम भिंग बसवलं जातं.) हाच दृष्टी सुधारण्याचा पूर्वी एकमेव मार्ग होता.

इ.स.१४ ते ३७ या काळात रोमनसम्राट टायबेरियस याचा दरबारी वैद्य कॉर्नेलियस सेल्सस यानं मोतीबिंदूवरील शस्त्रक्रियेचं सविस्तर वर्णन लिहून ठेवलं आहे. या शस्त्रक्रियेची तयारी करताना खूप काळजी घ्यावी लागते, हेही तो सांगतो.

"रुग्णाला शल्यशास्त्रज्ञासमोर पण उजेडाकडं तोंड करून बसवावं. वैद्यानं रुग्णापेक्षा थोड्या उंच आसनावर बसावं. वैद्याच्या साहायकानं रुग्णाचं डोकं रुग्णाच्या मागच्या बाजूनं घट्ट धरून ठेवावं. म्हणजे रुग्ण डोकं हलवणार नाही. रुग्णाच्या डोक्याच्या थोड्याशाही हालचालीमुळं रुग्ण आंधळा होण्याची शक्यता असते. ज्यावर शस्त्रक्रिया करायची तो डोळा स्थिर राहावा म्हणून दुसऱ्या डोळ्यावर मऊ लोकर ठेवून तो बांधून ठेवावा. डाव्या डोळ्यावर शस्त्रक्रिया करताना उजवा हात आणि उजव्या डोळ्यावर शस्त्रक्रिया करताना डावा हात वापरावा.''

ही अशी तयारी झाली की रोममधले डोळ्यांचे तज्ज्ञ शस्त्रक्रिया करण्यास सज्ज होत. याची हत्यारंसुद्धा अतिशय उपयुक्त आणि योग्य तऱ्हेनं स्वच्छ केलेली असत. इ.स.१९७५ मध्ये फ्रान्समधल्या एका उत्खननामध्ये मोतंबेल या ठिकाणी काही वैद्यकीय हत्यारं मिळाली. ही एका तांब्याच्या पेटीत होती. यात अतिशय धारदार आणि टोकदार सुयांबरोबर दोन 'नीडल् सिरींज' मिळाल्या. या पिचकाऱ्यांमधून मागची मूठ फिरवली की सुया बाहेर पडत असत. यांच्या बाह्य आवरणाच्या नळ्या, सुया पुढे सरकवण्याची यंत्रणा हे आजच्या कारागिरांनी तोंडात बोटं घालावीत इतकं कौशल्यपूर्ण होतं. या हत्याराचा उपयोग करून सुईनं भिंगाभोवती भोक पाडण्यात

येत असे आणि मग सुई मागं खेचून मोतीबिंदूचा द्रव त्या नळीत शोषून बाहेर काढण्यात येत असे. यापैकी किती शस्त्रक्रिया यशस्वी होत असत, त्यात नशिबाचा भाग किती हे आज सांगणं अवघड आहे, पण ज्याअर्थी अशा शस्त्रक्रिया केल्या जात होत्या; त्या अर्थी लोकांचा या शस्त्रक्रियांवर विश्वास असणार हे नक्की. शिवाय लहानपणापासून अशा शस्त्रक्रियांचा सराव होऊन काही वैद्य तरी यामध्ये तरबेज झाले असतील, असं म्हणायला वाव आहे.

अशा तऱ्हेच्या शस्त्रक्रिया करण्यास लागणारी अचूक मोजमापाची, योग्य प्रकारची हत्यारं त्या काळात सर्वच वैद्यांकडं असणं शक्य नव्हतं. मोतीबिंदू फोडून आतला सर्व द्रव बाहेर शोषून घेणं; हेसुद्धा एकदाच सुई खुपसून होणारं काम नव्हतं. स्वत: सेल्ससला या प्रकारची शस्त्रक्रिया मान्य नव्हती. त्यानं सुचवलेली शस्त्रक्रिया फार वेगळ्या प्रकारची पण काहीशी धाडसी वाटावी अशी होती. यात काशाची सुई वापरून मोतीबिंदू बाजूला ढकलण्यात येत असे. या शस्त्रक्रियेचं सेल्ससनं केलेलं वर्णन पुढं दिलं आहे – "ही सुई डोळ्यात शिरेल एवढी टोकदार असावी, मात्र फार बारीक असू नये. डोळ्याचं बुबुळ आणि डोळ्याची कड यांच्या बरोबर मध्यातून ही डोळ्याच्या पातळीशी उन्नत कोन करून खुपसावी. ती आत खुपसताना रक्तवाहिनीस इजा होणार नाही याची काळजी घ्यावी. मात्र सुई एका झटक्यात आत खुपसली जायला हवी. सुईचं टोक मोतीबिंदूजवळ पोहोचलं की ते बुबुळाखाली हळुवारपणे सरकवावं. मोतीबिंदू बुबुळाखाली गेला की तो थोडा जोर लावून ढकलावा. अशा तऱ्हेनं मोतीबिंदू खाली ढकलला गेला की सुई बाहेर काढावी. अंड्याच्या पांढऱ्या द्रवात बुडवलेल्या कापसानं डोळा बंद करून त्यावर स्वच्छ फडके बांधावे.'' सेल्ससने वर्णन केलेल्या या शस्त्रक्रियेस आता 'कॅटरॅक्ट्स कौचिंग' असं म्हणतात. फ्रेंचमध्ये 'कुशे' म्हणजे खाली ठेवणे म्हणून कुचिंग किंवा कौचिंग ही पद्धत अजूनही कुठे कुठे वापरली जाते. जर या जखमेत विषाणू किंवा रोगजंतूची बाधा झाली नाही तर रुग्णाला बऱ्यापैकी दिसू लागतं.

सेल्ससनं या तंत्राचं वर्णन केलं तेव्हा रोममध्ये ही शस्त्रक्रिया चांगलीच स्थिरावली होती. ग्रीक किंवा इजिप्शियन वैद्यांना ही शस्त्रक्रिया ठाऊक नव्हती. सेल्ससनं या शस्त्रक्रियेचं वर्णन करण्यापूर्वी रोमन लेखनात इतरत्रही याचा उल्लेख नाही; पण ग्रीकांनी भारतीय वैद्यकीय ज्ञान भारतातून ग्रीसमध्ये नेलं होतं. सुश्रुत संहितेत जे डोळ्यावरचे उपचार सांगितले आहेत त्याच्यापैकी २७ टक्के उपचारही सेल्ससला ठाऊक नव्हते. सेल्ससनं जे लिहिलंय ते त्याआधीच सुश्रुत संहितेत जसंच्या तसं लिहिलेलं होतं.

भारतात हे तंत्र प्रगत झालं असलं तरी ते मेसोपोटेमियातून भारतात आलं असावं, असं समजायला जागा आहे. बॅबिलोनियात सुमारे चार हजार वर्षापूर्वी

डोळ्याची शस्त्रक्रिया केली जात असावी असं समजायला वाव आहे. जरी डोळ्यांवरचे उपचार किंवा शस्त्रक्रियेचं लिखित वर्णन उपलब्ध नसलं तरी ख्रिस्तपूर्व अठराव्या शतकामध्ये हम्मुराबीनं जे कायदे प्रस्थापित केले (कोड ऑफ हम्मुराबी) त्यामध्ये 'नाकाप्तु' उघडण्याबद्दलची माहिती असून त्यासाठी कांस्याच्या भाल्यासारखं टोक असलेल्या सुईचा वापर करावा, असं नमूद केलेलं आढळतं. 'नाकाप्तु' या शब्दाचा नक्की अर्थ काय असावा, याबद्दल तज्ज्ञांमध्ये मतभेद आहेत. पण नाकाप्तु हा शब्द डोळ्याशी संबंधित असावा, याबद्दल एकमत आढळतं. याबाबतचा उल्लेख असा–
''जर एखाद्या वैद्यानं काशाच्या सुईनं एखाद्या राजदरबारी व्यक्तीवर शस्त्रक्रिया करून त्या व्यक्तीचा डोळा वाचवला असेल किंवा त्यानं नाकाप्तु उघडून त्या सरदारास दृष्टी प्राप्त करून दिली असेल; तर त्या राजदरबाऱ्यानं अशा वैद्यास १० शेकेल (चांदीची नाणी) द्यावीत.'' जर सामान्य नागरिकाचा डोळा वैद्यानं वाचवला तर त्याला पाच शेकेल मिळत असत, तर गुलामावर शस्त्रक्रिया केल्यास दोन रजतमुद्रा मिळायच्या. कुठल्याही परिस्थितीत वैद्याला उपचार करण्यास नकार देता येत नसे. बहुतेक पुरातत्त्व शास्त्रज्ञ व त्यांचे सल्लागार नेत्रतज्ज्ञ ही शस्त्रक्रिया आणि हा कायदा मोतीबिंदूच्या संदर्भात असावा, असं मानतात.

ज्याअर्थी शासनानं अशा तऱ्हेच्या शस्त्रक्रियेबद्दलचं मानधन ठरवून दिलं होतं, त्याअर्थी ही शस्त्रक्रिया त्या काळात राजरोस घडत असावी, असं मानायला वाव आहे. एवढंच नव्हे तर या शस्त्रक्रिया बऱ्यापैकी यशस्वीही होत असाव्यात. याचं कारण जर शल्यशास्त्रज्ञाच्या हलगर्जीपणामुळे जर एखाद्या व्यक्तीचा डोळा गेला तर त्या वैद्याचा हात कापावा असाही कायदा होता. वैद्यानं शस्त्रक्रिया करण्यापूर्वी पूर्ण विचार करून शस्त्रक्रियेस हात घालावा किंवा आधीच ही शस्त्रक्रिया करणं का शक्य नाही, याची कारणं द्यावी, असंही या वैद्यांवर बंधन होतं.

# प्लॅस्टिक सर्जरी आणि मेंदूच्या शस्त्रक्रिया

भारतीय वैद्यकाच्या शिरपेचातील तुरा म्हणजे प्लॅस्टिक सर्जरी. सुश्रुत संहितेमध्ये याबद्दलची सविस्तर माहिती आढळते. दुर्दैवाची गोष्ट म्हणजे भारतातील इतर वैज्ञानिक ग्रंथांप्रमाणेच सुश्रुत संहितेचा काळ अचूक ठरवता येत नाही. तरीही इ.स.पू. पाचव्या शतकापासून इ.स.पूर्व पहिल्या शतकाच्या दरम्यान सुश्रुतसंहिता लिहिली गेली असावी; असं मानण्यात येतं. कसंही असलं तरी आधुनिक वैद्यकानुसार प्लॅस्टिक सर्जरी सुरू होण्याआधी दोन हजार वर्षे भारतामध्ये हे तंत्र अस्तित्वात होतं, यात शंका नाही.

बऱ्याच तज्ज्ञांच्या मते भारतात कान टोचण्याची पद्धत गेली तीन हजार वर्षे तरी अस्तित्वात आहे. यातूनच पुढे बऱ्याच शस्त्रक्रियांच्या पद्धती अस्तित्वात आल्या असाव्यात, असं म्हटलं जातं. पूर्वीच्या काळी केवळ एकदाच कान टोचले जात नव्हते तर कानाच्या पाळीची लांबी वाढविण्यासाठी अनेकवार कान टोचले

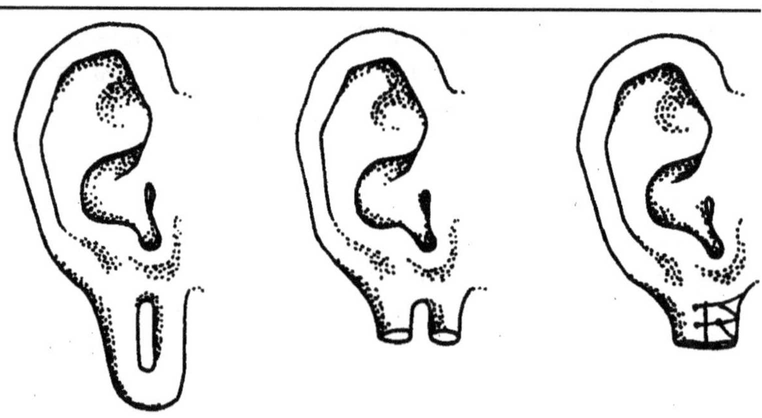

बिगबाळी घातल्यामुळे कान लोंबायला लागला तर अशी शस्त्रक्रिया प्राचीन लोक करीत. आधी खालचा भाग कापायचा. मग मधली त्वचा खरडून काढायची आणि टाके घालायचे. सेल्सस (इ. स. पहिले शतक) याने या शस्त्रक्रियेचे वर्णन केले आहे.

जात असत. बरेचदा यामुळे पाळी फाटून तिचे दोन तुकडे लोंबू लागत असत. ते शिवायचं काम वैद्यराजांकडे सोपविण्यात येत असे. सुश्रुतांनं गालाच्या त्वचेचा उपयोग करून कानाची तुटकी पाळी कशी सांधावी याच्या अगदी विस्तृत सूचना बारकाव्यांसहित सांगितलेल्या आढळतात. आजकाल अशा शस्त्रक्रियेला 'पेडिकल फ्लॅप' तंत्र म्हणतात.

प्राचीन भारतीय वैद्यकात 'ऱ्हिनोप्लॅस्टी' या आधुनिक तंत्राचा वापरही आढळतो. कपाळावरील त्वचेचा उपयोग करून नवीन नाक तयार करणे, हे या तंत्राने शक्य होत असे. यात कपाळावरची त्वचा नाकावर बसवणे हे फार कौशल्याचं काम मानण्यात येत असे, कारण या त्वचेतील रक्तवाहिन्यांवर दाब न येऊ देता त्या त्वचेस पीळ देऊन ती नाकाच्या जागी आणावी लागत असे. या प्रकारच्या शस्त्रक्रियांमध्ये जंतुबाधा होण्याची शक्यता असते, तीसुद्धा कशी टाळावी आणि जखम चिडू नये म्हणून काय करावे, याच्याही सूचना सुश्रुतांनं दिलेल्या आढळतात.

रोमन साम्राज्यामध्येदेखील प्लॅस्टिक सर्जरी होत होती. इ.स.च्या पहिल्या शतकाच्या अखेरीस मार्शल नावाच्या कवीनं गुलामगिरीतून मुक्त झालेल्या गुलामाच्या अंगावरचे गुलामगिरीचे ठसे कसे काढून टाकण्यात येत असत याचं वर्णन केलं आहे. मार्शलच्याही काही काळ आधी सेल्ससनं एक वैद्यकीय ज्ञानकोश तयार केला होता. त्यात त्यानं प्लॅस्टिक सर्जरीच्या दोन शस्त्रक्रियांची वर्णनं केली होती. मात्र या शस्त्रक्रिया सुश्रुताइतक्या कौशल्यपूर्णतेनं करणं रोमनांना जमत नसावं, कारण सेल्ससनं

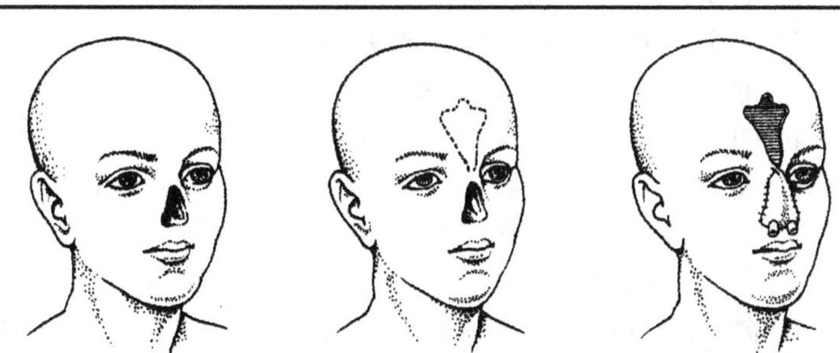

सुश्रुताने वर्णन केलेली नाकाची 'प्लॅस्टिक सर्जरी'. साधारण पानाच्या आकाराची त्वचा कपाळावरून काढली जाई. पण ती 'देठा'पाशी तशीच अखंड ठेवली जाई. तिथे ती दुमडून खाली नाकावर आणली जाई.

या शस्त्रक्रिया धोकादायक असल्याचं नमूद केलं आहे. प्राचीन वैद्यकाचा अभ्यास करणाऱ्या सर्वच तज्ज्ञांनी भारतीय प्लॅस्टिक सर्जरी अप्रतिम होती हे मान्य केलं आहे. या शस्त्रक्रियांचं ज्ञान अरबांनी पुढे युरोपात नेलं, दरम्यान भारतामधून ते

हळूहळू लुप्त होत चाललं होतं. पुढे ब्रिटिशांनी ईस्ट इंडिया कंपनी स्थापन केली तेव्हा बंगालमधून ही विद्या युरोपात नेली.

इ.स.१८६५ मध्ये दक्षिण फ्रान्समध्ये चाललेल्या एका उत्खननात आणखी एका शस्त्रक्रियेच्या तंत्राचा पुरावा पुरातत्त्वशास्त्रज्ञांच्या हाती आला. या उत्खननामध्ये एक कवटी सापडली. या कवटीचा एक वर्तुळाकार तुकडा कुणीतरी प्राचीन काळीच करवतीनं कापलेला होता. या वर्तुळाकार भोकाची एक कड व्यवस्थित घासून गुळगुळीत केलेली होती. या उत्खननकर्त्यांनी हे कृत्य मेंदू शोषून घेण्यासाठी करण्यात आलं असावं, असा निष्कर्ष ही कवटी आणि तिचं झाकण असलेला हाडाचा तुकडा पाहून काढला. त्या काळातल्या समजुतीनुसार मानवी पूर्वज दुष्ट आणि राक्षसी प्रवृत्तीचे होते, या समजुतीला दुजोरा देणारा हा पूर्वग्रहदूषित निष्कर्ष तत्कालीन विद्वानांनी मान्यही केला होता. शत्रूच्या कवट्या फोडून शत्रूचा मेंदू खाल्ल्यानं जास्त शक्ती किंवा बुद्धी प्राप्त होते, असा समज प्राचीन काळी प्रचलित असावा, असं भाष्यही याबाबतीत करण्यात आलं होतं.

या कवटीचं रहस्य नंतर वीस वर्षांनी उघड झालं. ही कवटी उकरून झाल्यानंतर दहा-पंधरा वर्षांनी प्राध्यापक पॉल ब्रोका यांच्या पॅरिसच्या प्रयोगशाळेत पाठविण्यात आली होती. ब्रोकांनी शस्त्रक्रिया, शरीरशास्त्र आणि मानवशास्त्र या विषयांमध्ये नाव मिळवलं होतं. पुढे मेंदूबद्दल त्यांचं संशोधन वादग्रस्त ठरलं तरी ज्या काळात या विषयांमध्ये संशोधनच होत नव्हतं त्या काळात त्यांनी अनेक नवनवे संशोधनाचे मार्ग चोखाळले होते. मेंदूतील वाचाकेंद्र शोधून मेंदूच्या डाव्या बाजूचे या वाचाकेंद्राचं स्थान निश्चित केल्यामुळं मेंदू संशोधनात त्यांचं नाव आदरानं घेतलं जातं. जेव्हा ब्रोकांकडं ती कवटी आली तेव्हा त्यांनी ती नीट तपासली. त्यातून त्यांनी एक क्रांतिकारक निरीक्षण केलं. ते हाड घासून गुळगुळीत केलेलं नव्हतं तर झालेली जखम किंवा मोडतोड भरून आल्यानं तो कवटीचा भाग गुळगुळीत झाला होता. म्हणजेच कवटीला भोक पाडल्यानंतरही ती व्यक्ती जिवंत होतीच; एवढंच नव्हे तर नैसर्गिकरीत्या त्या कवटीची जखम भरून आली होती. जेव्हा हाड तुटतं किंवा कापलं जातं, त्यावेळी तुटक्या कडांचा भाग जाळीदार असतो, म्हणजे त्यात भोकं असतात. पुढे जेव्हा ती जखम भरून येते तेव्हा ही भोकं बुजून हाडाचा तो भाग गुळगुळीत बनतो. म्हणजे कवटीला जखम झाल्यावर ज्या व्यक्तीची ही कवटी होती ती व्यक्ती नंतर जिवंत होती!

ब्रोकांनी काढलेला निष्कर्ष धक्कादायक होता, याचं कारण ती कवटी उत्तर अश्मयुगीन काळातील माणसाची होती. अश्मयुगात मानवाला कवटी जपून मेंदूवर उपचार करायचं ज्ञान होतं. असा या निरीक्षणाचा अर्थ होत होता. एकोणिसाव्या शतकाच्या अखेरीस म्हणजे ब्रोकाच्या काळात (आणि अगदी विसाव्या शतकाच्या

मध्यापर्यंतदेखील) कवटी उघडून मेंदूवर शस्त्रक्रिया करणं हे फार धोक्याचं मानण्यात येत होतं. अशा शस्त्रक्रियांमधून फार थोड्या व्यक्ती (बरेचदा केवळ नशीब थोर म्हणून) वाचत असत. अशा परिस्थितीत चार हजार वर्षांपूर्वी अशी शस्त्रक्रिया यशस्वीरीत्या पार पडल्यानंतर एक व्यक्ती निश्चितपणे जगल्याचा पुरावा ब्रोकांच्या हाती आला होता.

अशा प्रकारच्या कवटी भेदन शस्त्रक्रियेस आजकाल ट्रेपनिंग असं म्हणण्यात येतं. आदिमानवानं अशा शस्त्रक्रिया केल्या असतील यावर विश्वास ठेवणं बऱ्याच आधुनिक पुरातत्त्व शास्त्रज्ञांना अवघड जात होतं. अगदी १९६० मध्ये कॅथलीन केन्यन या ब्रिटिश विदुषीनं यावर विश्वास ठेवायला नकार दिला होता. पॅलेस्टिनमध्ये तिला ज्या अशा कवट्या सापडल्या होत्या त्या काळात कैद्यांवर केलेल्या अघोरी प्रयोगांचे हे पुरावे आहेत, असं कॅथलीन केन्यन यांना वाटत होतं, पण हळूहळू त्यांचं मत बदललं. त्यांना मिळालेल्या कवट्यांवर वैद्यकीय कारणाकरिता शस्त्रक्रिया झाली असावी, असं मग त्या म्हणू लागल्या. त्या काळात ट्रेपनिंग ही शस्त्रक्रिया युद्धात जखमी झालेल्या कैद्यांवर करण्यात येत असावी, असं मत मग त्यांनी व्यक्त केलं होतं. आधुनिक विज्ञानालाही हे मत आता स्वीकारावं लागलं आहे. याचं कारण अशा शेकडो कवट्या पृथ्वीवर वेगवेगळ्या ठिकाणी सापडलेल्या आहेत. प्रागैतिहासिक युरोपपासून पेरूमधल्या इंकांपर्यंत या प्रकारची शस्त्रक्रिया कित्येक हजार वर्षांपूर्वी-पासून करण्यात येत असे, हे आता सर्वानुमते मान्य झालेलं आहे. याला फक्त इजिप्तचा तेवढा अपवाद आहे. कारण मानवी शरीराशी खेळ करणे हे प्राचीन इजिप्तमध्ये पाप समजलं जात होतं.

प्राचीन काळातील या कवटीच्या शस्त्रक्रियेचं वैशिष्ट्य म्हणजे त्या काळात या शस्त्रक्रियांचं यशस्वी होण्याचं प्रमाण. इ.स.१८७० ते ७७ च्या दरम्यान लंडन-मधील सेंट जॉर्ज अॅण्ड गाईज हॉस्पिटलमध्ये ३२ ट्रेपनेशन्स करण्यात आली होती. यातले फक्त ८ रुग्ण वाचले होते, म्हणजे फक्त २५ टक्के शस्त्रक्रिया यशस्वी ठरल्या होत्या. पेरूमध्ये कवटी उघडलेल्या शस्त्रक्रियांमधल्या २१४ कवट्यांपैकी ११७ कवट्यांमध्ये नंतर पूर्णपणे जखम भरून आली होती म्हणजे सुमारे ५५ टक्के शस्त्रक्रिया यशस्वी झाल्या होत्या. या कवट्या ज्यांच्या होत्या त्या सर्व व्यक्ती नंतर बरीच वर्षे जगल्या होत्या. फक्त २८ टक्के व्यक्ती शस्त्रक्रियेनंतर लगेच मेल्या असाव्यात. कारण त्यांच्या कवट्यांची जखम भरून आलेलीच नव्हती. उरलेल्या १७ टक्के व्यक्ती या शस्त्रक्रियेनंतर ६ ते ८ महिन्यांत गेल्या होत्या. जर्मनीमध्ये सापडलेल्या अशाच कवट्यांमध्ये २३ टक्के व्यक्तीच फक्त शस्त्रक्रियेनंतर लगेच दगावल्या होत्या. बाकीच्या व्यक्ती नंतर दीर्घकाळ जगल्या होत्या.

आणखी एक गोष्ट लक्षात ठेवायला हवी. ती म्हणजे यातल्या काही व्यक्तींची दुखापत इतकी गंभीर असावी की त्या शस्त्रक्रिया केल्या नसत्या तरी दगावणारच होत्या किंवा ज्या कारणासाठी कवटी उघडली त्या कारणामुळंच त्याचं देहावसान झालं असावं. यावरून प्राचीन काळी शस्त्रक्रियेचं कौशल्य किती पराकोटीचं होतं ते स्पष्ट होतं. पेरूतल्या एका व्यक्तीच्या कवटीवर अशा वेगवेगळ्या सात शस्त्रक्रियांच्या खुणा आहेत. या सर्व शस्त्रक्रियांनंतर ती व्यक्ती बराच काळ जगली होती, यावरून त्या वैद्याच्या कुशलतेची खात्री पटावी.

या शस्त्रक्रिया कशासाठी केल्या जात होत्या, याचं नक्की कारण आज कळणं अवघड आहे.

काही पारंपरिक लोककथांमध्ये आणि इतर दंतकथांमध्ये माणसाच्या शरीरावरील दुरात्म्यांचा प्रभाव दूर करण्यासाठी किंवा डोक्यात शिरलेलं वारं काढून टाकण्यासाठी करण्याच्या अघोरी उपायांच्या माहितीत अशा शस्त्रक्रियांचा अंधुक उल्लेख आढळतो. या दंतकथांवर विश्वास ठेवला तर ती अंधश्रद्धेपोटी केलेली माथेफोड नव्हती, हे निश्चित झाले आहे.

मध्ययुगीन काळात युरोपातील अनेक मठांमधून अशा तऱ्हेच्या शस्त्रक्रिया केल्या जात होत्या. लढाईत विशेषत: धर्मयुद्धांमध्ये जखमी झालेल्या सैनिकांच्या डोक्यावर अशा तऱ्हेच्या शस्त्रक्रिया करण्यात येत होत्या. डोक्यावर आघात होऊन कवटीचे तुकडे मेंदूत रुतत असत. ते काढण्यासाठी अशा शस्त्रक्रिया केल्याचे उल्लेख आहेत. कोपनहेगन विद्यापीठात एक 'पुराशरीरविकृती विज्ञान' विभाग आहे. इंग्रजीत याला 'पॅलिओपॅथॉलॉजी' असं म्हणतात; म्हणजे उत्खननात सापडलेल्या मानवी देहांचा वैद्यकीय अभ्यास करून त्या मृतदेहाबद्दलचे पुरावे गोळा करणं. पिया बेनिके आणि जॉईस फायलर यांनी या ट्रेपॅनिंग असलेल्या कवट्यांचा कसून अभ्यास केला आहे. यातल्या जॉईस फायलर ब्रिटिश म्युझियमसाठी काम करतात तर पिया बेनिके कोपनहेगन विद्यापीठात पुरातत्त्व शास्त्रज्ञ आहेत. त्यांची निरीक्षणे या दृष्टीनं महत्त्वाची आहेत.

ट्रेपॅनिंग केलेल्या बहुतेक सर्व कवट्यांच्या निरीक्षणातून कवटीवर केलेली शस्त्रक्रिया ही कपाळाच्या वरती म्हणजे मस्तकाच्या पुढच्या भागात किंवा मस्तकाच्या डाव्या बाजूस केलेली आढळते. एक तर बहुतेक व्यक्ती उजवा हात वापरणाऱ्या असतात आणि पूर्वी डावा हात अशुभ मानला जात असे. त्यामुळं बहुतेक योद्धे शस्त्र उजव्या हातात पारजत असत. ट्रेपॅनिंग केलेल्या बहुतेक कवट्या पुरुषांच्या होत्या. या सर्व गोष्टी लक्षात घेतल्या तर या कवट्यांचे मालक युद्धात डोक्यावर घाव बसून जखमी झाले असावेत, या तर्कास पुष्टी मिळते.

# शस्त्रक्रियेची साधने

माणूस रानावनात भटकत होता त्या काळात त्याला अनेक अपघात होत होते. पादत्राणांचा शोध लागण्याआधी त्याच्या पायात काटे रुतत होते, कुसळं जात होती, पुढे तो धनुष्यबाण व भाले वापरू लागला तेव्हा त्याच्या शरीरात बाणाची टोकं अडकू लागली होती. आदिमानव जी अश्मयुगीन हत्यारे आणि अवजारे वापरीत होता त्यांचाच वापर करून त्यांनं त्याच्या शरीरात घुसलेले काटे, बाणांची टोकं किंवा इतर वस्तू काढल्या असणार. त्या काळात माणूस सातत्याने निसर्गात वावरत असल्यामुळं अधिक काटक आणि सहनशील होता. आजही शहरी माणसापेक्षा

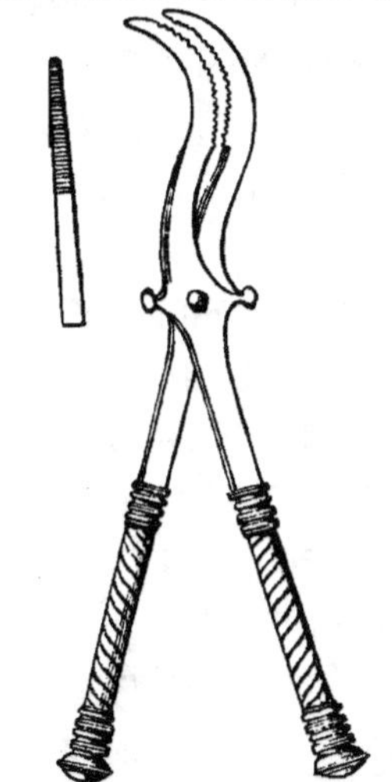

पाँपेईमध्ये सापडलेला शस्त्रक्रियेचा चिमटा

खेडूत आणि खेडुतांपेक्षा आदिवासी जास्त काटक आणि सहनशील असतात, हे आपण पाहतोच. शिवाय दगडी हत्यारांनी प्राणी सोलून खाताना मानवाला प्राण्यांच्या शरीरांतर्गत अवयवांचीही माहिती होत होती. त्याचप्रमाणे या प्राण्यांच्या शरीरातले अवयव आणि मानवी शरीरांतर्गत अवयव यांच्यात साम्य असल्याचे त्याच्या

लक्षात आले.

नवअश्मयुगीन मानव शेती करू लागला. त्यानं हळूहळू प्राणी पाळायला सुरुवात केली. त्याच्या शेतीच्या उपयोगी जनावरं आणि दूध देणारी जनावरं यांच्यावर तो हळूहळू शस्त्रक्रिया करू लागला. सुमारे ९ हजार वर्षांपूर्वी शेती व गाडीला जोडायचे प्राणी बडवले जाऊ लागले. ज्या बैलाला किंवा इतर प्राणी जातीतल्या नराला पौरुषत्वहीन केलं जात नाही असा नर नाठाळ असतो, आक्रमक असतो हे आद्य शेतकऱ्यांच्या लक्षात यायला फारसा वेळ लागलेला नव्हता. अशा प्राण्यांवर शस्त्रक्रिया करण्यासाठी फ्लिंटच्या किंवा ऑब्सीडियनच्या सुऱ्या वापरल्या जात असत. ऑब्सीडियन ही ज्वालामुखीजन्य काच असून तिला घासून खूप धारदार टोक किंवा कड आणता येते.

शस्त्रक्रियेच्या साधनांचा पहिला पुरावा इजिप्तमध्ये मिळाला. ही साधनं ऑब्सीडियनच्या साधनांपेक्षा खूपच प्रगत होती. इजिप्तला ग्रीक आणि रोमन संस्कृतीत वैद्यकशास्त्राचं जन्मस्थान मानण्यात येत असे. ही पहिली साधनं सहा हजार वर्षांपूर्वीची असल्याचं सिद्ध झालंय. खि.पूर्व २६०० म्हणजे पिरॅमिडच्या बांधकामाच्या काळात तर इजिप्तमध्ये शल्य शस्त्रविशारदांना फार मागणी होती. एवढ्या प्रचंड बांधकामाच्या वेळी अपघातामध्ये मजूर जखमी होणं अगदी साहजिकच होतं. ही शस्त्रक्रियेची अवजारं तांब्याची होती. त्या काळात या हत्यारांच्या साहाय्यानं स्त्री-पुरुषांची सुंता करण्यात येत असे. हीच चाल पुढं ज्यू, अरब आणि मध्य पूर्वेतील बऱ्याच प्रदेशात प्रचलित झाली.

स्मिथ पॅपिरस म्हणून प्रसिद्ध असलेल्या लिखाणातला जवळजवळ ९० टक्के भाग हा शस्त्रक्रियांविषयी असून उरलेला भाग तत्संबंधी पूरक औषधांना वाहिलेला आहे. तांब्याच्या सुयांचा अगदी खोल जखमा शिवण्यासाठी कसा वापर करावा, डोकं, खांदे, छाती व पाठ आणि शरीराचे इतर भाग शिवण्यासाठी वेगवेगळ्या सुयांचे प्रकार, जखमा बऱ्या झाल्यावर काय करावं या सूचना या संथेत आढळतात. हे लिखाण ज्या पानांवर केलंय ती पानं इ.स.पूर्व १७०० मधली आहेत. हे खरे पण त्यांच्या वरचा मजकूर हा आधीच्या मजकुरांवरून नकलून काढलेला आहे. भाषा-शास्त्रज्ञांच्या मते ही भाषा त्याहून हजार वर्षे प्राचीन काळातली आहे. प्रा. हॅरी सॉग्डा या प्रख्यात अभ्यासकांच्या मते हे पहिलं लिखित स्वरूपाचं वैद्यकशास्त्राचं पाठ्य-पुस्तक आहे. सुमारे पाच ते तीन हजार वर्षांपूर्वीच्या काळात इजिप्तमधले शल्यविशारद खूप प्रवीण होते खरे, पण नंतरच्या काळात या विद्येचा तिथे ऱ्हास सुरू झाला.

इराक म्हणजे तेव्हाच्या मेसोपोटेमियामध्येही फार पूर्वीपासून शस्त्रक्रिया करण्यात येत असत. सुमारे ४००० वर्षांपूर्वी मेसोपोटेमियामध्ये ऑब्सीडियनबरोबरच ब्राँझच्या सुऱ्या आणि सुयाही शस्त्रक्रियेसाठी वापरण्यात येत असत. एवढेच नव्हे तर या

वैद्यराजांकडे हाडं कापण्यासाठी करवती आणि कवटीला भोकं पाडण्यासाठी गिरमिटंही असत. दोरीनं रवीप्रमाणे ही गिरमिटं फिरवून कवटीला भोकं पाडण्यात येत असत. प्राचीन काळातील वैद्यकीय उपकरणं आणि शस्त्रं ही क्वचितच एकगठ्ठा मिळतात. पण मिनोअन संस्कृतीमधील एका वैद्यराजाची पोतडी क्रीटवरील उत्खननात सापडली. ही त्या वैद्यराजाच्या प्रेताशेजारीच पुरण्यात आली होती. ही पोतडी इ.स.पू.१५०० मधली असून त्यात चिमटे, आकडे, सुया, शस्त्रक्रियेच्या सुया तसंच खास आकाराचे दगड सापडले. हे दगड खलबत्त्यासारखे वापरण्यात येत असावेत. या पोतडीतल्या हत्याराचं वैशिष्ट्य म्हणजे ही जरी तांब्याची असली तरी यानंतर हजार वर्षांनी ग्रीसमध्ये आरोग्य मंदिरांमधून जी काशाची आणि लोखंडाची हत्यारं मिळाली त्यांच्यात व या हत्यारांमध्ये अजिबात फरक आढळून येत नाही.

इजिप्तमध्ये कोम ओंबो नावाचं एक मंदिर आहे. या मंदिराच्या भिंतीवर शिल्पकृती आहेत. हे मंदिर इ.स.पूर्व १०० मध्ये बांधण्यात आलं असे पुरावे आहेत. इथं बऱ्याच शस्त्रक्रियांच्या शिल्पकृती असून या शिल्पकृतींमध्ये शस्त्रक्रियेसाठी वापरावयाच्या साधनांचे संचही दाखवले आहेत. या शस्त्रांची माहिती देणारा

'कोम ओंबो'च्या देवळातली शस्त्रक्रियेच्या उपकरणांची शिल्पे.

चित्रलिपीमधला मजकूरही आपल्याला बघायला मिळतो. या काळात इजिप्तवर ग्रीकांचा खूप प्रभाव पडलेला होता. कोम ओंबोमधल्या शिल्पकृतींमध्ये चिमटे, शरीरात डोकावून बघण्यासाठी स्नायू बाजूला करण्याची साधने, करवती, रक्तवाहिन्या बंद करण्यासाठी वापरायचं लोखंडी साधन, जखमेवर लावायचा कापूस, बँडेज, पाणी व दारूचे बुधले, औषधी वनस्पती, कात्री, स्पाँजचा तुकडा, अनेक प्रकारच्या सुच्या हे सर्व ठेवायची पेटी, रक्तस्राव करण्यासाठीचे साधन व जळवा हे सर्व आढळते.

रक्तस्राव करण्यासाठी त्यावेळी ज्या तुंबड्या वापरत त्या सोडल्या तर बाकी सर्व साधनं या ना त्या प्रकारे आजही वापरात आहेत. तुंबड्यांच्या साहाय्याने रक्त शोषून घेणं ही प्रथा प्राचीन इजिप्त, ग्रीस, रोम, मध्य पूर्वेतील देश, भारत आणि चीन अशी सर्वत्र आढळत असे. तसंच जळवा लावणं हेही त्या काळातलं महत्त्वाचं वैद्यकीय तंत्र होतं. याच तुंबड्यांचा आणखी एक प्रकार म्हणजे रक्तशोषक भांड (ब्लीडिंग कप). हा कप वापरायचं तंत्रही सर्वदूर प्रचलित होतं. वैद्य एखाद्या रक्तवाहिनीजवळ जखम करीत असे. मग तापवलेला बारीक तोंडाचा गडू या जखमेवर लावण्यात येत असे. हा गडू तापवलेला असल्यामुळे त्यात काही प्रमाणात पोकळी तयार व्हायची, यामुळे जखमेतलं रक्त गडूमध्ये जमा व्हायचं. मग जखमेवर तापवलेलं लोखंडी उलथनं ठेवून जखम सील करण्यात यायची. ही पक्की सील झाली की त्यावर तेल सोडून वरून फडकं गुंडाळलं जायचं. संधिवातावर हा उपाय हमखास करण्यात येत असे. याशिवाय कुठल्याही दुखण्यावर वैद्याच्या मर्जीनुसार हा उपाय केला जायचा. सेल्सस नावाच्या रोमन वैद्याच्या वैद्यकशास्त्राच्या ग्रंथात रक्तस्राव तंत्राची खूप भलावण करण्यात आली आहे. 'रक्तस्रावामुळं बरी होत नाही अशी कोणतीही व्याधी नाही' असं सेल्सस म्हणतो. रक्तस्रावामुळे चढलेला ताप उतरतो, फुगलेल्या शिरा पूर्ववत् होतात, पोटाच्या व्याधीतून मुक्तता होते. अर्धशिशी, पक्षाघात, पेटके येणं, दम लागणं अशा त्या काळात सर्वसामान्य माणसांना पिडणाऱ्या सर्व रोगांवर आणि दुखण्यावर रक्तस्राव घडवून आणावा, असं सेल्सस म्हणतो.

रक्तस्राव घडवून आणण्यापूर्वी रक्ताचा रंग पाहावा. रक्ताच्या रंगावरून तो निरोगी आहे असं लक्षात आलं तर ही कृती ताबडतोब थांबवावी, असंही सेल्सस सांगतो. हा जरी सर्व प्रकारच्या शारीरिक तक्रारींवर अक्सीर इलाज असला तरी अशक्त रुग्णांवर ही उपाययोजना करू नये, ज्या रुग्णांच्या शरीरात रक्त जास्त झाल्यानं व्याधी निर्माण झाल्या आहेत त्यांच्यासाठीच हा उपाय उपयुक्त आहे, असंही सेल्सस सांगतो. ज्यांना उच्च रक्तदाबाचा त्रास आहे त्यांच्यासाठी हा उपाय उपयुक्त ठरू शकतो असं १९८० च्या आसपास केलेल्या काही प्रयोगांत आढळून

आलं. न्यूगिनीतल्या मानवशास्त्रीय मोहिमेत केलेल्या निरीक्षणांचा पडताळा पाहताना जळवांमुळे उच्च रक्तदाब खाली उतरतो, असं लक्षात आलं.

ग्रीक आणि रोमन रक्तशोषक तुंबड्यांमुळे सर्पदंशाचे रुग्ण वाचल्याचे उल्लेखही त्या काळात आढळतात. आपल्याकडे त्याऐवजी कोंबड्या लावायची पद्धत होती. रक्त शोषून घेण्याची ही क्रिया अगदी कालपरवापर्यंत भारतीय खेड्यांमध्ये अस्तित्वात होती. काही वेळा तोंडानं रक्त शोषून घेण्याचे उल्लेखही आढळतात. पण आजच्या एड्सच्या जमान्यात हे धोकादायक ठरू शकतं.

रोमन काळातले वैद्य शस्त्रक्रियेच्या सुच्या उत्तम प्रतीच्या असाव्यात, याबाबत फारच आग्रही असत. त्यांची धार झटकन जाऊ नये, त्या बोथट होऊ नयेत किंवा त्यांचे कपचे उडू नयेत असा त्यांचा आग्रह असे. यासाठी आल्प्स ओलांडून मध्य युरोपमधून, शक्य झालं तर ऑस्ट्रियातून ते पोलाद मागवत असत. भारताशी व्यापार सुरू झाल्यावर नीळ, रेशीम आणि रत्नांबरोबरच भारतीय पोलादालाही रोममध्ये मागणी होती. या पोलादापासून वैद्यकीय हत्यारे बनविणाऱ्या लोहारांना खास मान असे. डॉक्टरांची आणि अशा लोहारांची परस्परांशी बांधिलकी वाखाणण्यासारखी होती, असं थोरल्या प्लिनीनं लिहून ठेवलं आहे. हाडं कापण्यासाठी वेगळ्या, मांस कापण्यासाठी वेगळ्या अशा विविध प्रकारच्या सुच्या तेव्हा अस्तित्वात होत्या. हाडं कापण्यासाठी त्या काळात वापरल्या जाणाऱ्या सुच्या आणि आजकाल वापरल्या जाणाऱ्या सुच्या यांमध्ये फारसा फरक नाही.

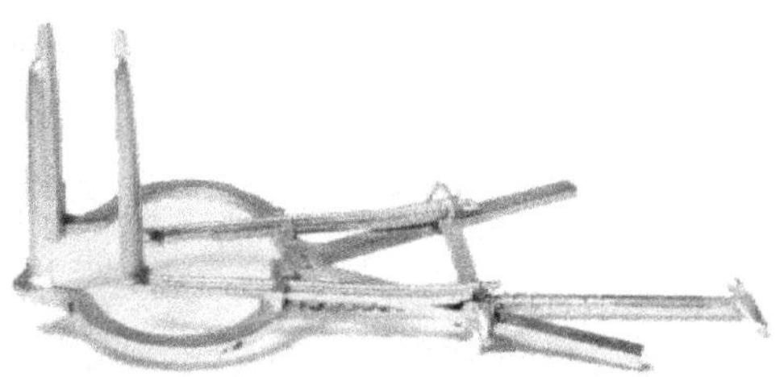

पाँपेईमध्ये सापडलेले गर्भाशयाची तपासणी करण्याचे साधन अशा प्रकारचे होते.

इ.स.पू. तिसऱ्या शतकात इरॅझिस्ट्रॅटसनं लघवीचा मार्ग मोकळा करण्यासाठी प्रथम बारीक व्यासाची पोकळ नळी (कॅथेटर) वापरली. या नळ्या काशाच्या असून सेल्ससनं म्हटल्याप्रमाणं वेगवेगळ्या व्यासाच्या असत. लघवी अडली असताना वापरायच्या काशाच्या कॅथेटरची काळजी कशी घ्यावी, याच्याही सूचना सेल्ससनं दिल्या आहेत. पुरुषांसाठी तीन प्रकारचे तर स्त्रियांसाठी दोन प्रकारचे कॅथेटर होते. मूत्राशयातले खडे काढण्यासाठीही या नळ्यांचा उपयोग करण्यात येत असे. त्यांचा

वापर कसा करावा याबाबतच्या सोरॅनस या स्त्रीरोगतज्ज्ञानं दिलेल्या सूचनांनुसार या नळ्या वापरण्यात येत असत. पॉंपेई हे शहर इ.स.७९ मध्ये ज्वालामुखींच्या राखेत गाडलं गेलं. १९ व्या व २० व्या शतकात उत्खनन करून हे शहर अभ्यासलं गेलं. या शहरामध्ये एक रुग्णालय होतं. तिथं बरीच वैद्यकीय उपकरणं सापडली. त्यात अशा वक्राकृती नळ्या सापडल्या. मूत्रमार्गातून मूत्राशयापर्यंत पोहोचण्यासाठी त्यांचा उपयोग करण्यात येत असे. यानंतर अशी वैद्यकीय अवजारे अठराव्या शतकाच्या सुरुवातीपर्यंत बनवली गेली नव्हती. यातली काही हत्यारं इतकी उत्कृष्ट होती की आजच्या शल्यशास्त्रज्ञांना त्यांचा हेवा वाटेल. पॉंपेईमध्ये प्रसूतीसमयी वापरावयाचे चिमटे सापडले. या चिमट्यांच्या मुखाशी असलेले दाते इतके टोकदार आणि बारीक होते की हे त्या काळात बनवले असतील त्यावर विश्वास बसत नाहीत. पॉंपेईच्याच रुग्णालयात 'स्पेक्युला' नावाचं चमच्यासारखं हत्यार मिळालं. योनीमुखातून गर्भाची पाहणी करता यावी यासाठी हे हत्यार वापरलं जात असे. पॉंपेईत असे तीन स्पेक्युला सापडले. याशिवाय इतरही अतिशय व्यवस्थित बनवलेली आणि अचूक मोजमापांची बरीच वैद्यकीय उपकरणेही पॉंपेईत मिळाली. रुग्णाच्या शरीरात खुपसण्याची अवजारे अतिशय गुळगुळीत आणि नाजूक असत. अगदी आधुनिक काळात बनवलेल्या हत्यारांच्या तोडीची ही कलाकुसर मधल्या १८ शतकात लुप्त झाली होती असंच म्हणावं लागेल.

## ५

# प्राचीन औषधी दुकाने आणि बाजार

अमेरिकन इंडियनांपासून चीनपर्यंत प्राचीन काळी जे औषधबाजार असत, त्यात मुख्यत: वनस्पतींचे निरनिराळे भाग औषधं म्हणून विकले जात असत. क्युरेरसारखं भूल देणारं औषध हे दक्षिण अमेरिकेतील इंडियन दोन हजार वर्षांहून अधिक काळ वापरत आलेले आहेत. डोकेदुखी आणि शारीरिक वेदनाशामक औषधे बऱ्याच आदिम समाजात किमान दोन ते अडीच हजार वर्षांपासून ठाऊक आहेत. पिवळ्या धोत्र्यामुळं येणारी गुंगी जखमा शिवताना उपयोगी पडते हे रेड इंडियन शामानांना ठाऊक होतं. अफू आणि गांजा यांचा वापर आशियात फार पूर्वीपासून चालत आला आहे. कोलंबियातील आदिवासी शिकार करताना थकवा जाणवू नये म्हणून कोका नावाच्या झाडाची पाने चघळत असत.

असिरियातील विटांवरील लेखांमध्ये उदासीनता घालवण्यासाठी गांजाची पानं चावावीत, असं लिहून ठेवण्यात आलेलं आहे. या पानांची धुरी दिल्यास अगदी जवळच्या व्यक्तीच्या मृत्यूचं दु:ख विसरण्यास मदत होते, असा दावाही या वैद्यराजांनी केलेला आहे. भारतातून येणारी गांजाची पानं चावली तर कानातली वेदना आणि डोकेदुखीपासून आराम मिळतो, असं ग्रीक आणि रोमन वैद्यक सांगतं. धोतऱ्याचं बी आणि मुळं ही प्रमाणाबाहेर खाल्ली तर प्राणघातक ठरतात पण प्रमाणित सेवन केल्यास जी धुंदी चढते त्याचा उपयोग 'ओरॅकल'चे पुजारी करीत होते. या मंदिरातले पुजारी समाधी अवस्थेत किंवा उन्मनी बनून भविष्यवाणी वर्तवीत. त्यांना ही मादक द्रव्ये किती प्रमाणात घ्यावी याचं ज्ञान होतं. फिलोस्ट्रासस या ग्रीक इतिहासकारानं औषधांचा देव अस्क्लेपियस याचे पुजारी समाधी अवस्थेत जाऊन शारीरिक दु:ख दूर करायचं ज्ञान मिळवीत असत, असे लिहून ठेवलेले आढळते. अस्क्लेपियसचं एक मुख्य स्थान हिप्पोक्रेटीसच्या जन्मस्थानाजवळ कोस बेटावरच होतं.

मसाल्याच्या पदार्थांमध्येही बरेच औषधी गुण होतेच. ग्रीसमध्ये हे मसाल्याचे पदार्थ भारतातून जात असत. थिओफ्रेस्टस हा इ.स.पूर्व तिसऱ्या शतकातला वनस्पती शास्त्रज्ञ आणि वनौषधीतज्ज्ञ होता. डिंक, अँबर, दालचिनी, लवंग आणि धूप यांचा लेप आणि एकत्र तापवून केलेलं मिश्रण मुकामार आणि जखमांवर

लावल्यास आराम मिळतो, असं तो म्हणे. दालचिनीचं तेल आणि लवंगेचं तेल हे दाढदुखी आणि सर्दी-पडशावर उपयोगी पडतं, तसंच ते जखमांवर लावलं तर जखमांत पू होत नाही, असं त्यानं नोंदवलं आहे.

चिनी वैद्यक, आयुर्वेद, आफ्रिकन मांत्रिक, न्यूगिनीतले वैदू आणि रेड इंडियनांचं परंपरागत औषधशास्त्र यांच्यात वापरण्यात येणाऱ्या वनस्पती आणि खनिज यांचा

**प्राचीन औषधी बाजाराचे दृश्य**

आता पाश्चात्त्य बहुदेशीय औषधी कंपन्या अभ्यास करू लागल्या आहेत. एकट्या उत्तर अमेरिकन रेड इंडियन शामानांच्या पोतडीतून १७० औषधी वनस्पतींमधून शोधलेल्या (आणि अर्थातच त्याचे एकाधिकार मिळविलेल्या) औषधांची यादी अमेरिकन फार्माकोपिया ऑफ द युनायटेड स्टेट्स ऑफ अमेरिका (द नॅशनल फॉर्म्युलरी) या ग्रंथात अमेरिकन शासनाने प्रसिद्ध केली आहे. यात लघवी उद्धुक्त करणारी औषधं, उलट्या करायला लावणारी औषधं, जुलाबाची औषधं, पूतिरोधके, जखमा निर्जंतुक करणारी औषधं, वेदनाशामके, सर्पदंश, विंचूदंश आणि कीटक-दंशावरील लेप आणि संतती प्रतिबंधक वनस्पतींचा समावेश आहे. कोलंबसपूर्व काळातील या औषधांचा आता नव्यानं अभ्यास चालू आहे.

खरं तर आधुनिक वैद्यकातली बरीच औषधं प्राचीन वैद्यकाला माहीत होती. मात्र या औषधाचं कार्य कसं चालतं, याची माहिती प्राचीन वैद्यकाला नव्हती. यामुळं त्या औषधांना गुण येण्यासाठी देवाचं आवाहनही करावं लागत असे. साठवलेलं

शिळं तूप जखमा बच्या करण्यासाठी भारतात फार पूर्वीपासून वापरलं जातंय. भाकरीवरची बुरशी जखमेवर लावली की जखम लगेच भरून येते हे इजिप्तमधील वैद्यांना तीन हजार वर्षांपूर्वी कळलं होतं. या बुरशीला पेनिसिलियम म्हणतात, ती प्रतिजैविक कार्य करते वगैरे भाग आजकालचा. इ.स.पूर्व ११६ ते इ.स.२७ या काळातला व्हारी नावाचा रोमन वैद्यक शास्त्रज्ञ काय म्हणतो ते आपण बघितलं की आपल्याला आश्चर्याचा धक्काच बसतो. तो म्हणतो – "दलदलीच्या जवळपास वावरताना फार काळजी घ्यावी लागते. कारण या दलदलींमध्ये काही सूक्ष्म प्राणी निर्माण होतात. ते साध्या डोळ्यांनी दिसत नाहीत. हे हवेत तरंगतात आणि तोंड व नाकावाटे शरीरात शिरतात. शरीरात यांच्यामुळे गंभीर स्वरूपाचे आजार निर्माण होतात."

अथर्ववेदात 'दुष्ट आणि हितकारक असे जंतू असतात, त्यातून दुष्ट जंतूंना ---- करावे' असे सांगितले आहे. विशेषत: गर्भवती स्त्रीला रोगजंतू फार त्रास देतात. तो त्रास दूर करण्यासाठी अनेक गोष्टी अथर्ववेदात सांगितल्या आहेत.

*"दुर्णामा च सुनामा चोभा संवृत मिच्छत:।*
*अरायानप हन्म: सुनामा स्नेणमिच्छताम्।।"*

या रोगजंतूंचा सूर्य नाश करतो (ये सूर्य नतितिक्षन्ते तान् नाश या मसि) जे सूर्याला सहन करू शकत नाहीत त्यांचा आहनी नाश करतो.

*"पिंग जायमानं रक्ष पुमांसं स्त्रियं मा क्रन्।*
*आण्डाद: गर्भान् मा दभन् त: किमीदिन: बाधस्व।।"*

पिवळ्या रंगाच्या औषधा, जन्मलेल्या बालकाचे रक्षण कर. स्त्री किंवा पुरुषाला रडण्याची संधी देऊ नकोस, रोगजंतू गर्भास दाबण्यास असमर्थ ठरोत.

या खादाड रोगजंतूंना सूर्यप्रकाश दूर करो. अशा तऱ्हेनं बालकाला सूर्यप्रकाश लागू घ्यावा, असं अथर्ववेद सांगतो. चिनी वैद्यकाला रक्ताभिसरण प्रक्रियेची माहिती होती. हान साम्राज्य काळात याचे लेखी पुरावे सापडले आहेत. (इ.स.पू.२००ते इ. स.पू. २२०) पुरुषाच्या लघवीचं भागश: ऊर्ध्वपातन करून त्यातला काही भाग पुरुषांचं पौरुषत्व वृद्धिंगत व्हावं म्हणूनही चीनमध्ये दिला जात असे. लघवीतून टेस्टेस्टिरॉन पाश्चात्त्य वैद्यकानं गेल्या शतकात वेगळं केलं!

ग्रीक वैद्यराज हिरोफायलसनं इ.स.पू. तिसऱ्या शतकात अलेक्झांड्रियामध्ये वैद्यकीय माहिती मिळवण्यासाठी अनेक प्रयोग केले. अलेक्झांड्रिया हे तेव्हा मध्य पूर्वेतील महत्त्वाचं विज्ञानाचं केंद्र होतं. रोमनांच्या मते हिरोफायलसनं शवविच्छेदन करून मानवी शरीरांतर्गत अवयवांची माहिती जगाला सर्वप्रथम करून दिली. बऱ्याच पाश्चात्त्य विज्ञानेतिहासकारांना हे म्हणणं मान्य नाही; पण प्राचीन रोममधील

वैद्यक हिरोफायलसच्या अभ्यासातून उभं राहिलं हे ऋण मान्य केलं जातं. हिरोफायलसला पाश्चात्त्य वैद्यक हिप्पोक्रेटीसएवढाच मान देतं. हिरोफायलसनं रक्तवाहिन्या, चेता रज्जू (नर्व्हज) आणि स्नायू बंधने (टेंडॉन्स) हे वेगवेगळे असतात आणि त्यांची कार्येही वेगवेगळी असतात, असं सर्वप्रथम जगाच्या निदर्शनास आणून दिलं. मेंदूचं वर्णनही त्यानंच सर्वप्रथम केलं. आपल्या जाणिवा, चेतापेशीशी संबंधित असाव्यात, असा निष्कर्षही त्यानं काढला होता.

हिरोफायलस आणि त्याचा शिष्य रॅसिस्ट्रॅटस यांनी काही वेळा मृत्युदंड झालेल्या कैद्यांवर हे कैदी जिवंत असतानाच त्यांची शरीरं उघडून काही प्रयोग केले. सेल्सस या रोमन इतिहासकारानं 'या प्रकारच्या प्रयोगांना दोष देण्याचं काहीच कारण नाही. दुसऱ्याचा जीव घेणाऱ्यांनी आणि राजसत्तेविरुद्ध बंड करणाऱ्यांनी जगण्याचा त्यांचा अधिकार कायद्यानेच गमावलेला असतो. तेव्हा मानव जातीच्या कल्याणासाठी त्यांनी आयुष्याचा अखेरचा काळ थोडा त्रास सोसला तर काय बिघडणार आहे?' अशी या दोघांच्या प्रयोगांची भलावण केली आहे. लघवी अडल्यावर मूत्रमार्गात सरकवायची पातळ नळी – कॅथेटर हे इरॅसिस्ट्रॅटसनं प्रथम वापरल्याचं नमूद करण्यात आलं आहे.

या दोन डॉक्टरांच्या ज्ञानाच्या पायावर गॅलेननं त्याचं मानवी शरीररचनेचं ज्ञान वाढवलं. गॅलेन हा ग्रीक शल्यशास्त्रज्ञ रोममध्ये राजदरबारी आला. गुलाम आणि ग्लॅडिएटर्सच्या मृतदेहांवर त्यानं आपल्या वैद्यकीय हत्यारांचा वापर केला. (इ.स.१३० ते २००) या काळात शवविच्छेदनांनं प्रतिष्ठा गमावली होती तरी ज्ञानप्राप्तीसाठी गॅलेननं केलेल्या शवविच्छेदनांनं टीका होत नव्हती. मानवी शरीर आणि ऱ्हीसस माकडांचं शरीर यात साम्य असल्याचं त्याच्या लक्षात आल्यावर त्यानं प्रयोगासाठी ऱ्हीसस माकडांचा वापर सुरू केला. रक्तवाहिन्यांतून रक्त वाहतं, मूत्रपिंडामध्ये लघवी तयार होते व ती मूत्राशयात उतरते आणि तिथून ती बाहेर टाकली जाते. अवयवांचे नियंत्रण चेतारज्जूंद्वारा होते; हे सर्व गॅलेननं १६ खंडांच्या त्याच्या शरीरशास्त्रावरील ग्रंथात लिहून ठेवलं. मानवी शरीररचनेवरचा हा पहिला विस्तृत माहितीकोश ठरतो. पुढची तेरा-चौदा शतके गॅलेनच्या योग्य (आणि अयोग्य) निष्कर्षांचा पाश्चात्त्य वैद्यकावर पगडा होता. यानंतरची युरोपातली महत्त्वाची प्रगती व्हायला सतरावे शतक उजाडावे लागले.

प्राचीन चिनी वैद्यकातही बरीच प्रगती झाली याचं कारण चीनमध्ये शवविच्छेदन करण्यात येत असे, हेच असावं. चिनी प्रगती काही बाबतीत खरोखरच आश्चर्यकारक होती. दहाव्या शतकात चीनमध्ये रोगप्रतिबंधक लशी अस्तित्वात होत्या. चीनमधल्या वैद्यकात काढे, पारा व सोने, अनेक प्राण्यांचे वेगवेगळे अवयव यांचा वापर होता. देवीविरुद्ध लस शरीरात सोडण्याचा एक अभिनव मार्ग चिनी वैद्यांनी शोधून

काढलेला होता. देवीच्या रोग्याचं अंग पुसलेला कापूस वाळवून धडधाकट व्यक्तीच्या नाकपुडीत ठेवला जात असे. अशा तऱ्हेनं उपाय केलेल्या माणसाला मग देवीची बाधा होत नसे. देवी आल्याच तर त्या अगदीच सौम्य स्वरूपाच्या असत. सोळाव्या शतकापर्यंत हे तंत्र चीनमध्ये सर्वत्र वापरले जाऊ लागले. तिथून व्यापारी मार्गानि ते तुर्कस्तानात पोहोचले. पाश्चिमात्यांना प्रथम या तंत्राचे ज्ञान इथूनच मिळाले.

अशी अनेक तंत्रे प्राचीन वैद्यकात आढळतात. भारतातील तंत्रांचा उल्लेख पुढे ओघाने येणार आहेच. पाश्चात्त्य वैद्यकाचे डोळे आता हळूहळू या सत्याचं ग्रहण करू लागले असून प्राचीन संस्कृतीतले वैद्यकीय ज्ञान मिळविण्याची त्यांची धडपड नव्यानं सुरू झाली आहे. दुर्दैवानं आधी ख्रिश्चनांनी बायबलविरोधी म्हणून आणि नंतर मुसलमानांनी पाखंडी म्हणून लक्षावधी प्राचीन ग्रंथ जाळले. त्यामुळे आज आपण फार मोठ्या ज्ञानभांडारास मुकलो आहोत.

■

**६**

# मेंदूच्या आणखी काही शस्त्रक्रिया

मेंदूच्या बऱ्याच शस्त्रक्रिया या डोक्यावर लढाईत झालेल्या आघातावरचे उपचार म्हणून केल्या जात असल्या तरी इतर काही कारणांसाठीही या प्रकारच्या शस्त्रक्रिया केल्या जात होत्या. इ.स.पू. पाचव्या शतकात हिप्पोक्रॅटीसनं आणि इ.स.३० च्या सुमारास सेल्ससनं कवटी कापण्याची शस्त्रक्रिया केव्हा करावी हे लिहून ठेवलं आहे. तीव्र आणि जीर्ण डोकेदुखीवर उपाय म्हणून मेंदूवरचा दाब कमी करण्यासाठी अशा शस्त्रक्रिया या काळात केल्या जात असत हे या दोघांच्याही लेखनामधून स्पष्ट होते. कवटीचा आकार वाढणे आणि मेंदूत पाणी होणे यावरही कवटी कापणे हा उपाय केला जात होता. ग्रीस आणि रोममधल्या डॉक्टरांनी कवटीभेदनाच्या विविध पद्धती नमूद केल्या आहेत. अशा प्रकारच्या शस्त्रक्रियांच्या सविस्तर नोंदीही हे वैद्य करीत होते.

काही लोककथांमधूनही अशा शस्त्रक्रियांचे उल्लेख आढळतात. मात्र हे उल्लेख शास्त्रीय काटेकोरपणा वापरून केलेले नाहीत. युगोस्लाव्हियातील लोककथांमध्ये झारच्या मुलीच्या मेंदूतून किडे काढणाऱ्या वैद्यराजाची कथा आढळते. चीनमध्ये आलेल्या एका ता-छिन (सिरियन) वैद्यांनं लोकांच्या डोक्यावर शस्त्रक्रिया करून त्यांचं अंधत्व दूर केल्याच्या हकिकती मध्ययुगीन चिनी साहित्यात वाचायला मिळतात. अरबस्तानातून येणारे वैद्य डोक्याचे आजार बरे करण्यासाठी अशा शस्त्रक्रिया करण्यात प्रवीण आहेत. त्यांना हे ज्ञान भारतातून प्राप्त झाले, असे उल्लेख चिनी हस्तलिखितांमध्ये आढळतात.

आज पाकिस्तानात असलेल्या तक्षशीलेमध्ये अत्रेय हे महावैद्यराज मेंदूची तपासणी करून मेंदूवर उपचार करण्यात प्रवीण होते. मेंदू साफ करण्याचं हे तंत्र त्यांच्या शिष्यांनापण शिकवायचे. पण त्या करता त्यांच्या शिष्यांना खूप वर्षे मेहनत करावी लागत असे. अत्रेयांचा शिष्य जीवक हा गौतम बुद्धांवर उपचार करीत असे (इ.स.पू. पाचवे शतक). जीवकाजवळ एक जादूचा खडा होता. या रत्नाच्या प्रकाशात त्याच्या समोरच्या रुग्णाचं शरीर उजळून निघालं की जीवकाला त्या रुग्णाच्या शरीरात काय घडतंय हे दिसत असे. यामुळे कवटीच्या आतल्या दुखण्याच्या जागेची निश्चिती करून कवटी उघडून तापलेल्या चिमट्याच्या साहाय्यानं

जीवक मेंदूतील दोष आणि किडे काढून घ्यायचा, असं एक लोककथा सांगते. या कथेत गेल्या अडीच हजार वर्षांत पडलेली भर सोडली तरी अत्रेय आणि जीवक हे वैद्य मेंदूवर शस्त्रक्रिया करीत होते, हे मान्य करायला हरकत नाही.

प्राचीन काळात मेंदूतून किडे काढले जात, असं बऱ्याच शस्त्रक्रियांचं कारण पाहिलं तर लक्षात येतं. मेंदूत किडे होतात म्हणजे काय, याचं एक स्पष्टीकरण आधुनिक वैद्यक देतं. टी. मल्टिसेपर नावाची एक पट्टकृमी (टेपवर्म) आहे. ती परोपजीवी आहे. तिची अळी मेंढीच्या यकृतात वाढते. अशा मेंढीचे मांस कुत्रा, कोल्हा, लांडगा अशा श्वानवर्गी प्राण्यांनी खाल्ले की कुत्र्यांच्या शरीरात लांबलचक कृमी तयार होते. शिंप्याच्या मोजपट्टीसारखी म्हणजे आकारानं टेपसारखी ही कृमी कुत्र्याच्या मेंदूत पोहोचते; ज्यांना कुत्र्यांच्या शरीरात जाता येत नाही अशा पट्टकृमी मेंढीच्या मेंदूत जातात. मग मेंढी दारुड्याप्रमाणं चालू लागते; तर कुत्रं वेडंवाकडं धावू लागतं. युरोपातले धनगर चाकूने मेंढीच्या शिंगामधला भाग खरवडून कृमी ओढून काढीत असत.

या फितीकृमी किंवा पट्टकृमी मानवी मेंदूतही जाऊ शकतात. आता हा विकार आधुनिक औषधोपचारामुळं जवळजवळ नाहीसा झाला असला तरी प्राचीन काळी माणसालाही पट्टकृमींची बाधा मेंढ्या आणि कुत्र्यांमार्फत होत असावी. प्रागैतिहासिक काळात तर माणूस पाळीव जनावरांसकट घरात राहात असे. मायकेल रायडर या मेंढीतज्ज्ञाच्या मते पूर्वी ही कृमी कुत्रे आणि माणूस यांच्या शरीरात परोपजीवी म्हणून वाढत असावी. कालांतरानं माणूस मेंढ्या पाळू लागल्यावर तिनं मेंढीच्या शरीरात प्रवेश केला. या म्हणण्याला पुष्टी देणारे काही पुरावेही उपलब्ध आहेत.

सोळाव्या शतकातली मेंदूवरची शस्त्रक्रिया

१९८४ मध्ये मँचेस्टर वस्तुसंग्रहालयात ठेवलेल्या ममींपैकी एका ममीच्या मेंदूची तपासणी करण्यात आली तेव्हा या ममीच्या मेंदूत कवचयुक्त अवस्थेतले टेपवर्मचे अवशेष मिळाले. टेपवर्मची आळी प्रतिकूल परिस्थितीमध्ये स्वत:ला अशा कवचात बंदिस्त करून घेते. पुढे अनुकूल परिस्थिती निर्माण होताच हे कवच टाकून दिलं जातं. फितीकृमी वाढू लागते. यामुळे असह्य डोकेदुखी, दृष्टिनाश आणि अखेरीस बेशुद्धावस्था प्राप्त होते आणि माणूस कालांतरानं दगावतो.

कवटीला मार लागून पडलेल्या भेगा, परोपजीवी कृमी एवढ्यासाठीच ट्रेपनिंग करण्यात येत होतं, अशातला भाग नाही, तर काही वेळा असह्य डोकेदुखीमुळेही कवटीस भोक पाडण्यात येत असे. यासाठी बरेचदा मळसूत्र (स्क्रू) रवीसारखे फिरवून कवटीला छिद्र पाडण्यात येत असे. मेंदूतील आवाळू किंवा अर्बुद (ट्यूमर) काढले जात होते, असे चीनमधील थै झांग कुंग या इ.स.पूर्व १५० मधल्या वैद्याच्या कौशल्याबद्दलच्या स्तुतीलेखावरून वाटते. हा वैद्य रुग्णांच्या कवट्या उघडून जास्तीचा मेंदू काढून टाकत असे, असं या वर्णनात लिहिलं आहे. या शस्त्रक्रियेनंतर कवटीला पूर्ववत् आकार येत असे. यामुळं हे आवाळू काढून टाकण्याच्या शस्त्रक्रियेचं वर्णन असावं, असं जाणकारांना वाटतं.

रुमानियातल्या उत्खननामध्ये इ.स.पूर्व दुसऱ्या शतकातल्या एका थडग्यात काही हत्यारं सापडली. यात काही वर्तुळाकृती आणि अर्धवर्तुळाकृती करवती होत्या. त्यांच्यावर काही अडंगे होते त्यामुळे वैद्यांन कितीही जोर लावला तरी या करवतीमुळं ५ मि.मी. पेक्षा जास्तीचा छेद एका वेळी घेता येत नसे. यामुळे कवटी कापताना आतील भागास दुखापत होण्याची शक्यता टाळता येत असे. जर्मनीमधल्या उत्खननामध्येही एका रोमन शल्यशास्त्रज्ञाच्या वैद्यकीय हत्यारांची कांस्यपेटी सापडली आहे. या पेटीतली सर्व हत्यारंही काशाचीच आहे. ज्याला आधुनिक भाषेत ड्रिल म्हणतात, तसं गिरमिटही यात असून ते एका गोल नळीत बसवलेलं आहे. शस्त्रक्रिया करणाऱ्याच्या हाताला इजा होऊ नये म्हणून यावर मुठीची खास व्यवस्था आहे. एका धनुकलीच्या साहाय्यानं प्रत्यक्ष गिरमीट फिरवलं जात असे. या गिरमिटाच्या साहाय्यानं कवटीला वेगवेगळ्या व्यासाची भोकं पाडण्याची सोय होती. हिप्पोक्रॅटीस, सेल्सस आणि इतर वैद्यराजांच्या लिखाणात या हत्याराचं टोक वारंवार थंड पाण्यात बुडवावं, म्हणजे तापून ते वाकणारही नाही आणि त्याच्या तापण्यानं मेंदूला इजाही होणार नाही, अशा सूचना दिलेल्या आढळतात. या शस्त्रक्रियेच्या वेळी मद्य, धोतऱ्याचं बी (द. अमेरिका), अफू (भारत, अरबस्तान व चीन) असे मादक पदार्थ रुग्णाला देण्यात येत असत.

आजही पृथ्वीवर काही ठिकाणी अशा प्रकारच्या शस्त्रक्रिया केल्या जातात, असं मानव शास्त्रज्ञांना आढळून आलं आहे. आधुनिक रुग्णालयांचा वाराही न

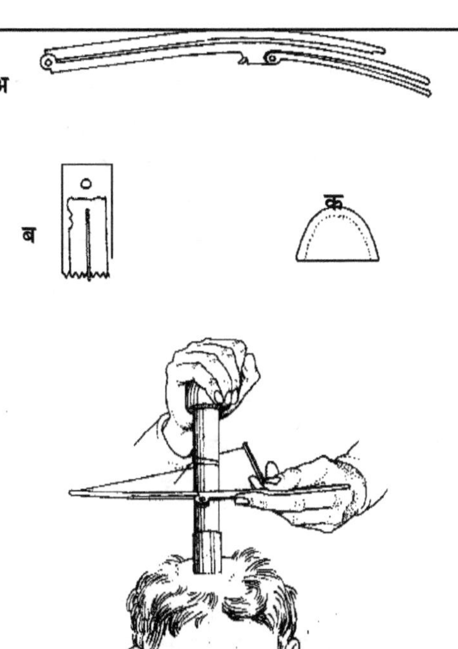

कवटीला भोक पाडण्याचं यंत्र. अ) दोरीने ड्रिल फिरवणारी धनुकली.
ब) कवटीत शिरणारा भाग. क) हाताने दाबण्यासाठी कप (इ.स. दुसरे शतक)

लागलेल्या काही जमातींमध्ये पारंपरिक पद्धतीनं या शस्त्रक्रिया केल्या जातात. युगोस्लाव्हियात एकोणिसाव्या शतकाअखेरपर्यंत अशा शस्त्रक्रिया केल्या जात असत. ब्रिटिश पूर्व आफ्रिकेत (आता टांझानिया, केन्या आणि युगांडा) व्हिक्टोरिया तलावाच्या परिसरातल्या आदिवासींमध्ये पारंपरिक औषधं देणारे वैदूच अशा प्रकारच्या शस्त्रक्रिया करीत असत. इ.स.१९५८ मध्ये डॉ. एडवर्ड मार्जेट्सनी अशी एक शस्त्रक्रिया करून घेतलेली व्यक्ती बघितली. त्या व्यक्तीला स्थानिक भाषेत जे नाव होतं त्याचा अर्थ 'हॅटसह आणि हॅटशिवाय' असा होतो. हा माणूस केन्यातील किस्ती टोळीतला होता. तो कायम हॅट डोक्यावर ठेवून वावरत असे. त्यानं ही हॅट काढली की कपाळाचा वरचा कवटीचा भागच काढून टाकल्यानं तो विचित्र भासत असे. मार्जेट्स स्वत: मानसोपचारतज्ज्ञ होत्या. त्यांनी या हाडं नसलेल्या डोक्याच्या भागाची क्ष-किरण छायाचित्रे घेतली तेव्हा त्या माणसाच्या कवटीचा १५ सें.मी. एवढा भाग काढून टाकून वरून कातडी जोडली गेल्याचं त्याच्या लक्षात आलं. त्यांना हे कसं घडलं तेही सांगितलं. 'एक दिवस मी काही चौकशीसाठी एका झोपडीत जात होतो. दारावरच्या वाश्यावर माझं डोकं जरा जोरातच आपटलं.

यानंतर पाच-सहा वर्षे माझं डोकं सतत दुखत होतं. वेदना वाढतच चालल्या होत्या. तेव्हा १९४५ मध्ये टोळीच्या वैदूनं सुचवलेल्या अखेरच्या उपायास मी मान्यता दिली. तेव्हा वैदूनं बरेचदा शस्त्रक्रिया करून माझ्या कवटीचे छोटे छोटे तुकडे काढले. ही प्रक्रिया खूप वेदनामय होती; पण हळूहळू माझी डोकेदुखी कमी कमी होत नाहीशी झाली. मग वैदूनं कचकड्याच्या भांड्याचा एक तुकडा या भागावर बसवायला दिला. तो मी घालतो आणि त्यावर हॅट घालतो.''

हे ऐकल्यावर मार्जेट्सनी त्या वैदूची भेट घेतली. यावेळी तो ७० ते ८० वर्षांचा होता. तशा प्रकारच्या अनेक शस्त्रक्रिया त्यानं केलेल्या होत्या. त्याच्या या कौशल्याची ख्याती दूरवर पसरलेली होती. त्याच्या हयातीत त्याच्या या शस्त्रक्रियेमुळं एकही रुग्ण दगावलेला नव्हता; याचा त्याला सार्थ अभिमान वाटत होता. वयाच्या विसाव्या वर्षी त्यानं अशा प्रकारच्या शस्त्रक्रिया करायला सुरुवात केली होती. ही विद्या त्याला त्याच्या वडिलांनी शिकवली होती. त्याची हत्यारंही त्याच्या वडिलांकडूनच त्याला मिळाली होती.

मेलॅनेशियामध्ये म्हणजे पॅसिफिक महासागरातील द्वीपसमूहात अशा प्रकारच्या शस्त्रक्रिया ऑब्सिडियन म्हणजे ज्वालामुखीजन्य काचेच्या साहाय्यानं करण्यात येत. काही वैदू या शस्त्रक्रियांसाठी घासून धारदार बनवलेले शिंपले वापरत.

कवटी फोडून मेंदूवर शस्त्रक्रिया करायच्या या कलेचा उगम कुठं झाला, हे सांगणं मात्र अवघड आहे. पूर्व आफ्रिका आणि चीनमध्ये हे तंत्र अरबांनी पोहोचवलं असावं, असं म्हटलं जातं. अरबांनी त्यांच्या अनेक विद्या भारतात अवगत केल्या आणि त्या चीन, युरोप आणि आफ्रिकेत पोहोचविल्या, हे आता सर्वमान्य झालेलं आहे. त्यातलीच ही एक विद्या आहे. दक्षिण अमेरिकेत ती कशी पोहोचली हे सांगणं अवघड आहे, पण रेड इंडियन जमाती या आशियातूनच अमेरिकेत गेल्या. त्या काळात त्यांनी ही विद्या त्यांच्याबरोबर नेली असावी किंवा स्वतंत्रपणे ती निर्माण केली असावी. युरोपमध्ये सेल्ट जमातींना ही विद्या माहीत होती. इ.स.पूर्व चार हजार वर्षांपासून ही विद्या युरोपात जोपासली गेली होती; माणसानं कवटी फोडून मेंदूवर उपचार करायची विद्या हस्तगत केली याकडे बऱ्याच जणांचं दुर्लक्ष होतं. पण मानवी इतिहासात शेतीनंतरचा हा महत्त्वाचा शोध ठरला.

# भूल देण्याच्या पद्धती

प्राचीन वैद्यकात अनेक वैद्यांनी वेगवेगळ्या वनस्पतींचे गुणधर्म तपासून त्यातल्या वेदनाशामक वनस्पतींचे गुणधर्म जागोजाग नमूद करून ठेवलेले आढळतात.

या चिनी पारंपरिक चित्रात चिनी वैद्यक देव हुआ-तो हा देवांचा सेनापती कुआन यू याच्यावर शस्त्रक्रिया करत आहे. तो एवढा शूर आहे की त्याने गुंगीचे औषधदेखील घेतलेले नाही! याच प्रसंगाच्या काही चित्रांमध्ये कुआन यू आपले वेदनांकडे दुर्लक्ष व्हावे म्हणून 'गो' नावाचा चिनी बैठा खेळ खेळताना दाखवलेला असतो.

दक्षिण अमेरिकन खंडात कोकेन (कोका झाडाची पानं) आणि चीन व भारतात अफू आणि गांजा फार पूर्वीपासून वेदनाशामक म्हणून वापरण्यात येत आहेत. ते वैद्यांनी वापरले असावेत यात शंका नाही. रडणाऱ्या मुलांना अफू देऊन झोपवायच्या प्रथेतूनच वेदना होणाऱ्या व्यक्तीला अफू देण्याची प्रथा निघाली असावी.

रोममध्ये भारतातून अफू गेली. रोमन वैद्यकात रोमचा भारताशी संबंध वाढल्या-नंतर अफूचा उल्लेख जागोजाग आढळू लागला. सेल्ससनं इसवी सनाच्या पहिल्या शतकात रानातल्या अफूच्या बोंडांचा रस डोकेदुखी, दातदुखी, झोप न येणे, डोळे येणे, श्वसनास त्रास, पोटदुखी, जखमा, शौचातून रक्त पडणे, स्त्रियांना पाळीचा त्रास, सांधेदुखी, छातीत दुखणे, यकृताचे विकार अशा नानाविध रोगांवर उपयुक्त ठरतो, असं लिहून ठेवलंय. हेनबेन म्हणजे खोरासनी ओवा. याचाही उल्लेख सेल्ससनं वेदनाशामक आणि शांतता मिळवून देणारा पदार्थ म्हणून केला आहे. पश्चिम जर्मनीतील नॉस या ठिकाणच्या उत्खननामधील लष्करी रुग्णालयाच्या कोठारामध्ये ज्या वस्तू सापडल्या, त्यात ह्या ओव्याच्या पिशव्या सापडल्या. हेनबेनमध्ये स्कोपाला माइन हे रसायन असतं, असं अलीकडेच उघडकीस आलंय. हे औषध आजही भूल देण्याआधी रुग्णास देण्यात येतं. याला 'ट्रूथसिरम' असंही म्हणतात. हे मोठ्या प्रमाणात घेतलं तर झोप लागते आणि विस्मरण होतं.

रोमनांना उपलब्ध असलेल्या गुंगी आणणाऱ्या वनस्पतींमध्ये सर्वाधिक गुंगी आणणारं औषध म्हणजे मँड्रेक वनस्पतीचं मूळ. प्राचीन वाङ्मयात मँड्रेक म्हणून जे उल्लेख आहेत ते एकाच वनस्पतीचे आहेत, असं ठामपणे म्हणता येत नाही. असं असलं तरी औषधी म्हणून गुंगी आणण्यासाठी जे मँड्रेक वापरलं जातं, ते मात्र इंग्रजीत ज्याला जिमसनवीड किंवा थॉर्न ॲपल म्हणतात ती वनस्पती असावी. ही वनस्पती म्हणजे धोतरा. धोतऱ्यात ॲट्रोपीन आणि हायोसाईन ही रसायनं असतात. या रसायनांमुळं हृदयाच्या धडधडीचा वेग कमी होतो. जर योग्य प्रमाणात धोतऱ्याचा रस दिला तर वेदनेची जाणीव होत नाही आणि शस्त्रक्रियेच्या भीतीमुळं बसणारा मानसिक धक्काही कमी होतो किंवा जाणवत नाही. ॲझ्टेक इंडियन बळी देण्यात येणाऱ्या तरुण-तरुणींना धोतऱ्याचं बी कुटून खायला देत असतात. हा धोतरा म्हणजे पिवळा धोतरा (अर्जिमोन मेक्सिकाना), यामुळे या बळी जायला निघालेल्या व्यक्तींना आजूबाजूस काय घडतंय याची जाणीव उरत नसे.

इ.स.७५ मध्ये धाकट्या प्लिनीनं रोमन डॉक्टर पांढऱ्या धोतऱ्याचा उपयोगी कसा करायचे ते लिहून ठेवलं आहे. जेव्हा रुग्णाला मँड्रेक देण्यात येतं तेव्हा त्या रुग्णाची प्रकृती आणि त्यावेळची स्थिती बघून त्याची मात्रा ठरवावी लागते. साधारणपणे एक सायाथस (तीन चमचे) औषध सर्वसाधारण धडधाकट माणसाला पुरेसं ठरतं. सर्पदंशावरही हे औषध द्रवरूपात देण्यात येते. तसंच शस्त्रक्रियेपूर्वी

गुंगी आणण्यासाठीही ते वापरले जाते. काही रुग्णांना केवळ या औषधाच्या वासानेच झोप लागते.

प्लिनीच्या वेळेपर्यंत धोत्र्याच्या अतिसेवनाचे परिणाम रोमन वैद्यांच्या लक्षात आलेले असावेत. यामुळेच ही औषधे काळजीपूर्वक वापरली जावीत, उठसूट वापरू नयेत, असं त्या काळी बंधन होतं. किरकोळ शस्त्रक्रियांसाठी त्या काळात गुंगीची औषधं वापरली जात नसत. धोत्र्याचा काढा पिण्यावर अनेक बंधनं होती. त्यामुळंच धाकट्या प्लिनीचा समकालीन असलेला सेल्सस उत्कृष्ट शल्यशास्त्रज्ञाची जी लक्षणं सांगतो त्यात 'रुग्णाच्या आरडाओरड्यानं आणि विव्हळण्यामुळे ज्यांचं लक्ष विचलित होत नाही' हे लक्षण पहिलं आहे.

रोमनांना ठाऊक असलेली गुंगीची औषधं मध्ययुगीन युरोपातही वापरली जात होती. किंबहुना सुमारे पंधराशे-सोळाशे वर्षे ती तशीच वापरली जात होती. एवढंच नव्हे तर ती औषधं वापरण्याच्या पद्धतीमध्ये फारसा बदल घडलेला नव्हता. या पद्धतीला 'गुंगी आणणारा स्पंज' (सोपोरोफिक स्पंज) पद्धत म्हणत असत. ही पद्धत आठव्या शतकात सर्व युरोपभर वापरली जाऊ लागली होती. ती सोळाव्या शतका-पर्यंत चालू होती. मग हळूहळू ती विलयास गेली. गुंगी आणणारं जे औषध द्यायचं ते औषध किंवा ती औषधं एकत्र कुटली जात. पाण्यात त्यांचा लगदा केला जात असे. नंतर या द्रवात स्पंज बुडवला जायचा. हा स्पंजचा तुकडा वाळवून बाजूला ठेवला जात असे. शस्त्रक्रियेच्या वेळी हा निद्रादायी स्पंज रुग्णाच्या नाकावर आणि तोंडावर ठेवला जात असे. नाक आणि तोंड ह्या स्पंजनं पूर्णपणे झाकलं जाईल अशा तऱ्हेनं हा स्पंज ठेवला की रुग्णाचा श्वासोच्छ्वास त्या स्पंजमधून व्हायचा आणि रुग्ण बेशुद्ध पडायचा. या मिश्रणात काही वैद्य हेमलॉकचा (कोनिकस मॅक्युलम्) अर्क मिसळत असत. सॉक्रेटिसनं हेमलॉकचा अर्क पिऊन आपले प्राण दिले होते. हेमलॉकमुळं हे औषधी मिश्रण काही वेळा घातकी बनत असे. हेमलॉकमुळं आधी हालचालीवरचं नियंत्रण जातं. मग संवेदना नष्ट होतात.

पंधराव्या शतकामध्ये इतर अनेक वैद्यकीय पुस्तकांमध्ये तोंडी निद्रादायक आणि गुंगी आणणाऱ्या औषधांचा उल्लेख आढळतो. काहींची सविस्तर माहितीही देण्यात आली आहे. मात्र त्यातल्या काही औषधांच्या उपयोगाची एखाद्याच हस्तलिखितात शिफारस केलेली आढळते. यावरून हे औषध इतरांना योग्य वाटत नसावं हे स्पष्ट होतं. मात्र 'ड्वाले' नावाचे औषध बऱ्याच वैद्यराजांच्या पसंतीस उतरलेलं असावं. याचं कारण तीसहून जास्त वैद्यकीय ग्रंथातून त्यांचं गुणवर्णन केलेलं आढळतं. इंग्लंडमध्ये तर हे औषध सर्रास वापरण्यात येत होतं. मुख्य म्हणजे जिथं जिथं या औषधी संयुगाचा उल्लेख आढळतो तिथं तिथं त्याचे नमूद केलेले घटक सर्वत्र सारखेच आहेत. एवढंच नव्हे तर त्यांचं दिलेलं प्रमाणही एकच आहे. हे घटक

व्यवस्थित मिसळून, थोडा वेळ उकळून मग मध्यामध्ये पातळ करून रुग्णाला हे औषध प्यायला देण्यात येत असे. या औषधामध्ये हेमलॉकचा रस, अफू, खोरासनी ओवा, व्हिनेगार आणि एका रेचक वनस्पतीचा अर्क असे. हे औषध पोटात जाताच रुग्ण बेशुद्ध पडत असे आणि त्याला वेदनेची जाणीव राहत नसे. यामुळे गळू कापून त्याचा निचरा करणे, एखादा अवयव छाटणे, जखम शिवणे अशा शस्त्रक्रिया आणि वेदनादायक कृती करणे शक्य होत असे. यातल्या ओव्यामुळे आणि ब्रिओनी नावाच्या रेचकामुळं शरीरातली हेमलॉकसारखी विषं बाहेर पडत असावीत. या ड्वालेचा फार मोठ्या प्रमाणावर वापर करण्यात येत होता, ते पाहता हे औषध घातकी ठरत नसावं, असा अंदाज करता येतो.

चीनमध्ये हुआ– तो नावाच्या वैद्यराजांं इसवी सनाच्या तिसऱ्या शतकामध्ये भूल देण्याचं औषध शोधून काढलं. यामुळे चिनी लोकांनी हुआ– तोला देवत्व बहाल केलं. हुआ– तोला आजही शस्त्रक्रियेचा देव मानण्यात येते. तो मध्यामध्ये 'माफीसान' नावाचं वनस्पतिजन्य औषध मिसळत असे. पण ही 'माफीसान' वनस्पती किंवा औषध म्हणजे नक्की काय, ते आज विस्मरणात गेलं आहे. गांजा हा या औषधाचा एक घटक असावा, असं काही तज्ज्ञ म्हणतात, पण हे सर्वमान्य नाही. या माफीसानचा एक घटक म्हणून गांजा वापरला जात असावा, त्याला धोतऱ्याची जोड देण्यात येत असावी. याचं कारण भारतात धोत्रा गुंगी आणणारं औषध म्हणून वापरण्यात येत होता. मात्र हुआ– तोच्या काळानंतर शे-दोनशे वर्षातच माफीसानचे घटक विस्मरणात गेले.

तेराव्या शतकात चौ मीनं मंगोलियातल्या भटक्या जमाती धोतरा आणि त्याच्या बियांचा वापर करताना पाहून आश्चर्य व्यक्त केलं आहे. त्याच्या भूगोलयात्रेच्या कथनात तो म्हणतो, ''मद्यात धोतऱ्याच्या बियांची पूड मिसळून मंगोल योद्धे ते मिश्रण वेदनाशामक म्हणून पितात. जखमी झालेले योद्धे हे औषध प्यायल्यावर तीन दिवस मूर्च्छित अवस्थेत पडून राहतात. तीन दिवसांनंतर ते उठतात, तेव्हा त्यांना खूप भूक लागलेली असते आणि ते जखमांच्या वेदना विसरून जातात. भाले आणि तलवारींनी जखमी झालेल्या योद्ध्यांवर हा उपचार सर्रास केला जातो.'' चौ मीच्या ह्या वर्णनात आणखीही एका औषधाचा ओझरता उल्लेख वेदनाशामक आणि निद्रादायी औषध म्हणून करण्यात आला आहे. मात्र त्याचे घटक नमूद केलेले नाहीत.

चीनमधल्या नान फांग विद्यापीठातील औषधी शास्त्राचे प्राध्यापक वेई-ई-लिन यांनी इ.स.१३१३ मध्ये अलीकडच्या चिनी वैद्यकात भूल देण्यासाठी दारूत धोतरा मिसळायला सुरुवात केली. या तंत्राचा प्रसार पुढं कोरियामार्गे जपानपर्यंत झाला. या औषधाचा वापर आधुनिक ॲनेस्थिटिक औषध म्हणून चीन व जपानमध्ये

विसाव्या शतकात पोहोचेपर्यंत चालू राहिला. याचं एक उदाहरण म्हणजे इ.स.१८०५ मध्ये हनाओक-से-ईशू यांनी शस्त्रक्रिया करून स्तनांचा कर्करोग झालेल्या एका स्त्रीचा स्तन काढून टाकताना तिला मद्यात धोतऱ्याचा रस पाजला होता. शस्त्रक्रिया पूर्ण होऊन गेल्यानंतर काही काळानंतर ती स्त्री शुद्धीवर आली. तोपर्यंत तिनं हू की चू केलं नाही, कारण तिला वेदनांची जाणीवच झाली नव्हती.

आधुनिक वैद्यकामध्ये १६ ऑक्टोबर १८४६ या दिवशी विल्यम थॉमस मॉर्टन यांनी इथरचा भूल देण्यासाठी उपयोग करून एका रुग्णाच्या मानेतील गाठ कापली. आधुनिक वेदनाविरहित शस्त्रक्रियेचा जन्म या दिवशी झाला असं पाश्चात्त्य वैद्यक मानतं, पण त्या आधी हनाओक-से-ई-शूनं केलेल्या वेदनारहित, स्तन कापून काढण्याच्या शस्त्रक्रियेकडं मात्र दुर्लक्ष केलं जातं.

८

# कृत्रिम दात आणि कृत्रिम अवयव

आज आपण सर्रास दातांच्या कवळ्या वापरतो. पूर्वींच्या काळी म्हणजे १६ व्या, १७ व्या शतकात हे फक्त राजे-रजवाड्यांनाच शक्य होत असे, पण आश्चर्याची गोष्ट म्हणजे मध्य पूर्वेतील उत्खननात आणि भूमध्य सागराकडेने वाढलेल्या संस्कृतींमध्ये अगदी सामान्य नागरिकांचे दातही नकली असत, असे पुरावे मिळालेले आहेत. एट्रुस्कन संस्कृतीला रोमन संस्कृतीची जननी मानण्यात येतं. इ.स.पू. ७०० मध्ये एट्रुस्कन दंतवैद्य पूर्ण कवळ्या, काही दात, दंत पूल म्हणजे डेंटल ब्रिजेस रुग्णांना देत असत. हे दात घालून माणसं जेऊ-खाऊ शकत असत. हे दात तोंडाबाहेर काढून साफ करता येत; तर काही रुग्णांत ते कायमस्वरूपी बसवलेले असत. यासाठी सोन्याचा पत्रा वापरण्यात येत असे. हे सोन्याच्या पत्र्याचे

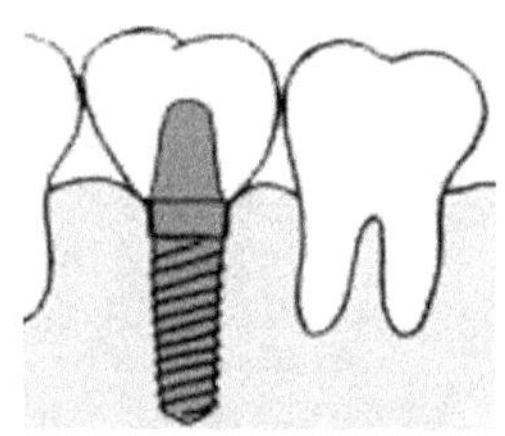

**हिरडीत खोवून बसवलेला शिंपल्यापासून बनवलेला दात**

पट्टे हिरडीवर घासू नयेत याचीही काळजी घेण्यात येई. या सोन्याच्या पट्टीत कृत्रिम दात योग्य ठिकाणी टाचून बसवला जात असे. मग ही पट्टी चांगल्या दातांभोवती गुंडाळली जाई. हे कृत्रिम दात दुसऱ्या व्यक्तीच्या तोंडातले तरी असत किंवा बैलाचे दात कानसून बनवण्यात येत असत. पुढं हस्तिदंती दातही वापरण्यात येऊ लागले. या दंतवैद्यांच्या इतकं कुशल काम नंतर एकोणिसाव्या शतकामध्ये दिसून येतं.

इ.स.१९०९ मध्ये व्हिन्सेंझो ग्वेरिनी यांनी लिहिलेल्या 'द हिस्टरी ऑफ डेंटिस्ट्री' या ग्रंथामध्ये ते म्हणतात –एट्रुस्कन लोक नकली दात अभिमानानं मिरवत असावेत. त्यांच्या दाताभोवती गुंडाळलेल्या पट्ट्या नक्कीच लोकांच्या लक्षात येत होत्या. याचं कारण त्या बाहेरून लगेच दिसतील, अशा तऱ्हेने तयार

करण्यात येत होत्या. म्हणजेच त्या काळात खोटे दात आणि त्याभोवतीच्या सोन्याच्या पट्ट्या यांना आभूषणं मानून ती मिरवण्याकडे या लोकांचा कल असावा. श्रीमंती मिरविण्याचा तो एक अनोखा मार्ग होता.

इ.स.६०० च्या आसपास मध्य अमेरिकेच्या माया संस्कृतीमध्ये असेच आभूषण म्हणून खोटे दात वापरायची प्रथा होती, असेही पुरावे उपलब्ध आहेत. त्या काळातल्या एका कवटीत शिंपल्यापासून बनवलेले दात बसविण्यात आले होते. रुग्ण जिवंत असतानाच हे दात बसवले होते, याचं कारण त्या दातांभोवती हाडाची वाढही झालेली दिसून आली.

खरं तर कृत्रिम दातांची निर्मिती व्हायला एवढा वेळ लागावा हे आश्चर्यजनक आहे. दात किडणं, हे तर आदिमानवातही आढळणारं दुखणं होतं. इजिप्तमध्ये पिरॅमिडच्या बांधकामाच्या काळात नंतरच्या ममींमध्येही किडके दात आढळून आलेले आहेत. पिरॅमिडच्या बांधकामावरच्या मजुरांच्या अन्नामध्ये बरेचदा वाळूचे कण मिसळले जात होते. त्यामुळे त्यांचे दात झटकन झिजत. दातावरचं कठीण आवरण झिजून किंवा तुटून दूर झालं की दात किडायला सुरुवात होत असे. यामुळे प्राचीन काळात इजिप्तमध्ये सर्वप्रथम दंतवैद्यांना महत्त्व प्राप्त झालं होतं. इ.स.पूर्व २५०० च्या आसपास इजिप्तमध्ये पिरॅमिडच्या बांधकामांना सुरुवात झाली. या काळात फाराहो छोसेरचे इजिप्तमध्ये राज्य होते. त्याचा राजगुरू आणि वैद्य हेसी रेच्या विद्वत्तेच्या वर्णनात 'दातांचा विद्वान' असाही उल्लेख आहे. मात्र इजिप्शियन दंतवैद्य दंतोत्पाटन करीत असले तरी कृत्रिम दात मात्र बसवत नसावेत. याचं कारण त्यांच्याजवळ आवश्यक कौशल्य नव्हतं हे नसून इजिप्तमधल्या तत्कालीन धार्मिक समजुतींचा पगडा, हे आहे. जिवंत व्यक्तीचं शरीर ही देवदत्त देणगी आहे. त्यामुळे शरीरांतर्गत अवयवांशी मानवानं खेळणं हे देवाच्या अधिकारात ढवळाढवळ करण्यासारखं आहे. यामुळे प्राचीन इजिप्तमध्ये दात उपटले जात. हिरड्यांमधला पू काढला जाई, मात्र त्यापलीकडे उपचार केले जात नसत.

इ.स.पूर्व २५०० मध्ये हिरडीला भोक पाडून गळवातील पू काढून दात निर्जीव केल्याचं एक उदाहरण पुराश्मयुगीन डेन्मार्कमध्ये आढळलं आहे. हूलबेर्ग इथल्या एका सामूहिक कबरस्थानात एका व्यक्तीवर अशा तऱ्हेचे उपचार करून हिरडीवरच्या हाडाला पाडलेलं भोकं आढळलं. त्या खाली दात होता तसाच होता.

सिरियन वैद्य आकी जिनीजनं इ.स.१०० मध्ये असंच एक तंत्र शोधून काढलं. वरचा दात तसाच ठेवून आतला सडलेला भाग तो पोखरून काढत असे. त्याआधी असे दात उपटून काढले जात असत. रोममध्ये हे काम न्हावी करीत असत. एका न्हाव्याच्या दुकानात असे १०० उपटलेले दात एका उत्खननात मिळाले. चीनमध्ये दात पोखरून त्यात पारा भरण्यात येत असे. या पाऱ्यात चांदी आणि कथिल मिसळलेलं

असे. हा मिश्र लगदा पोखरलेल्या दातात भरला जायचा. युरोपात मात्र हळूहळू दंत-वैद्यकांची पीछेहाट झाली. पुढे पुढे तर डोमकावळ्याची विष्ठा मेणात मिसळून दाढा भरण्यात येऊ लागल्या होत्या.

दात, विशेषत: दाढदुखीनं माणसाला इतकं सतावलं होतं की त्यावर प्राचीन काळात अनेक चित्र-विचित्र उपचार करण्यात येत होते. इजिप्तमध्ये दात दुखू लागले की सुदृढ दाताचं प्रतीक असलेला जिवंत उंदीर रुग्णाच्या हिरड्यांवर ठेवण्यात येत असे. थोरल्या प्लिनीच्या ज्ञानकोशामध्ये दाताला बेडूक बांधून ठेवल्यास दात बळकट होतात, असा उल्लेख आहे. अपघातात किंवा युद्धात मेलेल्या माणसाच्या दातानं हिरड्या खाजवल्यास दातदुखी थांबते, असंही प्लिनी म्हणतो. तसंच गांडूळ घालून शिजवलेल्या ऑलीव्ह तेलाचे थेंब कानात टाकणे, हा उपायही प्लिनी दातदुखीवर सांगतो. या उपायांमध्ये काही तथ्य नव्हते, हे बहुधा लगेचच उघडकीस आले असावे. कारण नंतरच्या काळात यांचा उल्लेख आढळत नाही.

इ.स.पूर्व ३००० वर्षांपासून विविध प्रकारची दातकोरणी अस्तित्वात आहेत. सुमेरमध्ये अशी दातकोरणी (आणि कानातला मळ काढायची साधनंही) मिळाली आहेत. रोममध्ये टोकदार काड्या ठेवण्यासाठी चामड्याची पिशवी असे. चीनमध्ये इ.स.९०० च्या आसपास दात घासण्याचे ब्रश अस्तित्वात आले. संगजिरं आणि काही औषधी बियांची पूड या ब्रशाच्या बरोबरच दात घासण्यासाठी वापरण्यात येत असे.

## कृत्रिम अवयव

मानव अस्तित्वात आल्यापासून टोळ्याटोळ्यांतल्या मारामाच्या, त्याहून मोठ्या लढाया आणि मोठमोठी युद्धं खेळत आलाय. पृथ्वीवरल्या कुठल्याही जमातीच्या दंतकथा घ्या, पुराणं वाचा, मिथकांमधले उल्लेख बघा. त्यात कुणीतरी सतत कुणाशीतरी लढताना दिसून येतं. युद्ध म्हटलं की हातपाय तुटणं हे ओघानं आलंच. इ.स.पू. हजार वर्षांपासूनच या तुटलेल्या अवयवांना बदली अवयव देण्याचं काम सुरू झालं. भारतापासून ग्रीसपर्यंत आणि चीनमध्येही कुबड्या, लाकडी पाय वगैरे गोष्टी अस्तित्वात होत्या, पण याचा ठाम लिखित उल्लेख सर्वप्रथम हिरोडोटसनं केलेला आढळतो.

हेगेसिस्ट्रॅटस नावाचा एक ग्रीक ज्योतिषी होता. तो पर्शियन सैन्यात शकुन-अपशकुनांचा अर्थ लावण्याचं काम करीत असे. तो पर्शियाकडून युद्धात भाग घेत होता, याचं कारण तो स्पार्टच्या सैन्याचा प्रचंड द्वेष करीत असे. पर्शियनांनी या ग्रीक ज्योतिष्याला लठ्ठ पगार दिला होता. त्यांनं इ.स.पू. ४७९ मध्ये प्लाटियाच्या

युद्धात स्वत: हातात तलवारही घेतली होती. याचं कारण या आधी काही काळ स्पार्टाच्या सैन्यानं त्याला पकडून कैदेत ठेवलं होतं. त्याचा एक पाय खोडाबेडीत अडकवला होता आणि हालहाल करून त्याला मारायचं ठरवलं होतं. हेगेसिस्ट्राटसनं कुठून तरी एक खंजीर मिळवला. त्या खंजिराच्या साहाय्यानं त्यानं स्वत:चं पाऊल तासून काढलं आणि त्या बेडीतून पाय सोडवून घेऊन तो निसटला. मग एका वैद्याकडं जाऊन त्यानं औषधोपचार करून घेतले. पायाची जखम बुजल्यावर त्यानं लाकडी पाऊल या पायावर बसवलं आणि तो पर्शियात पोहोचला. या लाकडी पायासह त्यानं युद्धात भाग घेतला. पराक्रम गाजवला, पण तरी पर्शियन सैन्याचा या युद्धात पराभव झाला. यातून हेगेसिस्ट्राटस वाचला खरा पण पुढे तो स्पार्टाच्या सैन्याच्या हाती लागलाच. मग मात्र त्यांनी हेगेसिस्ट्राटसचा शिरच्छेद केला.

रोममध्ये खोटे हात-पाय बनवण्यात येत असत. इ.स.पूर्व ३०० मध्ये पुरलेलं एक प्रेत एका उत्खननात संशोधकांच्या हाती आलं. या प्रेताचा गुडघ्याखालचा पाय लाकडी होता. तो चामड्याच्या पट्ट्यानं पायावर बसविण्यात आला होता. मध्य इटलीतील कापुआ नावाच्या ठिकाणी असेच आणखी दोन पाय मिळाले. या लाकडी पायांवर काशाचं आवरण होतं. लोखंडी खिळ्यांनी हा कास्यपत्रा त्या लाकडी पायावर ठोकून बसविण्यात आला होता. मांडीचा भाग सामावून घेण्यासाठी लाकडाच्या वर येणारा काश्याचा भाग रुंद होता.

प्लिनीच्या निसर्गशास्त्राच्या ग्रंथात दुसऱ्या प्युनिक युद्धात (इ.स.पू. २१८ ते २०९) भाग घेऊन जखमी झालेल्या सर्जियस सायलसची हकिकत नमूद केली आहे. तो कार्थेजविरुद्ध लढत असताना त्याला २३ जखमा झाल्या होत्या. त्याचा एक हात लोखंडी होता आणि एक पाऊल लाकडी होतं.

या तंत्राचा फायदा फक्त सैनिकांनाच मिळत होता असंही नाही. इ.स.पू. ३०० मध्ये कझाकस्तानातील एका कबरीत एका तरुण स्त्रीला पुरण्यात आलं. तिचं डावं पाऊल तुटलेलं होतं. त्या जागी मेंढ्याची हाडं तासून एकमेकांना जोडून तयार केलेलं पाऊल बसविण्यात आलं होतं. ही जखम बरी झाली. त्या शस्त्रक्रियेनंतर ही तरुणी बरीच वर्षे जगली. पुढं नैसर्गिक कारणानं मेली. त्याच सुमारास भारतातसुद्धा अशा शस्त्रक्रिया करण्यात येत असत. सुश्रुतानं या प्रकारच्या अनेक शस्त्रक्रिया करून रुग्णांना लाकडी व लोखंडी हातपाय बसवल्याचे उल्लेख आहेत.

जिवंत व्यक्तींना खोटे अवयव बसवणं, हे समजू शकतं. पण इजिप्तमधल्या ममींबरोबर जे अवयव मिळाले आहेत ते कृत्रिम अवयव नक्कीच वैद्यकीय कारणां- करिता बनवलेले नव्हते. इजिप्शियन वैद्य हातपाय कापून टाकण्याच्या विरोधात असत. याचं कारण धार्मिक होतं, हे आपण बघितलं आहेच. जर अमर, अविनाशी आत्मा स्वर्गात पोहोचायचा असेल तर मानवी शरीर पूर्ण स्वरूपात पुरलं जायला

हवं, अशी त्यांची श्रद्धा होती. पण युद्धामध्ये काही योद्ध्यांचे हातपाय तुटत असत. अशावेळी ममी तयार करणारे – एंखामर – या तुटलेल्या अवयवांच्या जागी त्या शवाला कृत्रिम हुबेहूब मानवी वाटावेत असे अवयव बसवत असत. इंग्लंडमधल्या मँचेस्टर इथल्या वस्तुसंग्रहालयात १४ व्या वर्षी मरण पावलेल्या एका मुलीची ममी आहे. ही मुलगी सुमारे तीन हजार वर्षांपूर्वी मेली. इ.स.१९७५ मध्ये या ममीची वस्त्रं उतरविण्यात आली. जेव्हा या ममीची आणखी खोलात जाऊन तपासणी करण्यात आली त्यावेळी या मुलीला हे पाय काही शतकांनंतर बसविण्यात आले होते, असं दिसून आलं. बहुधा प्रथम पुरताना या मुलीचे दोन्ही पाय व्यवस्थित असावेत. पुढे काही शतकांनंतर जेव्हा या मुलीची कबर उकरली गेली त्यावेळी त्या प्रेताचे पाय खराब झालेले आढळले असावेत. त्यावेळी तिच्या हाडांवर लाकडी पाय बसवून त्यावर लव्हाळी आणि चिखल थापून त्यांना योग्य तो आकार देण्यात आला असावा. त्यानंतर हे प्रेत पुन्हा पुरण्यात आलं.

आपल्या पूर्वजांनी जे अनेक कृत्रिम अवयव बनवले, त्यात फक्त इजिप्तमध्येच अशा प्रकारे मृतांना अवयव बसविल्याचे उल्लेख आढळतात. रामायणात लक्ष्मणाने शूर्पणखेचे नाक, कान कापल्यावर रावणाच्या पदरी असलेल्या वैद्यानं शूर्पणखेला कृत्रिम नाक, कान बसविल्याचा उल्लेख नाही. महाभारतामध्ये कुठेही कृत्रिम अवयवाचा उल्लेख आढळतात. आश्चर्याची गोष्ट म्हणजे नंतर काही शतकांनंतर म्हणजे किमान हजार-पंधराशे वर्षांनंतर प्रचलित झालेल्या शनिमाहात्म्यामध्ये मात्र विक्रम राजाचे तोडलेले हातपाय परत जसेच्या तसे मिळाल्याचा उल्लेख आहे. विक्रमाची ही कथा आणि सॉलोमन राजाची ओल्ड टेस्टामेंटमधली कथा यांच्यातले साम्य पाहता ही कृत्रिम अवयवांची गोष्ट मध्य-पूर्वेतून इकडं आली की इकडून तिकडं गेली, याचा शोध घेणं महत्त्वाचं ठरेल.

# ९

# ॲक्युपंक्चर

सन १९७१ मध्ये काही अमेरिकन वैद्यकशास्त्र आणि अमेरिकन शास्त्रज्ञ चीनच्या दौऱ्यावर गेले होते. त्यांच्यासाठी चिनी रुग्णालयात ॲक्युपंक्चरचे एक प्रात्यक्षिक दाखविण्यात आले. एका स्त्रीच्या बीजांड कोशात एक कवचधारी गळू (सिस्ट) वाढले होते. कुठल्याही आधुनिक औषधाची मदत न घेता हे गळू काढण्यात आले. ही शस्त्रक्रिया चालू असताना ती रुग्ण बाई पूर्णपणे शुद्धीत होती. तिच्या वेदना थोपविण्यासाठी तिच्या शरीरातील महत्त्वाच्या बिंदूंमध्ये सुया टोचण्यात

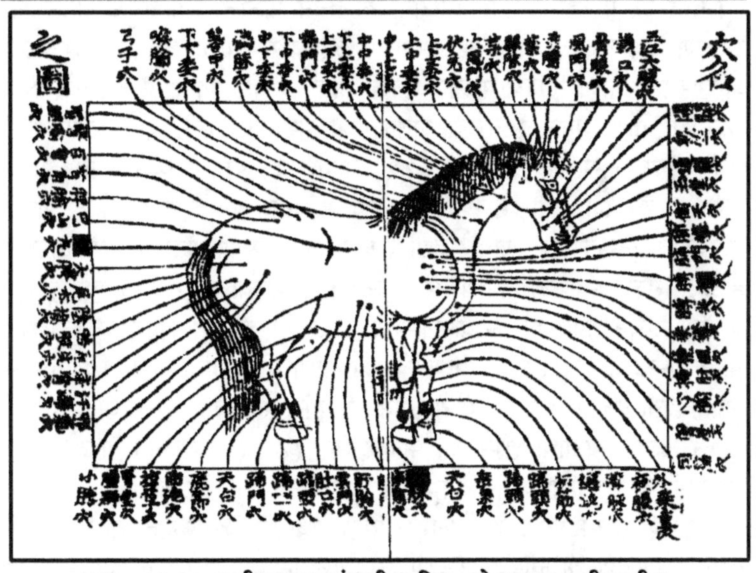

इ.स. १३९९ मधील एका ग्रंथातील चित्र. घोड्याच्या शरीरावरील ॲक्युबिंदू दाखवले आहेत.

आल्या होत्या. या खास प्रकारच्या सुया ही शस्त्रक्रिया चालू असताना गोलगोल फिरविण्यात येत होत्या.

प्राचीन चिनी औषधी शास्त्रातील ॲक्युपंक्चरतंत्राची पुनर्प्रस्थापना ही आधुनिक

चीनची जगाला देणगी आहे, असं म्हणायला हरकत नाही. या प्रात्यक्षिकामुळे पाश्चात्त्य शास्त्रज्ञांची ॲक्युपंक्चरमध्ये तथ्य आहे याविषयी खात्री पटली. जर अशा किचकट शस्त्रक्रियेमध्ये रुग्ण ॲक्युपंक्चरमुळे जागा राहूनही त्याला वेदना जाणवत नसतील तर किरकोळ आजार ॲक्युपंक्चरमुळे नक्कीच बरे होत असणार. या निष्कर्षाप्रत हे पाश्चात्त्य शास्त्रज्ञ येऊन पोहोचले. ॲक्युपंक्चरला दोन हजार वर्षांचा इतिहास आहे, हेही त्यांना सप्रमाण दाखविण्यात आले होते.

१९४९ मध्ये चिनी कम्युनिस्ट पक्षाने सत्ता हाती घेतल्यावर ज्या काही चांगल्या गोष्टी केल्यात त्यात प्राचीन वैद्यकाचे पुनरुत्थान ही एक महत्त्वाची बाब गणली जाते. चीनमधील उठावात भाग घेतलेल्या साम्यवादी पक्षाच्या कार्यकर्त्यांना

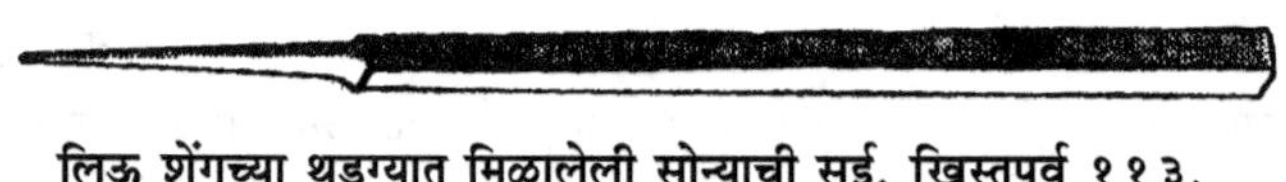

लिऊ शेंगच्या थडग्यात मिळालेली सोन्याची सुई. ख्रिस्तपूर्व ११३.

स्वस्तात आणि त्वरित मदत मिळावी या हेतूने पाश्चात्त्य प्रभावामुळे सुमारे शे-सव्वाशे वर्षे दबल्या गेलेल्या पारंपरिक औषधांना आणि वैद्यकीय उपचारांना प्रोत्साहन देण्याचा निर्णय माओने घेतला होता. प्राचीन चिनी उपचार पद्धतींच्या ऱ्हासाला साधारणपणे सतराव्या शतकामध्ये सुरुवात झाली. याचे कारण चिंग घराण्याच्या (इ.स.१६४४ ते १९११) कारकीर्दीत परक्या व्यक्तीसमोर आपले शरीर उघडे करणे हे मागासलेपणाचे लक्षण मानण्यात येऊ लागले. पुढे ते अशिष्ट मानण्यात येऊ लागले. त्यामुळे वैद्यांना रुग्णांची तपासणी नीटपणे करणे अशक्य होऊन बसले. ॲक्युपंक्चरमध्ये तर डॉक्टरला रुग्णाच्या शरीराची अगदी जवळून बोटांनी टोचून तपासणी करावी लागते. यामुळे या काळात ॲक्युपंक्चरचा धंदा मोडीत निघाला, तर १९२२ मध्ये चीनच्या पाश्चात्त्यीकरणाची मोहीम चिआंग-कै-शेकने हाती घेतली. १९२२ मध्ये त्याने ॲक्युपंक्चरवर बंदी घालायचा अयशस्वी प्रयत्न केला. त्याआधी शंभर वर्षे म्हणजे सन १८२२ मध्ये चीनच्या तत्कालीन सम्राटांनं वैद्यकीय प्रशिक्षणातून ॲक्युपंक्चरचे उच्चाटन केले होते. तरीही इ.स.१८२२ ते १९२२ या काळात ॲक्युपंक्चर भूमिगत अवस्थेत जिवंत होते. याचे महत्त्वाचे कारण म्हणजे मानवी रुग्णांवर ॲक्युपंक्चर उपचारांना बंदी असली तरी शेतकऱ्यांच्या गुराढोरांवर ॲक्युपंक्चर उपचार चालू होते. ती बिचारी आपले उघडे अंग झाकून घेत नसल्यामुळे खरेतर ॲक्युपंक्चर टिकून राहिले होते.

या काळात पारंपरिक वानसोपचारांवर कुठलीच बंदी नसल्यामुळे वनस्पतींचा औषधोपचारांमधील वापर अबाधित होता. ॲक्युपंक्चर मात्र रस्त्याच्या कडेला बसणाऱ्या, किरकोळ माहितीवर उपचार करणाऱ्या गावठी वैद्यूंच्या हाती गेलं होतं.

अलीकडे मात्र त्याला प्राचीन काळाप्रमाणेच महत्त्व प्राप्त झाले असून त्याचा पृथ्वीवर सर्वत्र वापर होऊ लागला आहे. संधिवाताचे सर्व प्रकार, दमा, अर्धशिशी, आंत्रव्रण, पोटदुखी, पक्षाघाताचे दुष्परिणाम, मादक पदार्थांचे व्यसन, हृद्रोग आणि अनेक मनोव्याधींवर ॲक्युपंक्चर उपचार आजकाल केले जातात.

ॲक्युपंक्चरची पुनर्स्थापना होऊ शकली याचे कारण चिनी लोकांची बारीकसारीक गोष्टींचे टिपण लिहून ठेवण्याची पद्धत. मुख्य म्हणजे चिनी खेडुतसुद्धा प्राचीन ग्रंथांचे जीवापाड संरक्षण करताना आढळतात. ॲक्युपंक्चरच्या बाबतीतला सर्वांत महत्त्वाचा हस्तलिखित ग्रंथ म्हणजे इ.स.१०२६ मध्ये वांगवेई-ईने लिहिलेला

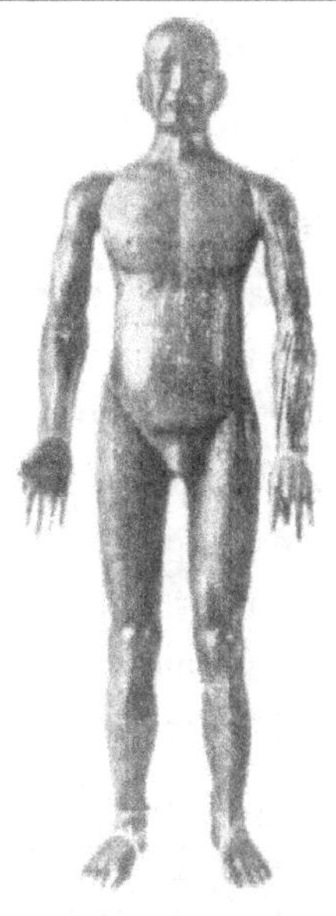

ॲक्युबिंदू दाखवणारा ब्राँझचा पूर्णाकृती पोकळ पुतळा. ॲक्युबिंदूच्या ठिकाणी छिद्रे आहेत. पुतळा पाण्याने भरायचा आणि त्याला मेण लावायचे. विद्यार्थ्यांनी टोचून बिंदू हुडकायचे. जर बरोबर टोचले तर पाणी बाहेर पडेल.

'ॲक्युबिंदू आणि ॲक्युभेदनासंबंधी ब्राँझच्या पुतळ्याच्या साहाय्याने उपाय करण्याची पद्धत सचित्र दर्शविणारी मार्गदर्शक पुस्तिका' या भल्या प्रचंड नावाचा ग्रंथ. दोन मानवी आकाराच्या कांस्याच्या पुतळ्याची वांगवेई-ईने यासाठी मुद्दाम निर्मिती केली होती. या पुतळ्यांवर जिथे सुया खुपसायच्या ते बिंदू दाखविण्यात आले होते. त्यांना क्रमांक दिलेले होते. त्या क्रमांकाच्या बिंदूचा शरीराच्या कुठल्या भागाशी संबंध आहे, हे वांगवेई-ईच्या ग्रंथात स्पष्ट केले होते.

'मॉक्सीबस्चन' हे असेच ॲक्युपंक्चरशी संबंधित तंत्र होते. मॉक्सीबस्चनचा अर्थ 'अग्निकर्म'असाही लावता येतो. मोक्सा (अर्टिमिशिया व्हल्गॉरिस) म्हणजे रानदवणा या वनस्पतीची वाळलेली पाने ॲक्युबिंदूवर त्यांचा कोन किंवा पुडा करून ठेवण्यात येत. मग ती जाळली जात असत. वांगवेई-ईचा ग्रंथ आणि आकृत्या तसेच त्याने ब्राँझचे पुतळे सापडेपर्यंत ॲक्युपंक्चरच्या क्षेत्रात काहीसा गोंधळ असल्यासारखी परिस्थिती होती. याचे कारण अशी छपाई कला ही खरे तर चीनची जगाला देणगी मानण्यात येते. चीनमध्ये चित्रलिपी वापरली जात असे. ती अक्षरे लाकडावर खोदणाऱ्या कलाकारांचे वैद्यकीय ज्ञान शून्य असायचे. पुस्तके छापायची तर घाई करणे आवश्यक होते. यामुळे या घाईघाईने छापून बाजारात आणलेल्या पुस्तकांमधल्या मजकुराने बरेचदा अर्थाचा अनर्थ होत असे. वैद्यकीय परिभाषा न समजल्यामुळे अक्षरकर्ता स्वतःचं ज्ञान पाजळून या गोंधळात आणखी भर घालीत असे.

लाकडी ठोकळे लवकर झिजत. त्यांना त्या काळात शाई फासली जात असे. त्यामुळे काही अक्षरे पुसट उठत असत. वांगवेई-ईने त्याचा ग्रंथ गुळगुळीत केलेल्या दगडांवर कोरून घेतला होता. तो शिलालेखाच्या स्वरूपात होता. २२ फूट लांब आणि सहा फूट उंचीचे हे दोन शिलालेख सुंग सम्राटांच्या राजधानीच्या गावी खैफेंग इथं एका बगीच्यामध्ये ठेवलेले होते. त्यांच्या शेजारी दोन मानवी मोजमापांचे काश्याचे पुतळे होते. इ.स.९६० ते १२७९ पर्यंत सुंग घराण्याने चीनवर राज्य केले. वांग त्यांचा आश्रित होता. इथे येऊन या शिलालेखांवर कागद ठेवून त्यावर ग्राफाईट घासून किंवा बांबूच्या पातळ पट्ट्यांवर कोरून या शिलालेखाची नक्कल करता येत होती. पुढे मंगोल युआन घराण्याच्या कारकीर्दीत हे पुतळे व शिलालेख बैजिंगला मिरवणुकीने नेण्यात आले. कुब्लाय खानाने ते बैजिंग या राजधानीच्या शहरी वैद्यकीय महाविद्यालयाच्या आवारात उभे केले. पुढं ते गाडले जाऊन त्यांचे तुकडे झाले. १९७१ मध्ये ते सापडले तेव्हा वांगवेई-ई व त्याचे शिलालेख ही दंतकथा नव्हती हे सिद्ध झाले. या दोन दगडांचे पाच तुकडे झाले होते. त्यावरची अक्षरं झिजली होती. ती जोडून आधुनिक तंत्रांनं वाचून वांगवेई-ईचा ग्रंथ पुन्हा उपलब्ध करून देण्यात चिनी शासनाने पुढाकार घेतला होता.

वांगवेई-ईने इ.स.च्या अकराव्या शतकात जेव्हा त्याचा प्रमाणभूत ग्रंथ रचला तेव्हा ॲक्युपंक्चरची पद्धत प्रगत अवस्थेत पोहोचलेली होती. ॲक्युपंक्चरचा इतिहास बघायला गेले तर तांग घराण्याच्या राज्यात (इ.स.६१८ ते ९०६) शाही वैद्यकीय महाविद्यालयात ॲक्युपंक्चर शिकविण्यासाठी एक राजगुरू म्हणजे आजचा प्रोफेसर आणि त्याच्या हाताखाली दहा सहायक प्राध्यापक असत. याशिवाय दहा विद्यार्थी आणि दहा प्रयोगदर्शकांवर ॲक्युपंक्चरच्या वेगवेगळ्या सुया तयार करणे

एवढेच काम सोपविण्यात येत असे. या काळात या महाविद्यालयामध्ये दोन प्रमाणभूत ग्रंथ वापरण्यात येत असत. यातला एक ग्रंथ म्हणजे इ.स.२५६ ते २८२ दरम्यान हुआंग फूमीने लिहिलेला, 'प्राचीन ॲक्युपंक्चर आणि मॉक्सीबस्चन' आणि दुसरा ग्रंथ हुआंग ती (पिवळा सम्राट) याने लिहिलेला 'नेई चिंग' हा अतिप्राचीन ग्रंथ. हुआंग तीने चीनवर इ.स.पू. २६००च्या सुमारास राज्य केले असे मानण्यात येते. म्हणजेच नेई चिंग हा ग्रंथ पिरॅमिडच्या बांधकामाच्या काळातला आहे.

नेई चिंग साडेचार हजार वर्षांपूर्वी लिहिला गेला असेल. त्यावर फार कमी तज्ज्ञांचा विश्वास आहे. याचे कारण हुआंग तीचे अस्तित्व हीच मुळात दंतकथा मानण्यात येते. बऱ्याच इतिहासकारांच्या मते नेई चिंग हा ग्रंथ अनेक प्राचीन तज्ज्ञांनी वेळोवेळी भर घालून केलेला ज्ञानसंग्रह असावा. सध्या उपलब्ध असलेल्या ग्रंथांचे स्वरूप नेई चिंगला इ.स.पूर्व दुसऱ्या व इ.स.पू. पहिल्या शतकाच्या दरम्यान प्राप्त झाले असावे. चिनी वैद्यकासंबंधी उपलब्ध असलेल्या अतिप्राचीन ग्रंथांपैकी एक हे नेई चिंगचे महत्त्व तरीही अबाधित आहेच. पिवळा सम्राट हुआंग ती आणि त्याचा पंतप्रधान चि पो यांच्यातील संवाद अशी या ग्रंथाची रचना आहे. ताओचे तत्त्वज्ञान आणि शरीरशास्त्र यांच्या संबंधातून हा ग्रंथ उभा राहतो. यात वनौषधींची थोडीफार माहिती असली तरी ॲक्युपंक्चर आणि मॉक्सीबस्चन यांवरच या ग्रंथात मोठ्या प्रमाणात भर देण्यात आला आहे.

याचाच अर्थ असा की, ॲक्युपंक्चर आणि मॉक्सीबस्चन ही तंत्रे इ.स.पू. दुसऱ्या शतकात चीनमध्ये घट्ट पाय रोवून उभी होती. त्या आधीच्या चिनी वैद्यकाची माहिती १९७३ पर्यंत पुरातत्त्व शास्त्रज्ञांना नव्हती. इ.स.१९७३ मध्ये हुनान प्रांतात मावांगदुई इथे एका दरबारी व्यक्तीची कबर उत्खननामध्ये सापडली. या उत्खननात रेशमावर लिहिलेले तीन वैद्यकीय ग्रंथ पुरातत्त्व शास्त्रज्ञांना सापडले. त्यातील दोन हस्तलिखित बाडे मॉक्सीबस्चनवरचे विद्वत्तापूर्ण अनुभवी लिखाण, या स्वरूपाचे आहेत. या कबरीचे बांधकाम इ.स.पू. १६८ मधले असले तरी या लेखनाची शैली या आधीची आहे. ॲक्युपंक्चरचा सर्वांत जुना उल्लेख इ.स.पूर्व ५८० मधल्या शाही दप्तरात सापडतो.

हुबे ई प्रांतातल्या मान-च-एंग इथे राजा लि शेंग याची कबर सापडली. ही कबर इ.स.पू. ११३ मधली आहे. यात चार सोन्याच्या आणि पाच चांदीच्या ॲक्युपंक्चरच्या सुया सापडल्या. पारंपरिक ॲक्युपंक्चरमध्ये नऊ सुया वापरल्या जातात. त्यामुळे या सुया ॲक्युपंक्चरच्याच कामासाठी वापरल्या जात असाव्यात असे मानण्यात येते. असाच नऊ सुयांचा ब्रॉंझचा संच इ.स.पू. आठव्या शतकातील एका कबरीत मिळाला. नेई चिंगमध्ये तर दगडी कातीव सुयांचा उल्लेख आहे.

त्यामुळेच ॲक्युपंक्चरचे चिनी समर्थक ॲक्युपंक्चरचा उदय अश्मयुगीन चीनमध्ये झाला, असा दावा करतात.

ॲक्युपंक्चरच्या संदर्भात एक गोष्ट पाश्चात्त्यांना (किंवा आपल्यालाही) कळत नाही ती म्हणजे शरीराच्या एका भागात दुःख असतं तर दुसऱ्याच कुठल्यातरी भागात सुई फिरवली जाते, तरी दुखणे बरे होते. हा उपाय केल्याने बरा झालेल्या रुग्णाला या उपचारांचा दीर्घकालीन फायदा होतो. हे कसे घडते? पाश्चात्त्य वैद्यकाने याचे स्पष्टीकरण शोधायचा मुद्दाम प्रयत्न केल्याची काही उदाहरणे आहेत.

इ.स.१९६५ मध्ये रोनाल्ड मेल्झाक हे मॉंट्रियल इथल्या मॅक्गिल विद्यापीठातील मानसशास्त्राचे प्राध्यापक आणि लंडनच्या युनिव्हर्सिटी कॉलेजमधले शरीरशास्त्राचे प्राध्यापक पॅट्रिक वॉल यांनी शारीरिक वेदनेसंदर्भात एक सिद्धांत मांडला. या सिद्धांताला 'गेट थिअरी ऑफ पेन' असे म्हणतात. या सिद्धांतासाठी मेल्झाक आणि वॉल यांना नोबेल पारितोषिक मिळाले.

वेदनेचा हा फाटक सिद्धांत काय आहे, ते आपण थोडक्यात पाहू या. या सिद्धांतानुसार मेंदूपर्यंत वेदना पोहोचविण्याचे काम मध्यवर्ती चेताप्रणाली करते. मध्यवर्ती चेताप्रणालीकडे वेदना पोहोचविण्याचे काम काही विशिष्ट चेतारज्जू करतात. इतर बरेच चेतारज्जू वेदना वाहून नेत नाहीत. किंबहुना वेदनेचा संदेश ते थोपवतात. असे घडले नाही तर आपण कशालाही स्पर्श केला तरी आपल्याला फक्त वेदनाच जाणवेल. हे दोन्ही प्रकारचे चेतारज्जू पाठीच्या कण्यात मज्जारज्जूमध्ये एकत्र येतात. ज्यावेळी ठराविक मर्यादेच्या पलीकडे त्या गोष्टीचा त्रास होतो तेव्हा हे दोन्ही प्रकारचे चेतारज्जू जिथे मिळतात तिथले फाटक उघडले जाते. ही मर्यादा वेदना-ग्राहक यंत्रणेच्या पेशींवर अवलंबून असते. हे फाटक उघडले की आपल्याला वेदना जाणवते. यानंतर १९७७ मध्ये डॉ. मेल्झाक आणि इतर संशोधकांनी शरीरातील 'वेदना जागृती खटके' (पेन ट्रिगर पॉइंट्स) शोधून काढले. या ठिकाणी बोट टेकले की वेदना जाणवते आणि हे जागृत खटके आणि ॲक्युबिंदू एकमेकांशी जुळतात, असे मेल्झाकना आढळून आले. पाश्चात्त्य वैद्यकास या बाबतीत इतपत माहिती आहे. आता जन्माने कोरियन असलेले काही अमेरिकन संशोधक ॲक्युबिंदूवर दाब देऊन मेंदूत काय बदल घडतो याचा अभ्यास करीत आहेत. पण तो आपला विषय नाही.

# कुटुंबनियोजनाची साधने

आजकाल कुटुंबनियोजनाचा खूप प्रसार केला जातो. आपल्याला असं वाटतं की आपल्या पूर्वजांना प्राचीन काळी कुटुंबनियोजनाची काहीच माहिती नव्हती. प्रत्यक्षात परिस्थिती वेगळी होती. पूर्वीही वेगवेगळ्या संस्कृतींमध्ये कुटुंबनियोजनाच्या निरनिराळ्या पद्धती अस्तित्वात होत्या, असं दिसून येतं.

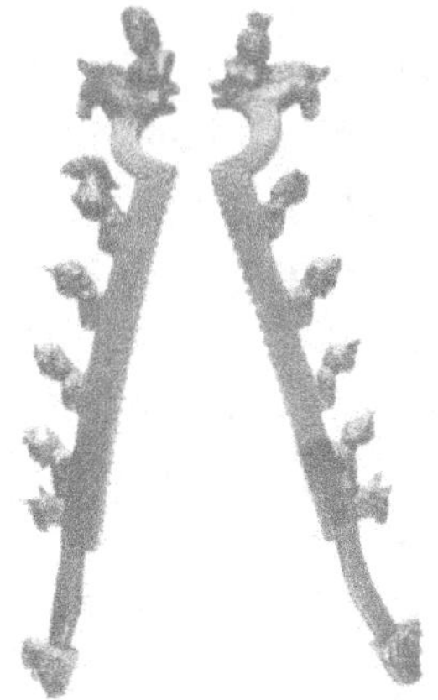

पुरुषांचे वृषण निकामी करण्याचा रोमन चिमटा

इ.स.१८८९ मध्ये उत्तर इजिप्तमध्ये काहून इथं एक पॅपिरसचा तुकडा मिळाला. हा पॅपिरसचा तुकडा एका प्रसूतिशास्त्रविषयक ग्रंथाचा भाग होता. यावरचा मजकूर मूल होऊ न देण्याचे उपाय सांगत होता. तो मजकूर वाचून प्रख्यात पुरातत्त्वशास्त्रज्ञ आणि इजिप्ती संस्कृतीचे अभ्यासक फ्रान्सिस लेवेलीन ग्रिफीथ यांना आश्चर्याचा धक्का बसला. तो पॅपिरसचा तुकडा आपली टिंगल करण्यासाठी कुणीतरी तिथं अलीकडच्या काळात पुरला असावा, अशी त्यांची समजूत झाली. तो व्हिक्टोरिया राणीच्या साम्राज्याचा काळ. कुठलीही लैंगिक बाब उच्चारणं हा तेव्हा अशिष्टपणा मानला जायचा. सभ्य माणसं तर तो विषय टाळायचीच. अशा परिस्थितीत ग्रिफीथना आश्चर्याचा धक्का बसणं साहजिकच होतं.

विसाव्या शतकामध्ये जे उत्खनन आणि प्राचीन ग्रंथांचा जो अभ्यास करण्यात आला, त्यावरून आपल्या पूर्वजांनी अपत्यसंभव टाळण्याचे उपाय शोधण्याचा फार पूर्वीपासून प्रयत्न केलेला होता; एवढंच नव्हे तर त्यातले काही उपाय खरोखरच यशस्वी ठरले असावेत, हे अगदी स्पष्ट होतं. हे उपाय अगदी १०० टक्के खात्रीशीर ठरलेले नव्हते. हे खरं, पण अगदी टाकाऊ नव्हते, हेही तितकंच खरं आहे. काहून पॅपिरसमध्ये जो सल्ला दिला होता, तो सुमारे चार हजार वर्षांपूर्वीचा होता. तो खरोखरच उपयुक्तही होता. डिंक, मध, सोडियम कार्बोनेट आणि सुसरीची विष्ठा एकत्र कालवून ती संभोगापूर्वी योनीत ठेवावी, असा हा सल्ला आजच्या वैद्यक-शास्त्रानं तपासून, यामुळे गर्भधारणा होण्याची शक्यता कमी होते, हे मान्य केलं आहे. याच पद्धतीत पुढे तेराव्या शतकातल्या इस्लामी ग्रंथांमधून थोडी सुधारणा सुचविण्यात आली आहे. इथं सुसरीच्या विष्ठेची जागा हत्तीच्या विष्ठेनं घेतलेली दिसते. सुसर, हत्ती किंवा उंट यांची विष्ठा खूपच आम्लयुक्त असते. त्यामुळे शुक्रजंतू मरतात असं अलीकडच्या संशोधनात आढळून आलं आहे.

एबर्स इथं सापडलेल्या पॅपिरींमध्ये (काळ : इ.स.पू. १५२५) अशीच एक पद्धत सांगण्यात आली आहे. त्यात मध्यात बाभळीच्या पानांचा रस मिसळावा असं सांगितलं आहे. यात रुईचा चीक व अंबाडीचा रसही मिसळावा असंही सांगितलं आहे. बाभूळ व अंबाडी या वनस्पतींच्या पानांचे रस आम्लधर्मी आहेत. त्यामुळे शुक्रजंतू मरतात, असं दिसून आलं आहे, तर रुईमुळे त्यांचं चलनवलन मंदावतं.

ग्रीक आणि रोमन काळामध्येही स्त्रियांनी वापरावयाच्या काही संततिप्रतिबंधक पद्धती लिहून ठेवण्यात आल्या आहेत. प्राचीन काळापासून पुरुषांनी निरोधसारख्या वापरावयाच्या पद्धतीचा शोध लागेपर्यंत बहुतेक सर्वच संस्कृतीत संततिप्रतिबंधाची जबाबदारी स्त्रीवर टाकण्यात आल्याचं दिसून येतं. ॲरिस्टॉटलच्या लिखाणातही अशीच एक पद्धत वर्णन करण्यात आली आहे. तो म्हणतो,

'स्त्रिया जिथं बीज पडतं, त्या गर्भाशयाच्या भागाच्या ठिकाणी सीडरचं तेल, शिशाचं मलम आणि ऑलिव्ह तेलात मिसळून उदाचं मलम यांचं मिश्रण लावतात. त्यायोगे अपत्यसंभवाची शक्यता कमी होते.' ग्रीक आणि रोमन साम्राज्यांमध्ये अनेक सम्राटांचा मेंदूवरील ताबा प्रौढपणी जात असे. ते चाळिशी गाठून पुढं जगलेत, असं क्वचित घडत असे. याचं कारण ग्रीस आणि रोममध्ये शिसं हा धातू सर्वत्र वापरला जातो. शिशाची भांडी, मद्याचे बुधले आणि सजावटीत शिसं असायचं. ते औषधं म्हणूनही वापरण्यात येत असे. शिसं मानवी देहाच्या दृष्टीनं अतिशय घातक असून शिशाचं प्रदूषण मेंदूच्या अनेक आजारांना कारणीभूत ठरतं, असं दिसून आलं आहे.

ॲरिस्टॉटलनं मलम तयार करण्याची जी पद्धत सांगितली आहे त्यातलं

ऑलिव्हचं तेल मात्र कुटुंबनियोजनासाठी उपयुक्त ठरतं. त्यामुळे शुक्रजंतूंची हालचाल मंदावते. ऑलिव्हच्या तेलाची ही उपयुक्तता इ.स.१९२१ मध्ये मेरी स्टोप्स यांनी पुन्हा शोधून काढली. आधुनिक कुटुंबनियोजन चळवळीच्या उद्गात्या म्हणून मेरी स्टोप्स प्रसिद्ध आहेत. त्यांनी लंडनमध्ये त्या काळात 'मदर्स क्लिनिक ऑफ बर्थ कंट्रोल' स्थापन केलं होतं. या ठिकाणी त्यांनी ऑलिव्ह तेलाच्या संततिप्रतिबंधक गुणधर्मांचा अभ्यास केला. त्यांचं हे संशोधन १९३८ मध्ये प्रसिद्ध झालं. ऑरिस्टॉटल-नंतर दोन हजार वर्षांनी ऑलिव्ह तेलाचं महत्त्व पुन्हा एकदा उघडकीस आलं.

रोमन साम्राज्यामध्ये डायोस्कोरीडीस (इ.स.४० ते ८०) आणि गालेन (इ.स.१२९ ते १९९) यांनी पोटात घेण्यासाठी अनेक वनस्पतींची तपासणी करून सुमारे बारा-पंधरा वनस्पती या संततिप्रतिबंधक असल्याचं नमूद करून ठेवलं आहे. यात हिंग, रान गाजर, ज्युनिपर अशा वनस्पतींचा संततिप्रतिबंधासाठी उपयोग होत असला तरी त्यांचे दुष्परिणामही तीव्र आहेत, हे त्या काळातही लक्षात आलं असणार. विशेषत: रुई, वाघनखी यांसारख्या वनस्पतीतील अल्कलॉईड्सचा दुष्परिणाम भोगल्यावर परत त्या वनस्पती वापरायचा धीर होणं तसं अवघडच आहे.

यामुळेच पहिल्या शतकामध्ये एफेससच्या सोरॅनसनं त्याच्या 'गायनॉकॉलॉजी' या ग्रंथामध्ये पूर्वीच्या संततिप्रतिबंधक उपाययोजनांमध्ये सुधारणा सुचवली होती. यासाठी त्यानं ऑलिव्हचं तेल, बाभळीचा डिंक, सीडारची राळ, बाल्समचा रस हे एकेकटे किंवा त्यांचं मिश्रण करून शिशाच्या भुकटीत मिसळावे किंवा तुरटीत कालवून घ्यावे, लोकरीचा तुकडा त्यात बुडवावा आणि तो गर्भाशयाच्या मुखाशी ठेवावा, असं सांगितलं आहे. यातलं शिसं हे विषारी होतं, ते आपण बघितलंच. मात्र सोरॅनसनं सांगितलेल्या इतर सर्व घटकांमध्ये संततिप्रतिबंधक गुणधर्म आहेत, असं आढळून आलं आहे.

ज्यूंनी यापेक्षा एक वेगळी पद्धत सुचवल्याचं दिसून आलं आहे. इसवी सनच्या तिसऱ्या ते पाचव्या शतकादरम्यान ही पद्धत मध्यपूर्वेत वापरली जात होती. गर्भाशयाच्या तोंडाशी स्पंज ठेवून संततिप्रतिबंधनाची ही पद्धत पुढं कालौघात मागं पडली. इ.स.१८३२ मध्ये कुटुंबनियोजनाचा अमेरिकन उद्गाता चार्ल्स नोल्टन यानं पुन्हा या पद्धतीचा प्रसार सुरू करिपर्यंत ती विसरली गेली. या पद्धतीत दुष्परिणाम तर नव्हतेच, पण ती बऱ्यापैकी खात्रीशीर पद्धत होती.

पुढं रोमचं साम्राज्य लयाला गेल्यावर युरोपमध्ये ख्रिस्ती धर्माचा प्रभाव वाढला. चर्चनं मूल होऊ न देणं, हे पाप मानल्यानं युरोपातून या सर्वच पद्धतींचा लोप झाला. मानवाचा जन्म जास्तीत जास्त प्रजा निर्माण करण्यासाठी झाल्याचं बायबल सांगतं, असं चर्चचे अधिकारी म्हणू लागले. आजही कुटुंबनियोजनास सर्वांत मोठा विरोध मुस्लिमांबरोबरच कॅथोलिक ख्रिश्चनांचा आहे.

इंग्लंडमध्ये एका किल्ल्याच्या तटबंदी भोवतीच्या उत्खननात पंधराव्या शतकातले मेंढीच्या त्वचेच्या अंत:स्तरापासून केलेले निरोध सापडले आहेत. काही विद्वानांच्या मते कंडोम मध्यपूर्वेत आणि पर्शियामध्ये मध्ययुगीन काळात वापरात होते आणि क्रूसेड्स (जेहार)च्या वेळी ते युरोपात आले. पारसी भाषेत कोंडू किंवा केंडू असा एक शब्द आहे. प्राण्यांच्या कातड्याच्या लांब आकाराच्या पिशव्यांमध्ये धान्य साठवलं जात होतं; तसाच आकार या साधनाचा असल्यामुळे त्याला कंडोम म्हणण्यात येऊ लागलं.

इसवी सनाच्या दुसऱ्या शतकामध्ये अँटोनिअस लिबरॅलीस या रोमन लेखकानं मिनॉस या राजाबद्दल लिहून ठेवलंय. मिनॉस या राजावरून क्रीटवरील प्राचीन संस्कृतीस मिनोअन संस्कृती म्हणण्यात येऊ लागलं. हा राजा इ.स.पू. १४००च्या सुमारास अस्तित्वात होता. अँटोनिअसनं नमूद केलेल्या दंतकथेनुसार त्याच्या वीर्यातून साप आणि विंचू बाहेर पडत. यामुळे त्याच्या स्त्रियांना त्याच्याशी संबंध ठेवताना बकरीच्या आतड्याची पिशवी जननेंद्रियात ठेवावी लागत असे. अशा तऱ्हेची स्त्रियांनी वापरायची कंडोम अलीकडच्या काळात अस्तित्वात आली. या पिशव्यांना विविध नावं आहेत. याचा अर्थ रबराची साधनं अस्तित्वात येण्यापूर्वी शेळ्या-मेंढ्यांची आतडी आणि त्वचेचा अंत:स्तर कुटुंबनियोजनाच्या साधनांच्या निर्मितीत वापरला जात होता.

११

# कुटुंबनियोजनाची तारीख

युरोपमध्ये ख्रिश्चन धर्माच्या प्राबल्यामुळे संततिनियमन थांबलं तरी पूर्व युरोपमधल्या आणि आशिया खंडातल्या बायझन्टाईन साम्राज्यात काही प्रमाणात कुटुंबनियोजन करण्यात येत होतं. सहाव्या शतकातील बायझन्टीनी वैद्य अमिडाचा ऐटिओ यांनं सोरॅनसच्या काही पद्धतींचा प्रसार केला होता. त्याच्या पद्धतीत काही आम्लजनक वनस्पती, चरबी आणि पुदिन्याचा रस याचं मलम वापरण्यात येत असे. तसेच पुरुषांनी नैसर्गिक मिठाच्या पाण्यानं किंवा व्हिनेगारनं आपले अवयव संभोगापूर्वी धुवावेत, असं तो म्हणे. यानं कुटुंबनियोजन साध्य व्हायला मदत होते असा त्याचा दावा होता. तो कितपत उपयोगी होता, हे त्याचं त्यालाच ठाऊक, पण त्यामुळे गुप्तरोगांच्या प्रसाराला आळा घालायला मात्र मदत झाली असावी. व्हिनेगार हे शुक्रजंतूबरोबर इतर जंतूंचाही नाश करते.

भारतात संततिप्रतिबंधक उपाय म्हणून तूप आणि मधाच्या मिश्रणात बुडविलेला कापसाचा बोळा वापरावा, असं सांगत असत. ही प्रथा पूर्वापार भारतात चालत आल्याचं अल्-बिरूनी म्हणतो, 'याशिवाय खोबरेल तेलात मिठाचं मिश्रण करून तेही वापरण्यात येत असावं. मीठ हे जंतुनाशक म्हणून कार्य करतं; तेच शुक्रजंतू हानीकारक म्हणून वापरलं जात होतं. या पद्धती गणिका वापरत असत.' समाजात या पद्धती प्रचलित नसाव्यात, असं अल्-बिरूनीच्या लेखनावरून वाटतं.

मध्य युगीन इस्लामी-अरब जगतामध्येही संततिनियमनाच्या वेगवेगळ्या पद्धती रूढ होत्या. चर्चच्या कुटुंबनियोजनविरोधी भूमिकेचा मध्यपूर्वेत किंवा इस्लामी जगात फारसा परिणाम झाला नव्हता. अरबांनी ग्रीक, रोमन, इजिप्शियन त्याचबरोबर भारतीय आणि चिनी शास्त्रे आणि वैद्यकीय ग्रंथ अनुवादित केले होते. त्यातल्या अनेक वैद्यकीय पद्धती अरबांमध्ये प्रचलित होत्या. इब्न-सिना (इ.स.९८०-१०३७) हा पाश्चात्त्य देशामध्ये ऑव्हिसेना म्हणून प्रसिद्ध आहे. त्यांनं एक वैद्यकीय विश्वकोश लिहिला. या महाग्रंथात त्या काळातलं सर्व वैद्यकीय ज्ञान सामावलेलं आहे असं म्हटलं जातं. दहा लाख शब्द आणि अनेक आकृत्यांनी हा ग्रंथ सजलेला आहे. या ग्रंथामध्ये वीस वेगवेगळ्या संततिप्रतिबंधक पद्धती सांगण्यात आलेल्या आहेत. त्याचबरोबर या पद्धती किती उपयुक्त ठरतात, याबद्दलची चर्चाही केलेली आढळते.

इतकी उपयुक्त माहिती पुन्हा विसाव्या शतकापर्यंत लिहिली गेली नाही. कुटुंबनियोजन-तज्ज्ञ आणि वैद्यकीय इतिहासकार नॉर्मन हाईम्स यांनी जेव्हा १९३६ मध्ये ऑक्सेनच्या ग्रंथातील संततिप्रतिबंधक उपायांची माहिती वाचली तेव्हा 'आजच्या अनेक डॉक्टरांपेक्षा या विषयात ऑक्सेनला अधिक गती होती.' असे उद्गार त्यांनी काढले. पारंपरिक पद्धती कमी खर्चाच्या आणि प्रभावी असून त्यांचे कोणतेही दुष्परिणाम दिसून येत नाहीत, असं त्या काळात ते म्हणाले. त्या काळात आणि आजही म्हणजेच संपूर्ण विसाव्या शतकात रासायनिक पद्धतीवंर इतका भर देण्यात आलाय की त्यामुळे पारंपरिक ज्ञानाकडं आपलं दुर्लक्ष झालं असंच म्हणावं लागतं.

विसाव्या शतकात जेव्हा कुटुंबनियोजनाचा प्रसार सुरू झाला त्यावेळी कुटुंब-नियोजन हे अनैसर्गिक आणि अधार्मिक असं विसाव्या शतकातील खूळ आहे, असं मानण्यात येत होतं. बरेच डॉक्टर खूप बाळंतपणानं गांजलेल्या स्त्रियांना, नवऱ्याला वेश्येकडे पाठवा, असा सल्ला देत होते. पहिल्या महायुद्धानंतर नॉर्मन हाईम्स यांनी संतति-प्रतिबंधक उपाय आणि कुटुंबनियोजनाचा इतिहास गोळा करायला सुरुवात केली तेव्हा या पद्धतींना अडीच हजार वर्षांचा इतिहास आहे हे जगापुढं आलं. असं असलं तरी तोंडातून घेतलेल्या औषधांमुळे संततिप्रतिबंधन होत असेल यावर मात्र स्वत: हाईम्स यांचाही विश्वास नव्हता.

हाईम्सनी रेड इंडियन जमातींमधील संततिप्रतिबंधक उपायांची माहिती मिळवली तेव्हा बऱ्याच रेड इंडियन जमातींमध्ये स्त्रिया काही विशिष्ट वनस्पतींची पानं किंवा मुळं मासिक पाळीनंतर सतत चार दिवस चघळत, यामुळे गर्भधारणा होत नाही, असं मानत असत, ही माहितीही त्यांच्या हाती आली. त्यावर विश्वास ठेवायला हाईम्सनी नकार दिला. 'अशा तऱ्हेचे तोंडावाटे घ्यायचं औषध अस्तित्वात असणंच शक्य नाही.' असं त्याचं म्हणणं होतं. तोपर्यंत मौखिक औषधं आधुनिक वैद्यकातही उपलब्ध नव्हतीच.

दुसऱ्या महायुद्धानंतर 'पिल्' अस्तित्वात आली. १९७० नंतर पाश्चात्त्यांमध्ये पारंपरिक औषधींच्या अभ्यासास कसोशीनं सुरुवात झाली याचं कारण बऱ्याच आधुनिक औषधी उपाययोजनांचे दुष्परिणाम दिसू लागले होते. सर्वच औषधांच्या बाबतीत त्याचबरोबर संततिप्रतिबंधक औषधांच्या बाबतीतही असं संशोधन सुरू झालं. तेव्हा चिरोकी, शोशोन तसेच दक्षिण अमेरिकन विषुववृत्तीय जंगलातील अनेक जमाती वापरत असलेल्या अनेक वनस्पती संततिप्रतिबंधक उपाययोजनेत उपयुक्त ठरतात असं दिसून आलं. किंबहुना या रेड इंडियन पद्धतींचा मागोवा घेता घेताच आधुनिक संततिप्रतिबंधक गोळ्यांची प्रथम निर्मिती झाली.

पुरुषांनी वापरण्याचं एकमेव संततिप्रतिबंधक साधन म्हणजे कंडोम. हा शब्द कसा निर्माण झाला, त्याबद्दल अनेक पाठभेद आहेत. या साधनाचा निर्माता

डॉ. कंडोम याच्या नावावरून हे नाव प्रचलित झालं आणि तो सतराव्या शतकाच्या उत्तरार्धामध्ये दुसऱ्या चार्ल्सच्या पदरी नोकरीस होता, असं बहुसंख्य विज्ञानेतिहासकार मानतात. तो चार्ल्सच्या मर्जीतला डॉक्टर होता. स्वत: चार्ल्स हा भानगडखोर म्हणून इतिहासात गाजला. त्याच्या अवैध संततीची संख्याही खूप होती. या प्रत्येक अपत्याच्या संगोपनासाठी पैसे पुरवून चार्ल्स वैतागत होता. म्हणून या डॉ. कंडोमनं चार्ल्सला मेंढीच्या कातड्याच्या आतल्या अस्तरापासून जे साधन बनवून दिलं ते कंडोम.

प्रत्यक्षात या कंडोमचा ठावठिकाणा लागत नाही, पण चार्ल्सच्या एखाद्या दरबाऱ्यानं त्याला असं साधन बनवून दिलं असावं. कारण त्या काळात हा शब्द प्रचलित झाला आणि नंतर रूढ झाला. तेव्हा कुणीतरी स्वत:च्या कल्पनेची भर घालून चार्ल्सच्या पदरी डॉ. कंडोम नावाच्या डॉक्टरला नोकरीला लावलं. प्रत्यक्षात कंडोम त्याही आधीपासून वापरात होतं. इ.स.१५६४ मध्ये फॅलोपिअस या शरीर-शास्त्रज्ञाच्या ग्रंथामध्ये अशा साधनाचं वर्णन आढळतं. या इटालियन डॉक्टरनं गुप्तरोग टाळण्यासाठी मलमलीच्या पिशव्या वापरण्याची सूचना केली होती. बऱ्याच संशोधकांच्या मते फॅलोपिअसनं त्याच्या आधीच्या काळातील अशाच एका साधनात सुधारणा करून ती आपल्या पुस्तकात समाविष्ट केली असावी असं आहे. हा फॅलोपिअस स्त्रियांच्या शरीरातील बीजांडवाहक फॅलोपियन नलिकांमुळं वैद्यकशास्त्रात अमर झाला आहे.

# १२

# स्नान आणि अवयवांचा आकार बदलणं

वैयक्तिक स्वच्छता म्हणजे काय, असा प्रश्न इंग्लंडमध्ये दोन-तीनशे वर्षांपूर्वी सहज विचारला गेला असता. अंघोळ करणं हे जनसामान्यांनाच काय पण राजेरजवाड्यांनासुद्धा इंग्लंडमध्ये मान्य नसे. पहिल्या एलिझाबेथनं आपल्या नागरिकांपुढे आदर्श ठेवायचा, असं ठरवलं. ती दर महिन्यात एकदा अंघोळ करू लागली. अशा तऱ्हेनं सोळाव्या शतकाच्या अखेरीस एलिझाबेथनं (१५५८-१६०३) इंग्लंडमध्ये अंघोळीची सुरुवात केली. तिच्यानंतर गादीवर आलेल्या पहिल्या जेम्सला हे अंघोळीचं खूळ मानवण्यासारखं नव्हतं. तो रात्रीच्या जेवणानंतर पाणी भरलेल्या भांड्यात बोटं बुडवून साफ करायचा. प्राचीन ग्रीक किंवा रोमन माणसाला किंवा आधुनिक इंग्रजाला जेम्सच्या अंगाचा उग्र वास सहन होणं अशक्य झालं असतं.

इजिप्ती स्नानाची तयारी : पुढ्यातील पेटलेल्या कोळशांवर सुगंधी द्रव्ये टाकली जात.

ग्रीक आणि रोमन लोकांनी स्वच्छतेच्या कल्पना इजिप्त आणि पश्चिम आशियातून आपल्याशा केल्या होत्या. रोममध्ये साबण फार उशिरा पोहोचला. रिठा, शिकेकाई ही तर भारतातून आयात केली जात. साबणाची निर्मिती इजिप्तमध्ये इ.स.पू. २००० च्या सुमारास झाली. तिथं तो पूर्वेकडून बॅबिलॉनमार्गे आला. इ.स.पू. १५२५ मध्ये लिहिल्या गेलेल्या एबर्स पॅपिरसमध्ये शारीरिक वास घालवण्यासाठी

कोणत्या वस्तू वापराव्यात, याचं मिश्रण कसं करावं, याचं प्रमाण किती असावं, यासंबंधी सूचना आहेत. भारतात किमान गेली तीन हजार वर्षे उटणी, हळद आणि सुगंधी द्रव्ये आंघोळीपूर्वी, आंघोळीच्या वेळी आणि नंतर वापरण्यात येतात. कामशास्त्रविषयक वेगवेगळ्या ग्रंथांमध्ये यासंबंधी सविस्तर माहिती मिळते.

भारत, चीन आणि जपानमधल्या शारीरिक स्वच्छतेच्या कल्पनात युरोपमध्ये पडला तसा खंड मात्र पडला नव्हता. पौर्वात्य देशात दात आणि डोळे यांच्या स्वच्छतेला खूप महत्त्व होतं. इ.स.पू. दुसऱ्या शतकात राजासमोर जाण्यापूर्वी दरबारी लोकांना लवंग चघळत जावं लागे. मात्र पूर्वेकडच्या काही चालीरीती विसाव्या शतकात कायदे करून बंद केल्या गेल्या. यानुसार थायलंड आणि आग्नेय आशियात तसंच काही आफ्रिकन देशात मानेत कडी घालून मान लांब करायची चाल, चीनमध्ये मुलींचे पाय लहानपणापासून घट्ट बांधून बारीक करायची चाल, यांचा समावेश होता.

प्राचीन मेक्सिकोतील माया जमातीमध्ये चकणेपणा हे सौंदर्याचं लक्षण मानण्यात येत असे. यामुळे लहान मुलांसमोर चमकते खडे टांगून ते हलवत ठेवण्यात येत. मूल मग तिरळं झालं की खडे दूर करण्यात येत.

रेड इंडियन आणि काही आफ्रिकन जमातींमध्ये आणखी एक सौंदर्य लक्षण असंच कृत्रिमपणे निर्माण करण्यात येत असे. हे लक्षण म्हणजे डोक्याची मागची बाजू चपटी करणे. अमेरिकेमध्ये इंडियन जमाती डोक्याच्या मागच्या बाजूबरोबरच कपाळही चपटी करणं योग्य मानत असत. मूल जन्माला येताच त्याच्या कपाळाला आणि डोक्याच्या मागच्या बाजूला लाकडी फळ्या बांधण्यात येत असत. या फळ्या मूल चार ते पाच वर्षांचं होईपर्यंत लावून ठेवण्यात येत असत.

पॅसिफिक महासागरातील आदिवासींमध्ये २० हजार वर्षांपूर्वी ही प्रथा अस्तित्वात होती, असे पुरावे मिळालेले आहेत. हीच पद्धत मेसोपोटेमियातही सुमारे त्याच काळात अस्तित्वात होती. किंबहुना अशा तऱ्हेनं आदिम जमातींमध्ये डोक्याचा आकार बदलण्यात यायचा याचे पुरावे निअँडरथल काळातल्या निअँडरथल मानवाच्या कवट्यांमध्येही मिळाले आहेत. उत्तर इराकमधील शानिदार गुंफांमधल्या निअँडरथल मानवाच्या कवट्या अशा तऱ्हेनं म्हणजे सुमारे ६० हजार वर्षांपूर्वी चपट्या केल्या गेलेल्या आढळल्या.

गोंदवण्याची प्रथाही अशीच प्राचीन आहे. या प्रथेचे चढउतार गेली काही हजार वर्षे सतत चालू आहेत. एखाद्या सत्ताधीशाला गोंदवणं आवडलं की त्याच्या राज्यातले प्रजाजनसुद्धा स्वतःच्या शरीरावर गोंदवून घेत असत; तर काही राजांना या प्रथेची घृणा असे, अशा वेळी गोंदवणं मागं पडायचं. आज ही प्रथा खलाशी आणि नवश्रीमंतांमध्ये तसेच अमेरिकनांची भ्रष्ट नक्कल करणाऱ्या वर्गात लोकप्रिय झाल्याचं

दिसून येतं. भारतात खेड्यापाड्यात गोंदवून घेतलं जातं, पण एकेकाळी रशिया, बाल्कन राष्ट्रं आणि मध्य अमेरिकेत फक्त राजेमंडळीच गोंदवून घेऊ शकत. सामान्य नागरिकांना ते परवडत नसे, पण तरीही त्यांनी गोंदवून घ्यायचं धाडस केलं आणि ते उघडकीस आलं तर त्यांना शिक्षा होत असे.

# सौंदर्यप्रसाधनांच्या प्राचीन जगात

आज जागोजाग कुत्र्याच्या छत्रीप्रमाणे ब्युटी पार्लर उगवलेली दिसतात. निम्म्याहून अधिक जाहिराती सौंदर्यवर्धक प्रसाधनांच्या असतात. ही सौंदर्यप्रसाधनं असती तर कुब्जा-महाभारतातील कुरूप स्त्री किंवा हिडिंबाही सुंदर दिसली असती, पण आपण जेव्हा सौंदर्यप्रसाधनांच्या इतिहासात शिरतो तेव्हा बहुतेक सर्वच प्रदेशांमधून फार प्राचीन काळी सौंदर्यप्रसाधनं वापरण्यात येत असावीत हे स्पष्ट होतं.

भारतात कामशास्त्रविषयक प्राचीन ग्रंथांमधून स्त्रीनं सौंदर्यप्रसाधन करून पुरुषाला सामोरं जावं, सतेज कांतीसाठी काय काय वापरावं वगैरे सूचना दिलेल्या आढळतात. सोळा प्रकारचे शृंगार कामशास्त्रात वर्णन केलेले आहेत.

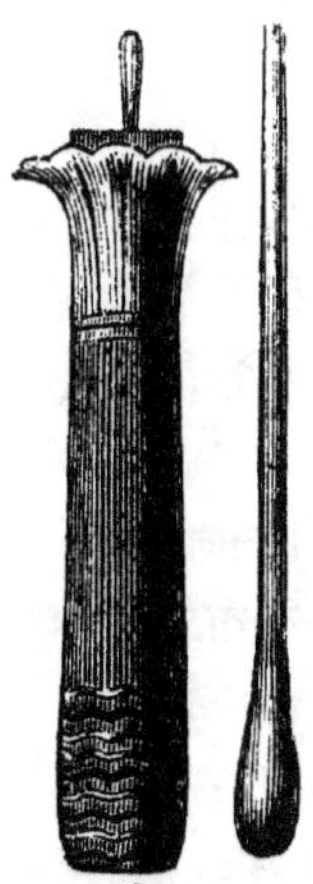

मेकअपची इजिप्शियन बाटली व काजळ लावण्याची सळी

भारतीय परंपरेत पुरावा जपून न ठेवणे ही एक प्रचंड वाईट खोड होती. त्यामुळे असा शृंगार केलेली स्त्री सापडणं अवघड. याउलट इजिप्तमध्ये मेल्यानंतरही अशा स्त्रियांना सौंदर्यप्रसाधनांनी सजवून मढवून मग त्यांच्या ममी तयार करण्यात येत असत. यामुळे या ममींच्या अभ्यासातून त्या काळातली सौंदर्यप्रसाधनं कशी होती हे स्पष्ट होत जातं. इ.स.पू. २७०० मध्ये पिरॅमिड बांधणारे राज्यकर्ते आणि

त्यांच्या स्त्रिया सौंदर्यप्रसाधनं वापरत होते. त्यानंतर नेफेरेती आणि तुतअंखआमुनच्या काळातही (इ. स. पू. १५५४ ते १०८०) सौंदर्यप्रसाधनं वापरली जात होतीच. नेफेरेती त्या काळातल्या पुरुषांना सुंदर वाटली. याचं कारण तिचा स्थूलपणा. आजही आशिया खंडात कृशकटीपेक्षा भरगच्च नितंब सौंदर्याचे लक्षण ठरतात. प्रत्येक प्रदेशाची सौंदर्य लक्षणं वेगवेगळी असतात. याचं कारण पौर्वात्य प्रजननास जास्त महत्त्व देत आणि पाश्चिमात्य बाह्य सौंदर्यास जास्त महत्त्व देतात.

नेफेरेती तशी स्थूल होती. तिचे नितंब रुंद होते. मांड्या जाड होत्या. पोट थोडं सुटलेलं होतं. त्यामानानं स्तन खुरटे होते. तिच्या नावाचा अर्थ 'सौंदर्य साक्षात अवतरलंय' असा होता. या नावाला ती जागली असंही लिहून ठेवण्यात आलंय. यावरून त्या काळातल्या सौंदर्यविषयक कल्पना स्पष्ट होतात. नेफेरेती तिच्या नैसर्गिक शरीरसंपदेवर अवलंबून सुंदर ठरत होतीच, पण तरीही ती स्वत:चं सौंदर्य वृद्धिंगत करण्यासाठी अनेक सौंदर्यप्रसाधनांचा वापर करीत होती. तिच्या डोळ्यांचा बदामासारखा आकार नजरेत भरावा म्हणून ती त्याभोवती काळा रंग लावत असे. भुवया बाकदार रंगवत असे. तिचा फाराहो नवराही अशी सौंदर्यप्रसाधनं वापरीत होता. तिच्या दासी रोज वेगवेगळ्या सुवासिक तेलांनी तिच्या अंगाचं मर्दन करीत असत. पशूंची चरबी, बोळ, धूप, ज्युनिपरची राळ आणि दालचिनीच्या तेलात मिसळून एक लेप तयार केला जात असे. तो या मर्दनानंतर अंगभर चोपडण्यात येत असे. इजिप्तमधल्या वाळवंटात नैसर्गिकरीत्या सापडणारे सोडियम कार्बोनेट (नॅट्रॉन) चघळून मुखदुर्गंधी दूर केली जात असे. कस्तुरी, राळ, अंबरसारखे पदार्थ वितळलेल्या मेणात मिसळून त्याचे लेप काखेत दिले जात. यामुळे घामाची दुर्गंधी कमी होत असे आणि काखेतले केसही जळून जात.

ही सर्व रोगणं लेपून झाल्यावर, शरीरावर तलम वस्त्रं चढवली जात असत. यानंतर केसांची काळजी घेतली जात असे. पालक आणि सब्जाच्या रसात केस धुतले जात. पुरुष टक्कल पडलेल्या जागी पालक आणि सब्जाच्या चोथ्याचा लेप देत असत. काळ्या कुळकुळीत शेळी, मेंढी किंवा गायीचं रक्त पांढऱ्या केसांवर उपाय म्हणून वापरण्यात येत असे. समारंभावेळी केसांचे टोप वापरले जात असत.

प्राचीन इजिप्शियन त्यांच्या डोळ्यांची काळजी सर्वाधिक प्रमाणात घेत असत. मोठे डोळे सौंदर्याचं प्रथम लक्षण मानण्यात यायचं. या डोळ्यांच्या काळजीसाठी जे पदार्थ वापरले जात, त्यातून प्राचीन रसायनशास्त्राचा जन्म झाला. पॅरिसमधल्या लुव्रे संग्रहालयानं लोरियाल या सौंदर्यप्रसाधन निर्मात्याच्या मदतीनं इ.स.पू. दुसऱ्या सहस्रकातील काही सौंदर्यप्रसाधनांचं रासायनिक पृथक्करण केलं. ही सौंदर्यप्रसाधनं अॅलाबास्टरच्या एका मऊ दगडात कोरून काढलेल्या पेट्यांमधून आणि पोकळ बांबू आणि पाण- कणसाच्या पोकळ देठांमध्ये भरून ठेवण्यात आली होती. त्यांचा

काही अंश अजूनही या कुप्यांमधून शिल्लक होता. आधुनिक तंत्रामुळं अगदी सूक्ष्म कणांचं रासायनिक पृथक्करण शक्य झालं आहे. प्राचीन इजिप्तमध्ये ज्याला मेस्देमेत म्हणत असत- पुढं यालाच अरबी भाषेत कोहल म्हणू लागले, ते डोळ्यांचं सौंदर्यवर्धक निसर्गत: सापडत नव्हतं. या मेस्देमेतच्या गर्द काळ्यापासून राखाडी काळ्यापर्यंत बऱ्याच छटा प्राचीन काळी उपलब्ध होत्या. त्या सर्व प्रकारच्या मेस्देमेतची निर्मिती रासायनिक होती. ही सौंदर्यप्रसाधनं नैसर्गिकरीत्या सापडत नसल्यानं ती मुद्दाम बनवण्यात आली होती, हे उघडच होतं. याचाच अर्थ त्या काळात म्हणजे इ.स.पू. दोन हजारच्या आगेमागे कृत्रिम रासायनिक पदार्थांची निर्मिती होऊ लागली होती.

मेस्देमेतमध्ये गॅलेना म्हणजे लेड सल्फाईड किंवा शिशाचं गंधकाशी संयोग होऊन झालेलं खनिज वापरलं जात होतं, याची माहिती गेली शे-सव्वाशे वर्षे पुरातत्त्व शास्त्रज्ञांना होतीच. तांबड्या समुद्राजवळच्या गॅलेनाच्या खाणीतून हे चकाकतं काळं खनिज काढलं जात असते. त्याचे घन आकाराचे तुकडे आजही उत्तर हिंदुस्थानात कुठल्याही मोठ्या मशिदीजवळच्या युनानी विक्रेत्याकडं विकत मिळतात. अरब बाजारांमधूनही ते विक्रीस असतं. सुरम्यामध्ये त्याची वस्त्रगाळ पूड वापरली जाते. या गॅलेनाच्या भुकटीचा रंग फार गडद वाटला तर त्यात सेरुसाईट हे शिशाचं कार्बोनेट मिसळण्यात येत असे. सेरुसाईट पांढरं असतं. ते बरेचदा गॅलेनाबरोबरच सापडतं. तसंच ते इजिप्तमध्येही सापडत असे. पूर्वीच्या काळात हे पृथक्करण एवढ्यावरच थांबत असे.

फ्रान्सच्या वस्तुसंग्रहालयाचे रसायनशास्त्रज्ञ फिलिप वॉल्टर यांनी पृथक्करणाची आधुनिक तंत्रे वापरली. लुव्रे संग्रहालयात इजिप्तच्या कबरस्तानांमधून गोळा केलेल्या वेगवेगळ्या आकार-प्रकारच्या, सौंदर्यप्रसाधने ठेवण्यासाठी वापरण्यात येणाऱ्या ५०० वस्तू आहेत. यातल्या काही वस्तू नेपोलियनच्या फसलेल्या इजिप्ती मोहिमेतल्या १७९८ साली गोळा केलेल्या आहेत. या मोहिमेच्या वेळी इजिप्ती विज्ञान - इजिप्टॉलॉजी ही विज्ञान शाखा सुरू झाली. या सर्व कुप्यांमधून अजूनही त्यांच्या मूळच्या सौंदर्य-प्रसाधनांचे गाळ शिल्लक आहेत. वस्तुसंग्रहालयातील परिरक्षक या गाळाचे नमुने वॉल्टर आणि त्याच्या सहकाऱ्यांना द्यायला तयार नव्हते. त्यांनी अखेरीस ४९ कुप्यांमधील १ घन मि.मी. एवढाच गाळ घ्यायला परवानगी दिली. यामुळे वॉल्टरपुढं एक मोठं आव्हान उभं राहिलं.

लोरिआल या सुप्रसिद्ध प्रसाधननिर्मिती कंपनीचा रेने ब्रेनिऑ हा रसायनशास्त्रज्ञ पहिल्यांदा या साहसात भाग घ्यायला तयार नव्हता. कार्बनी रसायनांचं पृथक्करण वाटतं तितकं सोपं नसतं. हे पदार्थ खूप ठिसूळ असतात. फार काळजीपूर्वक वापरावे लागतात. त्यात हे नमुने ४ हजार वर्षांपूर्वीचे होते. त्यामुळे या खटाटोपातून

काही निष्पन्न होईल, असं ब्रेनिऑला वाटत नव्हतं, पण तरी एक अनुभव म्हणून तो या उद्योगात सामील झाला. यातून जे निष्कर्ष आले ते खरोखरच आश्चर्यकारक होते. आधुनिक सौंदर्य-प्रसाधनांमध्ये जेवढी चरबी असते तेवढीच प्राणिज चरबी म्हणजे ७ ते १० टक्के चरबी याही सौंदर्यप्रसाधनांमध्ये होती, असं आधुनिक तंत्रज्ञानाच्या साहाय्याने या गाळाची तपासणी केली तेव्हा आढळून आले. याशिवाय वॉल्टर आणि त्याची सहकारी पॉलीन मार्टिनेटो यांना मेस्देमतमध्ये गॅलेना आणि सेरुसाईट यांच्या-व्यतिरिक्त लॉरिओनाईट आणि फॉस्जेनाईट ही दोन खनिजेही आढळली. हीसुद्धा शिशाची संयुगे असून त्यात काही प्रमाणात क्लोरिन असतो.

प्राचीन इजिप्ती रसायनशास्त्रज्ञांचं कौशल्य सिद्ध करण्यासाठी लॉरिओनाईट आणि फॉस्जेनाईटचं अस्तित्व उपयुक्त ठरलं. या दोन क्लोरेटांचं वैशिष्ट्य म्हणजे १७०° सेल्सियसपेक्षा जास्त तापमानात ती टिकू शकत नाहीत. याच अर्थ ही दोन रासायनिक संयुगे तयार करायची तर ती करणाऱ्या साधकाला तापमान नियंत्रण कसं करतात, याची माहिती असणं आवश्यक ठरतं. भट्टी पेटवून त्यात पदार्थ वितळवणं, त्यासाठी खूप तापमान गाठणं हे तसं सोपं असतं. कमी तापमानात सातत्य ठेवणं हे फार अवघड असतं. याचाच अर्थ इजिप्ती रसायनशास्त्रज्ञ द्रावणांचा वापर करीत असले पाहिजेत असाही करता येतो.

इजिप्ती रसायनशास्त्रात या दोन संयुगांची निर्मिती कशा प्रकारे करत होते हे जरी अजून स्पष्ट झालेलं नसलं तरी हजार-पंधराशे वर्षांनंतर ग्रीक या दोन संयुगांच्या निर्मितीसाठी जी पद्धत वापरत, त्याची पद्धत ग्रीकांनी लिहून ठेवली असल्यामुळे उपलब्ध आहे, ती अशी –

ग्रीक आधी गॅलेना तापवायचे. त्यामुळे त्यांतील घटक असलेला गंधकाचा भाग ऑक्सीडीकरणानं निघून जायचा आणि खाली शिशाचं ऑक्साईड उरत असे. मग मंद अग्नीवर ते या शिशाच्या ऑक्साइडात मीठ मिसळून ते मिश्रण गरम करायचे. रोज या भांड्यात ते भरपूर पाणी मिसळत राहायचे. यामुळे हे मिश्रण आम्ल किंवा अल्कली बनत नसे. यातून लॉरिओनाईटची निर्मिती व्हायची. मिठाऐवजी नॅट्रॉन मिसळलं तर शिशाच्या ऑक्साईडच्या नॅट्रॉनशी होणाऱ्या प्रक्रियेतून फॉस्जेनाईट तयार व्हायचं.

इजिप्शियनांनी हीच पद्धत वापरली असेल असं नाही. या पद्धतीचा त्यांनी कदाचित वापरही केला नसेल. कारण लॉरिओनाईट आणि फॉस्जेनाईट ही दोन्हीही पांढरीच असतात. जर गॅलेनाचा गडदपणा कमी करायचा असेल तर इजिप्ती सौंदर्यप्रसाधन निर्मिते सेरुसाईट वापरून तो परिणाम साधू शकले असते. त्यांना ही कृत्रिमरीत्या निर्माण केलेली खनिजं वापरायचं काहीच कारण नव्हतं.

वॉल्टर यांच्या मेस्देमतचा औषधी उपयोगही असावा. ग्रीक आणि रोमन

काळात डोळ्यांच्या विकारांवर औषध म्हणून लॉरिओनाईट आणि फॉस्जेनाईट वापरली जात होती. ग्रीसमधली बरीच औषधं ही प्राचीन इजिप्तची देणगी या स्वरूपाची होती. त्यामुळे ग्रीक आणि रोमन मंडळी हा औषधी उपयोगही इजिप्तकडून शिकले असण्याची शक्यता नाकारता येत नाही. 'एबर्स पॅपिरस' नावाच्या ग्रंथात अनेक औषधी उपचार नमूद करून ठेवण्यात आले आहेत. यात सुसरीच्या चाव्यावर जे उपचार सांगितले आहेत, त्याआधी डोळ्यांवरचे सुमारे शंभर उपचार लिहिलेले आढळतात. हे दोन्ही उपचार एकत्र यायचं कारण म्हणजे ते नाईलशी संबंधित विकारांवरचे उपचार आहेत. नाईलला इजिप्तची जीवनदात्री म्हणण्यात येतं. ते खरंही आहे.

फार प्राचीन काळापासून इजिप्ती लोक नाईलच्या पाण्याचा वापर शेतीसाठी आणि इतर कामांसाठीही करत आले आहेत. यात सांडपाणी वाहून नेण्याचं कामही आलंच. नाईलला जेव्हा पूर येत असे तेव्हा तिचं पाणी दोन्ही काठांवर दूरवर पसरत असे. त्यामुळे नाईलचा गाळ शेतीत पसरून दरवर्षी जमीन सुपीक बनायची; पण त्याचबरोबर रोगाच्या साथीही यायच्या. मलेरिया, कॉलरा आणि डोळे येणं हे विकार नाईलच्या पुराबरोबर येत असत.

शिसं हे जंतूंना (खरं तर माणसांनाही) घातक असते. शिशाची क्लोरिनबरोबरची संयुगं जंतुनाशक असावीत. आता शिशाच्या औषधी वापरास कायद्यानं बंदी असल्यानं ती कितपत उपयोगी ठरत होती, हे शोधून काढणं अवघडच आहे; पण ज्याअर्थी मोठ्या खटपटीनं ही संयुगं तयार करावी लागत होती आणि तरीही ती वापरली जात होती आणि याचा अर्थ ती नक्कीच उपयुक्त ठरत असावीत.

इजिप्तमध्ये अशीही चित्रे सापडली.
इथे एक युवती आरशात बघून ओठांना तकाकी आणत आहे

लिझे मॅनिशे या कोपनहेगन विद्यापीठामध्ये इजिप्टॉलॉजीच्या प्राध्यापक आहेत. त्यांनी इजिप्तमधला ममींचा अभ्यास केला आहे. त्याचबरोबर कबरीतील चित्रं आणि पुतळे यांचाही अभ्यास केला आहे. त्यांच्यामते प्राचीन काळी इजिप्तमध्ये दरबारी व श्रीमंत लोकांच्या स्त्रिया चेहऱ्यावर सेरुसाईट लावत असत. गालावर रेड ओकर (लोह खनिजयुक्त माती) चोळत. रेड ओकरचा वापर ओठ रंगविण्यासाठीसुद्धा केला जात असे.

ज्याला 'इजिप्तचं कामसूत्र' असं म्हणण्यात येतं, त्या तुरिन पॅपिरसमध्ये ब्रशच्या साहाय्याने ओठ रंगवणाऱ्या स्त्रीचं चित्र आहे. नेफेरेतीच्या अर्धपुतळ्याचे ओठही रंगवलेले आहेत. आजमितीस इजिप्ती लिपस्टिकचा नमुना मिळालेला नाही; पण तो मिळवायचा प्रयत्न वॉल्टर करीत आहेत. लुव्रेच्या खजिन्यात काही कुप्यांमध्ये तपकिरी भुकटी आहे. ती प्राचीन काळी आकर्षक तांबड्या रंगाची असावी असं वॉल्टरना वाटतं.

इजिप्ती लोक मृत्यूनंतरही सौंदर्यप्रसाधनं कबरीत बरोबर नेत. मृतांच्या पुनर्जन्माच्या वेळी ती उपयोगी पडतील, अशी त्यांची श्रद्धा होती. त्यामुळेच आज ही सौंदर्यप्रसाधनं संशोधनासाठी उपलब्ध आहेत.

■

# १४

# आरसे

माणसाला आपण सुंदर दिसावं, यासाठी विविध मार्ग अनुसरावे असं वाटू लागलं. त्याचं कारण म्हणजे आरसा. पहिल्यांदा संथ पाण्यात स्वत:चं प्रतिबिंब पाहिल्यानंतर हे आपलंच आहे, असं जेव्हा माणसाच्या लक्षात आलं त्यावेळी आपण अधिक चांगलं दिसावं असं त्याला वाटू लागलं आणि त्यातून तो अधिक चांगलं दिसण्याच्या खटपटीस लागला असावा, असं आपण म्हणू शकतो. यातूनच पुढं आरशांची निर्मिती झाली. पृथ्वीवरील जवळजवळ प्रत्येक संस्कृतीमध्ये आरशांची स्वतंत्रपणे निर्मिती झाली. तसेच आरसा फुटणं ही मीठ सांडण्याइतकीच घोर अपशकुनी घटना मानण्यात येऊ लागली. मीठ ही सर्वच प्राण्यांची जीवनावश्यक गरज आहे. त्या गरजेइतकीच महत्त्वाची गरज असं आरशाला स्थान मिळालं, असं या समजुतीवरून स्पष्ट होतं. तसेच हे आरसे खूप जपले जायचे हेही दिसून येतं.

आरशाचा अगदी प्राचीन पुरातत्त्वीय पुरावा इ.स.पू. सहाव्या सहस्रकातला आहे. काताल हुयुक नावाचं एक मोठं गाव सध्याच्या मध्य तुर्कस्थानात पाषाण युगात वसलेलं होतं. तिथं दहा स्त्रियांच्या कबरी सापडल्या. या कबरीत त्या सांगाड्यां-बरोबर खूप चकाकी असलेले आरसे मिळाले. हे आरसे ऑब्सिडियन नावाच्या ज्वालामुखीजन्य काचेचे होते. ऑब्सिडियन म्हणजे एकदम थंड झालेला लाव्हा. ही काच बरीच कठीण असे. अशा परिस्थितीत ही काच घासून तिला चकाकी आणणे, त्यावर एकही ओरखडा उठू न देता त्या काचेचा आरसा बनवणे हे फार कष्टाचं आणि कौशल्याचं काम आहे. १९६० नंतर काताल हुयुकचं उत्खनन सुरू झालं तेव्हा हे आरसे पाहून ब्रिटिश पुरातत्त्वशास्त्रज्ञ चकित झाले.

कोलंबसपूर्व काळातही अमेरिकन इंडियनांनी ऑब्सिडियन आणि इतर खनिजांच्या साहाय्यानं आरसे तयार केले होते. पेरूमधल्या इंकांनी इंकाज्-स्टोन नावाच्या ज्वालामुखीजन्य खडकापासून आरसे बनवले होते. ऑझ्टेक जमातीने ऑब्सिडियन आणि पायराईट (आयर्न सल्फाईड) पासून जादूटोणा आणि धार्मिक समारंभात वापरण्यासाठी आरसे बनवायला सुरुवात केली. ऑझ्टेकांच्या अनेक मूर्तींच्या डोळ्यांत ऑब्सिडियनचे छोटे-छोटे आरसे बसवले जात असत. मेक्सिकोतल्या उत्खननात जागोजागी अशा मूर्ती आढळल्या आहेत. या प्रकाश परावर्ती डोळ्यांमुळे

त्या मूर्ती फारच भीतिदायक दिसत.

युरोप, आफ्रिका आणि आशियामध्ये बऱ्याच ठिकाणी खूप पॉलिश केलेले तांब्याचे पत्रे आरसे म्हणून वापरले जात असत. इजिप्तमध्ये इ.स.पू. ३९०० मध्ये असे आरसे बनवले जात होते. सिंधू संस्कृतीतही साधारणपणे याच सुमारास अशा तऱ्हेने आरसे बनविण्यात येऊ लागले होते. त्यामानानं चीनमध्ये थोडे उशिरा काशाचे आरसे बनविण्यात येऊ लागले. असं म्हणावं लागतं. शांग सम्राटांच्या काळात (इ.स.पू. १५०० ते १०००) चीनमध्ये आरशांचा मोठ्या प्रमाणावर वापर होत असे. हान साम्राज्यातील (इ.स.२०२ ते इ.स.२२०) आरसे खूप प्रसिद्ध आहेत. त्या आरशांची निर्मिती हा उत्कृष्ट कारागिरीचा नमुना मानला जातो. या आरशांना सोनं चांदीची चौकट असून त्यात अर्धमूल्यवान रत्ने बसविण्यात येत. हे आरसे कमरपट्ट्यात लटकाविण्याची सोय असे. या आरशांवरून व्यक्तीचं सामाजिक स्थान कळण्यासही मदत होत असे.

हान वंशाच्या साम्राज्यात आरसे बनवणाऱ्या कारागिराचं कौशल्य अप्रतिम होतं. त्यांनी उच्च दर्जाचे आरसे बनवले होते. त्या आरशांशी प्रयोग करतानाच या कारागिरांनी पेरिस्कोपही बनवले. व्हाही नानवान बी शू (राजा व्हाही नानच्या दहा हजार अप्रतिम कला) या ग्रंथात (इ.स.पू. दुसरे शतक) या साधनाचा उल्लेख भिंतीपलीकडे बघण्याचे साधन असा केलेला आहे. खूप वर एक आरसा टांगला आणि त्याच्या खाली परातीत पाणी ठेवले किंवा दुसरा स्वच्छ आरसा ठेवला तर उंच अडथळ्यापलीकडील गोष्टी पाहता येतात, असं या ग्रंथामध्ये लिहिलेलं आहे.

प्राचीन इजिप्तमध्ये इ.स.पू. १४०० मध्ये ब्राँझचे छोटेखानी आरसे उपलब्ध होते. हिब्रू लोक ज्यावेळी इजिप्तमधून हाकलण्यात आले (एक्झोडस) तेव्हा मोझेस मागे येणाऱ्या ज्यूंकडे असे आरसे होते. त्या काळात इजिप्तमध्ये प्रत्येक घरंदाज स्त्री अशा प्रकारचा आरसा जवळ बाळगत असे. ज्यूंनी इजिप्ती लोकांकडून ही कला आत्मसात केली असावी. त्या काळातच सेराबित अलखादिम इथल्या तांब्याच्या खाणीत काम करणारे कामगार तांब्याचे आणि काशाचेच आरसेही तयार करीत असत. सिनाईच्या वाळवंटात झालेल्या उत्खननात असे आरसे सापडले आहेत. हे आरसे आकारानं मोठे होते. खाणींच्या सज्जात उजेड परावर्तित करण्यासाठी हे आरसे वापरले जात होते.

काशाच्या आरशांवर कोरीव काम करण्याची कला इ.स.पू. चौथ्या शतकात इंग्लंडमधील सेल्ट, फ्रान्समधील सेस्ट आणि इटलीतील एट्रुस्कनांनी जोपासली आणि शिखरास नेली. सेल्टांच्या आरशांच्या चौकटीवर अमूर्त नक्षी असे एट्रुस्कन कलाकार निरनिराळ्या प्रसंगांची चित्रं त्यांच्या ब्राँझच्या आरशांवर चितारीत असत. व्हीनस या सौंदर्यदेवतेची निरनिराळ्या प्रकारची चित्रं त्यांना आवडत असावीत. पण

काही आरशांवर रोजच्या व्यवहारातील चित्रेही असत.

ग्रीक लोकांना तर आरशांबद्दल पराकोटीचं प्रेम होतं. आधीच ते स्वत:च्या शरीरावर अपरंपार प्रेम करीत. अनेक ग्रीक तत्त्वज्ञांचे पारमार्थिक उपदेश ऐकूनही ते स्वत:च्या प्रेमातून बाहेर पडू शकले नाहीत, असं त्यांच्याबद्दल म्हटलं जातं. इ.स.पू. पाचव्या शतकामध्ये त्यांनी पेटीबंद आरसा निर्माण केला. या आरसापेटीतूनच पुढे पाश्चात्त्यांची सौंदर्यप्रसाधन पेटी जन्माला आली. ग्रीकांच्या आरशात धातूच्या

**इंग्लंडमध्ये होलकोंब येथे हा इ.स.पू. पहिल्या शतकाच्या अखेरच्या काळात बनवलेला ब्राँझचा आरसा सापडला. इथे दिसते ते त्याच्या मागील बाजूचे कोरीव काम**

दोन चकत्या बिजागरीच्या साहाय्यानं एकमेकीस जोडलेल्या असतात. त्या एकमेकीत अगदी बिनचूक बसत असत. यातली एक चकती चकाकी आणून आरसा म्हणून वापरली जात असे. दुसरी चकती आणि आरशाची बाहेर राहणारी बाजू यांवर कोरीव काम असे.

रोमन लोक कासे, तांबं आणि चांदीचे आरसे वापरत असत. धातूच्या आरशांना लगेच गंज चढतो किंवा ते काळे पडतात. यामुळे प्युमिस या ज्वालामुखीय राखेची वस्त्रगाळ पूड या आरशांबरोबर दुसऱ्या डबीत स्पंजच्या तुकड्यांसह ठेवण्यात येत असे. प्राचीन रोममध्ये अनेक प्रकारचे आरसे होते. शय्यागृहापासून चोरवाटांपर्यंत सर्वत्र आरशांचा उपयोग केला जाई. पडद्याप्रमाणे भिंतीत सरकणारे आरसे, काळ्या काचेचे (ऑब्सिडियन) आरसे उत्खननात जागोजाग मिळाले आहेत. सम्राट नीरोचा (इ.स.५४ ते ६८) गुरू सेनेका यांनं एकाच व्यक्तीच्या अनेक प्रतिमा दाखवणाऱ्या धातूच्या आरशाचं वर्णन केलं आहे.

नीरो बरा असं रोमला म्हणायला लावणारा डोमिरियन (इ.स.८१ ते ९३) याला तर आरशाचं वेडच होतं. तो अतिशय जुलमी असल्यामुळे त्याला शत्रूही भरपूर होते. त्यानं सिनेटच्या असंख्य सदस्यांचा अतोनात छळ केला होता. त्याचा कुणावरही विश्वास नसे. त्यामुळे त्याने त्याच्या महालात सर्वत्र आरसे बसवलेले होते. आपल्यावर अचानक कुणी हल्ला करू नये त्यासाठी त्यानं ही काळजी घेतली होती. त्याचा अर्थातच काही उपयोग झाला नाही. त्याच्याविरुद्ध कट करणाऱ्यांनी तो झोपलेला असताना शयनगृहात शिरून त्याचा खून केला.

रोमन साम्राज्याच्या आधीच्या काळात काचेचे आरसे होते; पण ते काळ्या काचेचे असत. बरेचदा ज्वालामुखीजन्य काचेचे ऑब्सिडियनचे नैसर्गिकरीत्या सापडलेले चकचकीत तुकडे आरसे म्हणून वापरले जात असत. रोमन साम्राज्यात खऱ्या अर्थानं काचेचे आरसे वापरात आले.

हे खरे आरसे असं म्हणायचं कारण म्हणजे त्यात काचेच्या तावाला मागच्या बाजूस अतिपातळ सोन्याचे, चांदीचे किंवा तांब्याचे पत्रे लावून ते केलेले असत. त्या काळात काचेला पॉलीश करून चकाकी आणण्याची कला अवगत नव्हती. त्यामुळे अशा आरशातून दिसणारी प्रतिमा फारशी चांगली असणं शक्य नव्हतं. रोमन या आरसानिर्मितीचं श्रेय स्वतःकडे न घेता लेबॅनॉनमधल्या कारागिरांना देत असत.

प्लिनीनं जो तत्कालीन विश्वकोश रचला त्यातल्या माहितीनुसार काचेचे आरसे सर्वप्रथम लेबॅनॉनमधील सिडॉन या शहरी बनविण्यात आले होते. रोममध्ये इ.स.पू. तिसऱ्या शतकापासून काचेचे आरसे वापरण्यात येत होते. फिनिशिया (मध्य पूर्वेतला लेबॅनॉन इस्राएल आणि सीरियाचा भूभाग) मध्ये फार प्राचीन काळापासून काचेच्या वस्तू बनविण्यात येत असत. त्यामुळे रोममध्ये फिनिशियामधून आरसे आले असावेत, हे सहज शक्य आहे.

पुढे रोमनं फ्रान्सवर सत्ता प्रस्थापित केल्यावर वेगळ्या प्रकारचे खिशात मावतील असे आरसे तयार करण्यात येऊ लागले. यांना गॅलो रोमन आरसे म्हणतात. इ.स.तिसऱ्या-चौथ्या शतकातील कबरींमध्ये फ्रान्समधल्या उत्खननात हे आरसे सापडले. हे आरसे दीड ते दोन इंच व्यासाचे असत. हे बहिर्गोल काचेचे आरसे करण्यासाठी काचेचा पोकळ गोळा तयार केला जात असे. मग त्यात शिसं भरण्यात येत असे. ही प्रक्रिया काचेस तडा जाऊ न देता करणे, हे कौशल्याचे काम होते. यामुळे थोडी विकृत प्रतिमा मिळत असे.

रोमन साम्राज्याच्या अस्तानंतरही काचेचे आरसे तयार केले जात होते. स्पेनमधल्या सेव्हिलचा बिशप इसिडोर यानं सातव्या शतकात आरसे बनविण्यासाठी काचेइतका उपयुक्त पदार्थ दुसरा कुठलाही नाही, असं म्हटलं आहे. यानंतर मात्र आरसे आणि

काचकामाची कलाच युरोप आणि मध्य पूर्वेतून लुप्त झाली. अकराव्या शतकाच्या सुरुवातीस अरब शास्त्रज्ञ इब्न-अल-हयथाम (अलहाझेन हा त्याचा पाश्चात्त्य अपभ्रंश) यानं प्रकाशशास्त्रावर जो ग्रंथ लिहिला, त्यात लोखंडी आणि चांदीच्या आरशांचं वर्णन आहे. मात्र काचेचा त्यात अजिबात उल्लेख नाही. युरोपमध्ये तेराव्या शतकात काचेच्या आरशांचं नव्यानं आगमन झालं.

भारतात काचेची कला कुठून आली, या प्रश्नाला निश्चित उत्तर नाही. ती सिकंदराबरोबर आली की रोममधून आली, हे कळणं अवघड आहे. चिनी व्यापारीही भारतात येत होते. त्यांच्याकडूनही भारतात काच आणि आरसे आले असावेत. त्या आधी भारतात धातूचे आरसे वापरले जात असावेत, असं म्हणता येतं.

■

## १५

# जादुई आरसे आणि चेहऱ्याची रोगणं

अतिपूर्वेकडे आरशांच्या निर्मितीनं प्राचीन काळी कळस गाठला, असं म्हणावं लागतं. इसवीसनाच्या चौथ्या आणि पाचव्या शतकांमध्ये चीनमध्ये जादुई आरसे किंवा चमत्कृती निर्माण करणारे आरसे मुद्दाम तयार करण्यात येत होते. हे आरसे जेव्हा एकोणीस आणि विसाव्या शतकात उघडकीस आले तेव्हा ते पाहून पाश्चात्त्य

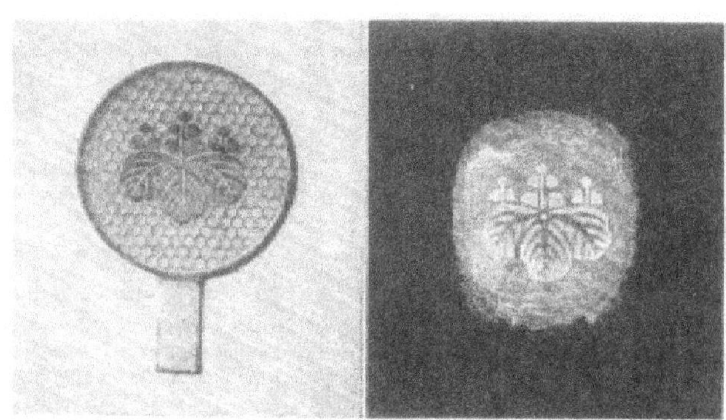

चिनी आरसे

शास्त्रज्ञ आणि काच वस्तूंचे उत्पादक चक्रावले होते इतके ते आधुनिक काळातही नावीन्यपूर्ण ठरले होते.

हे आरसे काशाचे होते. त्यांची एक बाजू घासून गुळगुळीत केलेली असे. त्या बाजूचा चेहरा पाहण्यासाठी उपयोग करण्यात येत असे. मागच्या बाजूस सुंदर कलाकृती, मानवी चेहरा किंवा नक्षीकाम कोरण्यात येत असे. जेव्हा हे आरसे उन्हात धरले जात, तेव्हा या मागच्या बाजूच्या चित्राची आकृती भिंतीवर सावलीसारखी दिसत असे. याचा अर्थ सूर्यकिरण त्या काशाच्या आरशातून आरपार जात होते. हे शक्य नाही असं पाश्चात्त्य शास्त्रज्ञांचं म्हणणं होतं.

मध्ययुगीन चीनमधल्या विद्वानांनाही या आरशांनी बुचकळ्यात पाडलेलं होतं. इ.स.१०८६ मध्ये प्रख्यात चिनी शास्त्रज्ञ शेन कुआ यानं 'स्वप्नविहारातील निबंध' नावाचा एक ग्रंथ लिहिला. हा शेन कुआ पदार्थविज्ञान, खगोलशास्त्र आणि

अभियांत्रिकी तज्ज्ञ होता. तो वरिष्ठ शासकीय अधिकारी होता. त्यानं त्याच्या काळात फार प्राचीन समजल्या जाणाऱ्या या आरशांबद्दल लिहिलं आहे. तो म्हणतो —

"प्रकाश ज्यातून आरपार जातो, असे काही आरसे अस्तित्वात आहेत. त्यांच्यावर आज वाचता येत नाही अशा भाषेत वीस शब्द (चिनी लिपीत प्रत्येक अक्षर हे एक शब्दच असते) लिहिले आहेत. हा आरसा सूर्यप्रकाशात धरला, तर हे शब्द भिंतीवर पडलेले दिसतात, तिथं ते व्यवस्थित वाचता येतात.

"माझ्याकडे अशा तऱ्हेचे तीन 'प्रकाश आरपार करणारे' आरसे आहेत. इतरां- कडेही कुटुंबाचे वैभव असलेले असे आरसे मी बघितलेले आहेत. ते माझ्या आरशांसारखेच आहेत. ते खूप प्राचीन आहेत."

"मी आजकाल बनवलेले खूप पातळ असे आरसे बघितले आहेत. मात्र त्यातून प्रकाश आरपार जात नाही. आमच्या पूर्वजांकडे नक्कीच काही खास कला होती, असं म्हणता येईल."

हे जादुई आरसे युरोपमध्ये प्रथम १८३२ मध्ये पोहोचले. पुढची १०० वर्षें या आरशांचं रहस्य मात्र सुटलं नव्हतं. इ.स.१९३२ मध्ये सर विल्यम ब्रॅग यांनी या आरशांचं रहस्य उलगडलं. (विल्यम ब्रॅगना स्फटिकशास्त्राचं नोबेल पारितोषिक मिळालं होतं.)

शेंग कुआच्या काळात सूक्ष्मदर्शी नसल्यामुळे या आरशांचं रहस्य उलगडलं नव्हतं पण त्यानं हे आरसे बनविणाऱ्यांनी काही युक्ती वापरली असावी असा तर्क केला होता. ब्रॅगनी जेव्हा हे आरसे सूक्ष्मदर्शीखाली तपासले तेव्हा त्यांना आरशाच्या पुढच्या बाजूसही मागच्या बाजूसारखीच सूक्ष्म नक्षी आढळली होती, ती केवळ सूक्ष्मदर्शीमुळेच दिसू शकत होती.

साध्या आरशाच्या कारागिरांना इतकं सूक्ष्मकाम आणि ते दडविण्याची कला जमली नव्हती. हे आरसे साच्यात तयार केले जायचे. मग घासून घासून त्यांना पॉलिश केले जायचे. त्यानंतर दोन्ही बाजूस त्या नक्षीचे ठसे दाबून त्यावर नक्षी उमटवण्यात येत होती. यानंतर आरशाची बाजू पुन्हा घासून चकचकीत केली जात असे. यामुळे नक्षीच्या आकाराची जाळी तयार व्हायची. त्यावर नंतर पाऱ्याचं संयुग चोपडलं जायचं. यामुळे आरशाच्या बाजूची नक्षी गायब व्हायची; साध्या डोळ्यांना दिसू शकत नसे.

आरसे वापरून चेहरे पाहायची सोय झाल्यानंतर चेहरा ठाकठीक दिसावा म्हणून रंगरोगण निर्माण व्हायला वेळ लागला नाही. चेहऱ्यावर सौंदर्यप्रसाधने थापणे किंवा सुंदर दिसण्यासाठी प्रयत्न करण्याचा पहिला पुरातत्त्वीय पुरावा पहिल्या नागरी संस्कृतीत आढळतो. याचा अर्थ त्या आधीही सौंदर्यप्रसाधने वापरात

आली होती. प्राचीन सुमेर (सध्याचं दक्षिण इराक) मधल्या स्त्रिया कोहल-सुरमा वापरत होत्या. अँटिमनीचं किंवा शिशाचं सल्फाईड (गॅलेना) वापरून हा सुरमा बनविण्यात येत असे. अजूनही मुस्लिम राष्ट्रात गॅलेनाचे स्फटिक जागोजागी सौंदर्यवृद्धी प्रसाधनांबरोबर विकत मिळतात. तसेच या सुरम्याबरोबर गालांवर गुलाबी रंगही फासण्यात येत असे.

सुमेरच्या प्रसिद्ध उर शहरात एका उत्खननात एका कबरीमध्ये इ.स.पू. ३००० काळातील सौंदर्यप्रसाधनं ठेवण्याची शिंपल्याच्या आकाराची एक सोन्याची

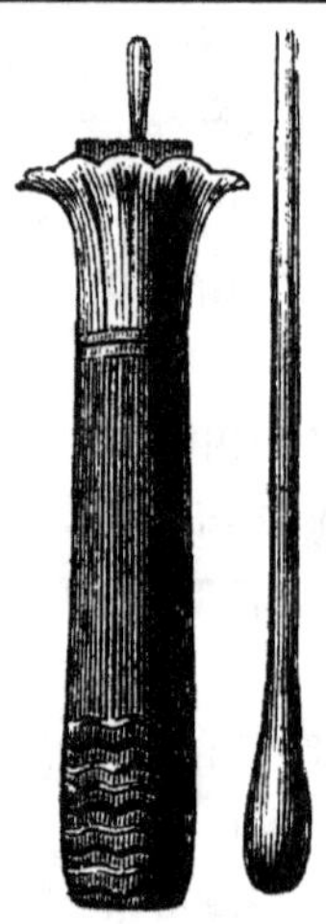

**मेकअपची इजिप्शियन बाटली व काजळ लावण्याची सळी**

पेटी सापडली. त्यातली सौंदर्यप्रसाधनं त्या पेटीचा काळ आणि सौंदर्यप्रसाधनांचे रासायनिक घटक ठरविण्यात उपयुक्त ठरली होती.

प्राचीन इजिप्ती लोक तर सौंदर्यप्रसाधनांचे वेडे होते असं दिसतं. इजिप्ती कबरींच्या भित्तीचित्रांवरून त्यांना सौंदर्यप्रसाधनं किती आवडत होती, हे स्पष्ट होतं. इजिप्तमध्ये आणि बऱ्याच प्राचीन संस्कृतीमध्ये काळा सुरमा आणि लापीस लाझुली, तसेच मॅलाकाईट ही खनिजं (हिरव्या रंगासाठी) वापरली जात असतं. डोळ्याभोवतीचा भाग रंगवून डोळे अधिक मोठे किंवा अधिक लांबट भासावेत म्हणून हे रंग वापरले जात असत.

क्लिओपात्रा मस्कारा आणि इतर सौंदर्यप्रसाधनं वापरत असे. भुवयांचा आकार हवा तसा करणारे चिमटेही त्या काळात उपलब्ध होते. ती पापणीला निळा रंग द्यायची तरी डोळ्याच्या खालचा भाग आणि खालची पापणी 'नाईल ग्रीन' करत

असे. सौंदर्यप्रसाधनांसाठी वापरली जाणारी खनिजे दूरदूरहून आणण्यात येत असत. मग ती चामड्याच्या थैल्यांमध्ये किंवा कापडी पिशव्यांत ठेवून कुटली जात. त्यांची वस्त्रगाळ पूड बनवून सोनं, चांदी किंवा हस्तिदंताच्या काडीनं ही सौंदर्यप्रसाधनं चेहऱ्यावर पसरविण्यात येत असत. ही सौंदर्यप्रसाधनं चेहऱ्याला लावण्यापूर्वी एका थाळीत सुगंधी द्रव्यात मिसळण्यात येत असत. इ.स.पू. ४००० पासून इजिप्तमध्ये अशा प्रकारे सौंदर्यप्रसाधनं वापरली जात असल्याचे पुरावे उपलब्ध आहेत. येलो ओकर हे लोह खनिज वापरून त्वचा रंगवणे हे स्त्री-पुरुषांमध्ये असलेलं सामायिक सौंदर्यवर्धन होतं. पुरुष नारिंगी रंग मात्र वापरत नसत. तो स्त्रियांचा अधिकार होता. गाल गुलाबी दिसावेत म्हणून तांबडं ओकर (लोह खनिज) आणि चरबी, किंवा तांबडं ओकर आणि गाढवीच्या दुधाची साय यांचं मिश्रण चेहऱ्यावर, विशेषत: गालावर लावण्यात येत असे.

बरेचदा कबरींवरील भित्तीचित्रांमध्ये इजिप्शियन स्त्रियांची नखं रंगीत दाखवलेली असतात. बहुधा ती मेंदीच्या साहाय्यानं रंगविण्यात येत असावीत; पण इजिप्ती स्त्रियांपेक्षाही चिनी स्त्रियांना नखं रंगविण्याचं जबरदस्त प्रेम होतं. चिनी लोक वनस्पतींचे रस वापरण्यात पटाईत होते. त्यांच्या स्त्रियांची नखं अशाच रसानं लाल भडक रंगविण्यात येत असत. नख वाढविण्याचीही चिनी लोकांना आवड होती. अगदी दुसऱ्या महायुद्धापर्यंत एक-दीड इंच (२ ते ४ सेंमी) लांबीची नखं चिनी लोक सर्रास वाढवीत असत. आपलं शरीर कष्ट करीत नाही म्हणजे आपण श्रीमंत आहोत, याचं ते चिन्ह होतं. त्यावर ते चांदीचं आवरण चढवीत असत. त्यामुळे ही नखं सुरक्षित राहत असत. चेहरा गोरा दिसावा म्हणून शिशाची पांढरी संयुगं वापरायची सुरुवात सिंधू नदीच्या खोऱ्यात झाली. ही पद्धत मग चीनपासून ब्रिटनपर्यंत पसरली. सिंधू संस्कृतीच्या नगरांमधून (इ.स.पू. ३०००) केलेल्या उत्खननात घराघरांतून ही शिशाची संयुगं आढळतात. या संयुगांच्या वड्या अरबस्तानामार्गे युरोपात जात होत्या. ही संयुगे विषारी असल्याचं कळल्यावरसुद्धा रोममधला त्यांचा वापर कमी झालेला नव्हता.

# साबण

'नाही निर्मळ मन । काय करील साबण ।।' ही तुकोबांची उक्ती आपल्याला परिचित आहेच. आज बाजारात असंख्य प्रकारचे आणि नावांचे साबण उपलब्ध असतात. पूर्वी तसं नव्हतं. किंबहुना दोन हजार वर्षांपूर्वी रोममध्ये साबण गेला तो अंग साफ करण्यासाठी वापरला जात नव्हता, तर केशकलप म्हणून वापरला जात होता. दुसऱ्या प्लिनीनं त्याच्या निसर्गेतिहास या ग्रंथात (हा ग्रंथ सन ७९ मध्ये लिहिला गेला.) साबणाचा उल्लेख केला आहे. जर्मनीतून परतणाऱ्या रोमन सैनिकांनी 'सापो' नावाचा एक पदार्थ आणला होता. शेळीची चरबी आणि काही

इजिप्तमधील थेबीस येथील इ.स.पू. १५०० च्या सुमाराचे चित्र.
युवतीच्या डोक्यावर त्या काळच्या 'साबणा'ची वडी लावली आहे.

वनस्पतींची राख यांच्या मिश्रणानं हा बनवला जात असे. या मिश्रणाचे मुठीत मावतील अशा आकाराचे चेंडू बनवले जात. हे केसांवर घासले की काही दिवसांनी तो साबण वापरणाऱ्या व्यक्तीचे केस हळूहळू तांबडे होऊ लागत. हा साबण स्त्रियांपेक्षा पुरुष जास्त प्रमाणात वापरत असत.

दुसऱ्या शतकाच्या अखेरीस हा साबण शारीरिक स्वच्छतेसाठी वापरण्यात येऊ लागला. गालेन या वैद्यानं सोड्यापेक्षा शरीरस्वच्छतेसाठी सापो अधिक चांगला ठरतो, असं रोमनांच्या मनावर बिंबवलं. अंग साफ करण्यासाठी जर्मन साबण वापरायला गालेनच्या काळात सुरुवात झाली. गालेनच्या काळातच प्राणिज चरबीत पोटॅश मिसळून अधिक चांगल्या प्रकारचा साबण निर्माण होऊ लागला होता.

रोममध्ये साबण यायला इतका उशीर लागावा हे एक आश्चर्यच म्हणावं लागेल. मेसोपोटेमियात सुमारे चार हजार वर्षांपूर्वी साबण वापरला जात होता, असे पुरावे उपलब्ध आहेत. बॅबिलोनियातले रसायनशास्त्रज्ञ किंवा त्या काळातल्या पद्धतीनुसार किमयागार अल्कली (बहुधा नैसर्गिक सोडा) आणि तेलं यांचं मिश्रण उकळत असत. यातून जो साका उरत असे तो अंग साफ करण्यासाठी वापरला जात असे.

यानंतर साबणाचा वापर फिनिशियातही होत होता, असे उल्लेख आहेत. हिरोडोटसच्या लिखाणात स्किथियन लोक केस धुण्यासाठी साबण वापरीत, असं लिहिलं असून दक्षिण रशियातील हे रानवट लोक भयानक दिसावं म्हणून केस तांबडे करण्यासाठी साबणाचा वापर करतात, असं म्हटलं आहे. त्यांनी हा साबण अतिपूर्वेकडून आणला. इ.स.पू. सातशेमध्ये स्किथियनांनी मंगोलियातून साबण तयार करण्याची कला आणली, असा हिरोडोटसचा दावा आहे.

त्या काळात जगात सर्वत्र साबण वापरला जात होता अशातला भाग नाही. याचा अर्थ जे लोक साबण वापरत नव्हते ते अस्वच्छ होते, असाही नाही. त्याकाळात साबणास पर्याय म्हणून शरीर स्वच्छतेसाठी इतर साधनंही वापरली जात होती. इजिप्त आणि पॅलेस्टाईनमध्ये तसेच ज्यू लोक सोडा आणि टाकणखार वापरत असत. वाळवंटात हे नैसर्गिकरीत्या उपलब्ध होते. ग्रीक लोक धान्याचा भुसा, बारीक वाळू, स्त्रूसची राख आणि ज्वालामुखीजन्य नैसर्गिक प्यूमिस दगड अंग साफ करणे व नको तिथले केस काढणे या कामासाठी वापरत असत. भारतात विविध प्रकारची तेलं, उटणी वगैरेंचा उपयोग करण्यात येत असे. राजा गोपीचंदाचं स्नान प्रसिद्धच आहे.

युरोपच्या तमोयुगात रोमन साम्राज्याच्या ऱ्हासानंतर युरोपीय लोकांचं वैयक्तिक स्वच्छतेकडे दुर्लक्ष झालं हे खरं. पण पूर्वेकडच्या देशांमध्ये पूर्वापार वैयक्तिक स्वच्छतेला महत्त्व होतं. हिंदू प्रजा तर काही ठिकाणी दिवसात तीन-तीन वेळा आंघोळ करीत असे. आज आपण बघतो तशा साबणाच्या वड्या प्रथम अरबांनी तयार केल्या होत्या.

साबणाचे उत्पादन आणि लांबलचक वड्या-बार सोप हा उद्योग मूर लोकांनी स्पेनमध्ये आणला. इ.स १००० च्या आसपास तो स्पेनमधला एक प्रमुख उद्योग

होता. ऑलिव्ह तेल, सूचीपर्णी वृक्षांची राख आणि थोडं सुवासिक द्रव्य घालून हा साबण श्रीमंतांना पुरवला जाई. गरिबांच्या साबणास सुवास नसे. याशिवाय विविध प्रकारचे पांढरे किंवा रंगविहीन वैद्यकीय साबणसुद्धा तिथं तयार होत. सुवासिक साबण युरोपातील विविध राजदरबारात निर्यात होत असत.

उत्तर युरोपात प्राण्याची चरबी किंवा माशांचं तेल आणि झाडं जाळून उरणारी राख यांच्या साहाय्यानं साबण निर्माण करण्यात येत असे. त्याचा वास असह्य असे. त्यामुळे तो बहुतांशी कपडे धुण्यासाठी वापरण्यात येत असे. इ.स.१३०० च्या सुमारास लंडनमध्ये सुवासिक साबण उपलब्ध झाला. तो लाकडी पेट्यातून पुरविण्यात यायचा.

चीनमध्ये साबण तयार केला गेला नाही याचं कारण फारच वेगळं होतं. चिनी लोकांना स्वच्छतेची आवड होती आणि त्यांना स्वच्छतेचं साधन निसर्गानं बहाल केलं होतं. चीनमध्ये काही शेंगांच्या बियांमध्ये निसर्गतःच 'सॅपोनिन' हा साबणाचा मूळ घटक मोठ्या प्रमाणात आढळतो. या बियांचा अर्क थेट साबण म्हणून वापरता येतो. हेन साम्राज्यात (इ.स.पू २०२ ते इ.स.२२०) संगजिरं, सोपबीन, डाळीचं पीठ आणि सुगंधी द्रव्य एकत्र कुटून त्याचे चेंडू अंग व कपडे धुण्यासाठी वापरण्यात येत असत. अगदी विसाव्या शतकापर्यंत हा साबण वापरला जायचा. जेव्हा पाश्चात्त्य चरबीयुक्त साबण चीनमध्ये आला तेव्हा जुन्या जमान्यातल्या चिनी लोकांनी तो वापरायला नकार दिला. कारण या साबणानं जुन्या साबणाइतके कपडे स्वच्छ निघत नाहीत, असं त्यांचं म्हणणं होतं.

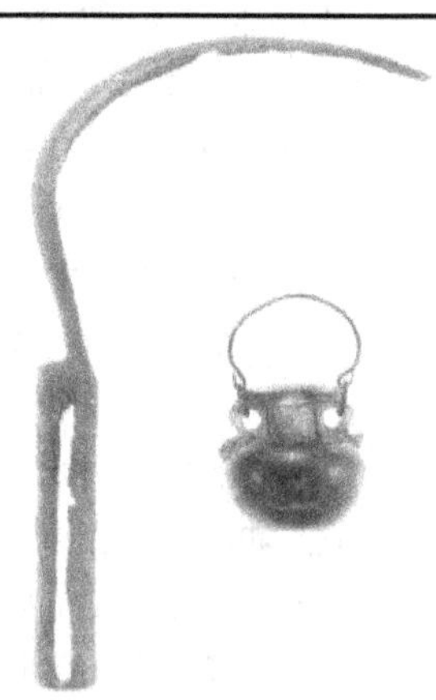

रोमन अमलाखालील लंडनमध्ये पहिल्या-दुसऱ्या शतकात आंघोळीचा
असा जामानिमा असे. तेल लावून अंग स्वच्छ करीत.
मग विळ्यासारख्या घासणीने अंग खरबडून काढीत.

प्रागैतिहासिक गुहांमधल्या चित्रांवरून माणूस गेली ३० हजार वर्षे तरी दाढी करत असावा, हे स्पष्ट होतं. अगदी सुरुवातीस तो फ्लिंटच्या धारदार तुकड्यांनी दाढीची काटछाट करीत असे. हे फ्लिंटचे तुकडे खूपच धारदार असत. त्यांची धार ते वापरून बोथट झाले की अर्थातच कमी होत असे. अशा वेळी ते फेकून देण्यात येत असत. ज्वालामुखीजन्य काच- ऑब्सिडियन हीसुद्धा दाढी करण्यासाठी वापरण्यात येत असे. अमेरिकेतील ऑझ्टेक लोक इ.स.१५०० पर्यंत आणि मध्य-आफ्रिकेतील काही आदिवासी अगदी कालपरवापर्यंत ऑब्सिडियनचा दाढी करण्यासाठी उपयोग करीत असत.

धातूचा वापर सुरू झाल्यावर कायमस्वरूपी वस्तरे अस्तित्वात आले. भारतात आणि इजिप्तमध्ये इ.स.पू. २५०० च्या आधीही पितळी वस्तरे अस्तित्वात होते. इजिप्तमध्ये चेहऱ्यावरचे केस हे अनारोग्यकारक मानण्यात येत. भारतात नागर संस्कृतीमध्ये श्मश्रू आवश्यक मानण्यात येत असे. जंगलात राहणारे ऋषि-मुनी दाढी वाढवत असले तरी त्यांना प्रसन्न होणारे देव – शंकराचा अपवाद वगळता –गुळगुळीत चेहऱ्याचे असत.

इजिप्तमध्ये काही वेळा बोकड दाढी आणि बारीक मिशा ठेवल्या जात. श्रीमंत माणसाची श्रीमंती ही त्याच्या पदरी न्हावी असेल तरच सिद्ध होत असे. स्वत:च्या पदरी न्हावी असणं हे श्रीमंतीच्या आवश्यक लक्षणांपैकी एक मानण्यात येत असे. इ.स.पू. १७०० मध्ये इजिप्तमध्ये एक प्रहसन लिहिण्यात आलं होतं. त्यात विविध कुशल कारागिरांची टिंगल करण्यात आली होती. त्यावेळी नाभिकांचं 'हनुवटीच्या प्रेमात पडलेला हा गृहस्थ रस्तोरस्ती लोकांच्या हनुवट्या निरखत फिरतो. तिथं केस दिसताच त्या पुरुषाला धरून त्याची हनुवटी नितळ करतो.' असं वर्णन करण्यात आलं आहे. त्या काळापासूनच नखं काढणं हे कामही नाभिकांवर सोपविण्यात येत असे. कुशल नाभिकाला त्याच्या पूर्वजांचा धंदा कोणताही असो, राजदरबारात नेमणूक मिळत असे.

# केसांचे टोप

प्राचीन इजिप्तमध्ये काही विचित्र प्रथा होत्या. आज त्या आपल्याला विचित्र वाटतात पण त्या काळात त्यांच्याविरुद्ध कुणी बोलत नसे. याचं कारण त्या राजमान्य होत्या आणि त्यांना सामाजिक मान्यताही होती. इजिप्तमधले तत्कालीन लोक सूर्यपूजक होते. राजा स्वत:ला सूर्याचा अंश म्हणवून घेत असे. त्यांचे धर्मगुरू आणि राजे अंगावरचे सर्वच केस काढून टाकीत असत. सामान्य इजिप्ती नागरिक डोक्यावरचे सर्व केस काढून टाकत असे. अगदी लहानपणापासून ही गोटा करायची पद्धत अवलंबण्यात येत असे. मुलगा चालू लागला की तात्काळ त्याचा पहिला गोटा केला जायचा. मोठेपणी मात्र स्त्री-पुरुष हे घराबाहेर पडताना केसांचे टोप वापरत असत. किंबहुना या टोपांवरून त्या माणसाची श्रीमंती आणि सामाजिक

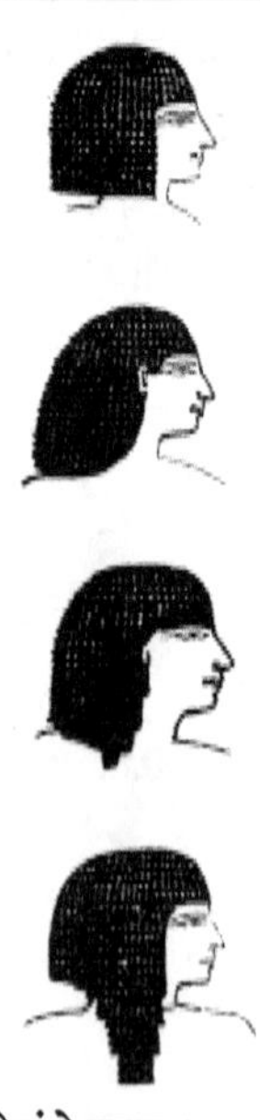

केसांच्या टोपांचे नाना आकार असत.

स्थान स्पष्ट होत असे.

साधारणपणे तिसऱ्या घराण्याच्या काळात म्हणजे इ.स.पू. २६०० च्या सुमारास इजिप्ती कबरींच्या भिंतीवरील चित्रांमधून केसांचे टोप प्रथम अवतरलेले दिसतात. मात्र त्या आधीपासून या टोपांच्या निर्मितीचे प्रयत्न सुरू झाले असावेत हे स्पष्ट कळून येतं. इजिप्ती सम्राटांनी शाही टोप बनविणाऱ्या कारागिरांवर देखरेख करण्यासाठी खास अधिकाऱ्यांची नेमणूक केली होती. त्यावरून सुरुवातीच्या काळात टोप बनविणे, हे काम फक्त राज्यकर्त्यांसाठीच होत असावं. पुढे हळूहळू दरबारीही केसांचे टोप वापरू लागले असावेत आणि सामान्य नागरिकांसाठी टोप बनविण्याची सुरुवात कालांतराने झाली असावी, असा तर्क केला जातो. काहीही असलं तरी श्रीमंत आणि दरबारी व्यक्तींमध्ये हे टोप वापरण्याची प्रथा झपाट्यानं पसरली, यात शंका नाही.

पुढे स्त्री आणि पुरुष दोघंही टोप वापरू लागल्यानंतर त्यात वैविध्य निर्माण झालं. अधिक सुखकर, सोयिस्कर आणि फॅशनेबल टोप निर्माण होऊ लागतो. या टोपांच्या निर्मितीतील कारागिरी वाढली. समारंभाच्या वेळी वापरण्यासाठी वेगळ्या आकारप्रकारचे टोप आणि एरवी वापरण्याचे वेगळे टोप निर्माण झाले. एकविसाव्या घराण्याच्या सत्तेच्या काळात टोपांच्या प्रथेनं शिखर गाठलं, असं म्हटलं जातं. इ.स.पू १००० च्या सुमारास बनविण्यात आलेला एक टोप ही एक अप्रतिम कलाकृती मानली जाते. सुरुवातीस हा टोप राणी इस्तेमखेबचा असावा असं मानण्यात येत असे. पण पुढे तो इस्तेमखेबचा पती आणि सूर्याचा प्रमुख पुजारी मेंखे पेरेरे याचा आहे, असं सिद्ध झालं. या टोपाचे केस कुरळे असून मागच्या बाजूला लांब पेड आहेत. या टोपाचा बाह्यभाग तपकिरी केसांचा असून तो मानवी केसांपासून बनविण्यात आला आहे; तर आतली बाजू खजुराच्या काथ्याची आहे. सध्या इजिप्तमधल्या ममींच्या केसांचा आणि टोपांचा खास अभ्यास चालू आहे. मँचेस्टर वस्तुसंग्रहालयाचा जोआन फ्लेचर हा अभ्यास करीत आहेत. त्या अभ्यासानुसार इजिप्ती पुरुषांचे टोप खूप कलात्मक असत. त्यामानानं स्त्रियांमध्ये टोप कमी मूल्यवान असत. गरीब लोक गवताचे किंवा कापसाचे टोप वापरीत असत. श्रीमंतांच्या टोपांचे केस मानवी असत. गरिबांच्या टोपांमध्ये केसांबरोबर लोकरही असे. यातल्या काही टोपांतून उवांचे अवशेषही आढळले आहेत. त्या टोपांच्या निर्मितीत केसांना वळण देण्यासाठी नैसर्गिक (पोळ्यातलं) मेण वापरण्यात येत असे. त्यामुळे केसांचं कुरळेपण टिकून राहत असे.

इ. स. पू. ५०० पर्यंत केसांचे टोप बनविण्याची ही कला युरोप आणि आशियात पसरली होती. फाराहोंप्रमाणेच मेडिआतले प्राचीन इराणी सम्राटही दरबारात वावरताना टोप वापरीत असत. पर्शियाचा तरुण सम्राट सायरस आणि

त्याच्या आईचे वडील, मेडियाचे सम्राट अस्त्यागास यांच्या भेटीच्यावेळी झेनोफोन हा ग्रीक हजर होता. (अस्त्यागासचा काळ म्हणजे इ.स.पू ५८५ ते इ.स.पू. ५५०) त्यानं या भेटीचा वृत्तांत लिहून ठेवला आहे.

"सायरसच्या लक्षात या भेटीत एक नवी गोष्ट आली. त्याच्या आजोबांच्या डोळ्याखाली रंग लावला होता. त्यामुळे तो भाग धुरकट वाटत होता. गालावर गुलाबी रंग फासण्यात आला होता. डोक्यावर मेडिआतील प्रथेप्रमाणे लांब केसांचा टोप होता." पुढे या आजोबांच्या निधनानंतर मेडेसचं साम्राज्य पर्शियन साम्राज्यात विलीन झालं तेव्हा मेडेसच्या बऱ्याच चालीरीती पर्शियाच्या समाजात घुसल्या. तिथून त्या ॲनाटोलिया (तुर्कस्थान) मार्गे ग्रीसमध्ये गेल्या, असं ॲरिस्टॉटल म्हणतो. ग्रीसमध्ये सुरुवातीस हे टोप नाटकांमध्ये वापरले गेले. सोनेरी केस तरुणांसाठी, दाढी आणि काळे केस खलनायकांचे, तर तांबडे केस विनोदी भूमिकेसाठी असं ग्रीक नाटकांचं समीकरण होतं.

रोमच्या राजघराण्यातून केसांचे टोप अहमहमिकेनं वापरले जात असत. सम्राट क्लॉडियसची (इ.स.४१ ते ५४ ) कामशास्त्रनिपुण पत्नी मेसालिना ही सतत नव्या तरुण जोडीदाराच्या शोधात असे. ती बरेचदा वेश्यागृहात वेश्येचं सोंग घेऊन ग्राहक मिळवायची. त्यावेळी ती वेष पालटून जात असे. अशावेळी कुणी आपल्याला ओळखू नये म्हणून ती रूपेरी केसांचा टोप घालत असे.

मार्कस ऑरेलियसची पत्नी (इ.स.१६१ ते १८०) फॉस्टिना हिच्या संग्रही केसांचे शेकडो निरनिराळे टोप होते. मात्र ती हे टोप समारंभात वापरत असे. तिच्या वागणुकीबद्दल संशय घ्यायला जागा नव्हती. रोमन स्त्रियांचे केस आणि टोपांचेही केस कुरळे असत. नसले तर कुरळे केले जात असत. बरेचदा टोपांसाठीचे केस रोमनसाम्राज्याबाहेरून मागविण्यात येत. भारतातून रोमकडे काळे केस पाठविले जात असत; तर तांबडे केस मध्य युरोपातील जर्मॉनिक टोळ्यांकडून येत असत. ख्रिसिपस या रोमनवास्तुशास्त्रज्ञानं फ्रान्स आणि जर्मनीतील रूपेरी केसांसाठी त्यांच्या वजनाइतकं सोनं मोजावं लागतं, असं एका पत्रात लिहिलं आहे.

रोममधले पुरुषसुद्धा केसांचे टोप वापरीत असत. टक्कल झाकणे हा टोपांचा उपयोग अर्थातच त्या काळातही होताच. त्या काळात केस कपाळावर ओढले जात. आजच्यासारखा भांग पाडायची पद्धत तेव्हा रोममध्ये नव्हती. त्यामुळे टोप घातलाय हे कळतही नसे. रोममध्ये टोप यायच्या आधी एक विचित्र पद्धत टक्कलवाले लोक वापरीत असत. ती म्हणजे टकलावर केस गोंदवून घेणे किंवा हव्या त्या रंगात रंगवून घेणे. मार्टियल याच्या काव्यात या टक्कल रंगवून घेणाऱ्यांची आणि स्वस्त आणि न शोभणारे टोप घालणाऱ्या श्रीमंत लेंटिटसची तुलना करून लेंटिटसची खूप टिंगल करण्यात आली आहे. 'फ्लेव्हिअस एव्हिऑनस'च्या काव्यात शिकारीला

जाताना घोडदौड करताना विग उडून झाडाच्या फांदीवर अडकलेल्या एका दुर्दैवी सरदाराच्या फजितीचं वर्णन वाचायला मिळतं.

सम्राट ओथो आणि सम्राट डोमिटियन हे दोन प्रख्यात राजे केसांचे टोप वापरीत असत. ते पूर्णचंद्राकृती टक्कल असलेले होते. तरीही त्यांच्या नाण्यांवरती ते सकेश आहेत. कालिग्युला हा विक्षिप्त आणि दारुडा सम्राट जसा त्याच्या क्रौर्याबद्दल प्रसिद्ध होता, तसा त्याच्या केसांच्या टोपांबद्दलही प्रसिद्ध होता. तो वेष पालटून रात्री-बेरात्री हिंडायचा. बरेचदा दारूच्या नशेत त्याचा केशटोप हरवायचा. सम्राट काराकालानं इ.स.२१४ मध्ये रोमन साम्राज्याच्या जर्मन प्रांताला भेट दिली. त्यावेळी त्यानं जर्मन शेतकऱ्यांचा वेष केला होताच, पण जर्मन लोकांच्या केसांसारखा रंग असलेला जर्मनीतच तयार केलेल्या तांबड्या केसांचा टोपही वापरला होता.

रोममध्ये हे केसांचे टोप बराच काळ वापरले गेले. पुढे ख्रिश्चन धर्माचं प्राबल्य वाढल्यावर चर्चनं टोप वापरण्याबद्दल नाराजी व्यक्त केली. चर्चच्या दृष्टीनं टोप वापरणं हे व्यभिचारी वर्तन ठरत होतं. पतिव्रता स्त्रीस केसांचा टोप वापरायची गरजच काय, असा प्रश्न ख्रिश्चन धर्ममार्तंड उपस्थित करू लागले. केसांचे टोप त्या व्यक्तीला लैंगिकदृष्ट्या आकर्षक बनवतात, असंही म्हणण्यात येऊ लागलं. त्यातच अलेक्झांड्रियाच्या क्लेमंट या प्रमुख धर्मगुरूनं केसांच्या टोपामुळे धर्मगुरूंनी दिलेले आशीर्वाद फोल ठरतात. त्यामुळे टोप वापरणाऱ्या व्यक्तीच्या डोक्यावर हात ठेवून आशीर्वाद देणं योग्य नाही, असा फतवा काढला. तर त्याच काळात म्हणजे इ.स.२०० च्या आसपास टेर्टुलियन या बिशपनं केसांच्या टोपामुळे बुद्धी भ्रष्ट होते, शिवाय दुराचारी माणसाचे केसही टोप वापरण्यासाठी वापरले जाऊ शकतात, असं जाहीर केलं तो म्हणतो.

'सर्व धार्मिक ख्रिश्चनांना मी बजावून सांगू इच्छितो, की केसांचे टोप हे खरं व्यक्तिमत्त्व लपविण्यासाठी असतात. अशी युक्ती फक्त सैतानच वापरू शकतो. जर तुम्ही तुमचे केसांचे टोप, देवाला आवडत नाहीत, या कारणासाठी फेकून दिले नाहीत, तर नरकाचे द्वार तुमची वाट पाहत आहे, हे लक्षात ठेवा. हे केस पाखंड्याचे, अधार्मिक माणसाचे किंवा अस्वच्छ माणसाचेही असू शकतात, हे लक्षात ठेवा.'

इ. स. ६९२ मध्ये कॉन्स्टँटिनोपल (इस्तंबूल) च्या चर्चच्या धर्ममंडळानं केसांचे टोप वापरणाऱ्या बऱ्याच व्यक्तींना वाळीत टाकून धर्मबाह्य ठरवलं. यानंतर हळूहळू मध्य पूर्वेतून आणि दक्षिण युरोपमधून केसांचे टोप वापरणं कमी झालं. मध्ययुगात सर्वच ख्रिश्चन जगातून केसांचे टोप हटले. फक्त नाटकांच्या प्रयोगातून टोप शिल्लक राहिले. पुढे राजघराण्यातील लोकांमुळे केसांचे टोप परत वापरात

आले. सोळाव्या शतकामध्ये पहिल्या एलिझाबेथ राणीनं तिचे पांढरे केस झाकण्यासाठी टोप वापरायला सुरुवात केली. तिच्याकडे वेगवेगळे ८० केस टोप होते. त्यात मक्याच्या केसाच्या सोनेरी रंगापासून काळ्या कुळकुळीत केसांपर्यंत अनेक छटा होत्या.

इ. स. १६२४ मध्ये गुप्तरोगपीडित तेराव्या लुईचे अखेरचे केस गळून पडले. तेव्हा त्यानंही टोप वापरायला सुरुवात केली. चौदाव्या लुईनंही टोप वापरले. त्यामुळे मग फ्रान्समधले दरबारीही टोप वापरू लागले.

# वैयक्तिक स्वच्छता

गरज ही शोधाची जननी आहे, असं म्हटलं जातं. आपण सुंदर दिसावं, आकर्षक वाटावं ही एक मानवी गरज आहे. मानव वस्त्या करून राहू लागला तेव्हापासून सौंदर्यप्रसाधनंही बनवू लागला. तेव्हापासून आजपर्यंत सौंदर्यप्रसाधनांचं महत्त्व सतत वाढत गेलं आहे आणि आज सौंदर्यप्रसाधननिर्मिती हा एक फार मोठा व्यवसाय बनला असून त्यात अब्जावधी डॉलरची गुंतवणूक झालेली आहे.

आपल्या पूर्वजांनीही त्यांच्या परीनं सौंदर्यप्रसाधनं बनविण्याचे प्रयोग केले होते. रामायणात अशोक वनातील सीतेला 'रावण भेटायला येण्यापूर्वी शृंगार कर' असं सांगितलं जातं किंवा सौंदर्यप्रसाधन न वापरताच वनवासात द्रौपदी सुंदर दिसत होती, असे उल्लेख येतात, याचा अर्थ त्या काळात सौंदर्यप्रसाधनं वापरली जात

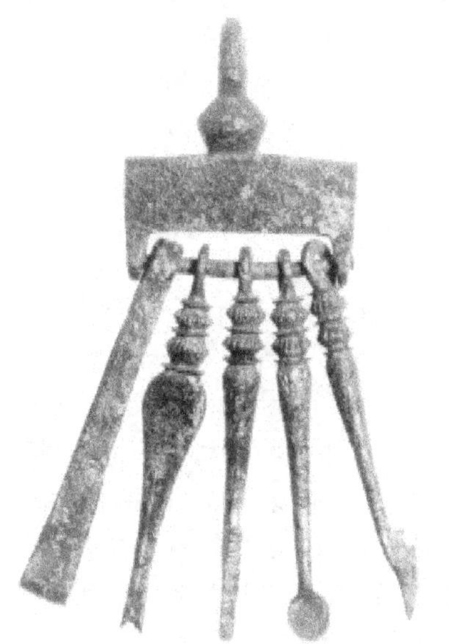

ख्रिस्तपूर्व दुसऱ्या शतकातील रोमन स्वच्छता-साधन-संच. त्यात आहेत ट्विझर, नख-स्वच्छक, कानस, कानकोरणं आणि दात कोरणं.

होती हे उघड आहे. त्याकाळी साय, हळद, इतर वनस्पती आदी गोष्टी सहज उपलब्ध होत्या. आयुर्वेदामध्ये त्वचेची काळजी कशी घ्यावी हे सांगितलं आहेच; पण सुश्रुतासारखे धन्वंतरी प्लास्टिक सर्जरी करीत हेही आपण बघितलं आहेच. आपल्याला कल्पना नसेल, पण रोमला भारतातून ज्या अनेक गोष्टी निर्यात होत, त्यात 'केसांचे टोप' आणि 'खोट्या दाढ्या' हाही एक मोठा निर्यातमाल असे. मार्टिआल नावाचा एक कवी होता, तो लोकांचे दोष दाखविण्यात आणि विडंबनकाव्ये करण्यात पटाईत होता. इ.स.पू. पहिल्या शतकामध्ये गॅला नावाच्या त्याच्या मैत्रिणीवर त्यानं सडकून टीका केल्याचं दिसून येतं. याचं कारण ती गॅला 'इंपोर्टेड विग' यायची वाट बघत होती आणि त्यामुळे ती घराबाहेर पडायला तयार नव्हती. मार्टिआल लिहितो, 'गॅला, तू घरी बसतेस तेव्हा तुझे केस विंचरून स्वच्छ करायला घराबाहेर गेलेले असतात. अंगावरची रेशमी वस्त्रं जशी तू उतरवतेस त्याचप्रमाणं तू रात्री झोपताना दातही काढून ठेवतेस. झोपण्यापूर्वीच तू सौंदर्यप्रसाधनं भरलेल्या शेकडो पेट्यांची तुझ्याभोवती तटबंदी उभी करतेस. तुझी शय्यासोबत करणाऱ्या तुझ्या साथीदारालाही तुझा खरा चेहरा कधी दिसू शकत नाही. तू त्याला निरोप देताना भुवया उंचावतेस त्या तरी तुझ्या कुठे असतात?'' या ओळी दोन हजार वर्षे जुन्या आहेत, हे सांगूनही खरं वाटत नाही अशी आज परिस्थिती आहे.

रोमन साम्राज्यात वैयक्तिक स्वच्छता आणि देखणेपणा याविषयी सर्वसामान्य नागरिकसुद्धा खूप काळजी घेत असत. आजच्या नटनट्यांना खाली मान घालावी लागेल अशा पद्धतीनं त्या काळात सौंदर्यप्रसाधनांचा अतिरेक होत असे. त्या काळात 'फ्लश'ची स्वच्छतागृहं होती. स्नानगृहांचे तर अनेक प्रकार होते. केसांचे टोप, खोट्या दाढ्या, निरनिराळ्या प्रकारचे वस्त्रे, अनेक प्रकारचे सुगंध, चेहऱ्याला रंगरंगोटी करण्याची नाना रसायने रोमन साम्राज्यात दूरदूरहून आयात केली जात होती. केवळ स्त्रियाच नव्हे, तर पुरुषही या साधनांचा वापर करीत असत. हातरुमाल, घाम पुसण्याचा वेगळा छोटा टॉवेल या गोष्टीही आवश्यक असत. या वस्त्रांना 'म्युसिनियम' म्हणत. 'म्युकस' म्हणजे चिकट स्राव. नाकातून येणारा शेंबूड पुसून काढणे हे म्युसिनियमचे महत्त्वाचे कार्य असे.

प्रत्येक रोमन स्त्रीच्या कमरबंदामध्ये एक कडं अडकवलेलं असे. या कड्यामध्ये नखं साफ करणारं हत्यार, भुवया व नाकातले केस खेचून काढणारा चिमटा, कान साफ करण्यासाठी कानकोरणं आणि दात कोरणं या वस्तू असत. याशिवाय इतरही काही साधनं असून शकत. पुरुषांच्या कड्यातही या वस्तू आवश्यक मानल्या जात असत.

रोमन साम्राज्याच्या पडझडीनंतर आणि ख्रिश्चन धर्मप्रसारानंतर हळूहळू या वैयक्तिक साधनांना उतरत कळा लागली. इसवीसनाच्या पाचव्या शतकानंतर

कपड्यांचा भपका कमी झाला. बायबलच्या शिकवणीनुसार साधे कपडे वापरण्याचं आणि भपका विसरण्याचं तत्त्वज्ञान दक्षिण युरोपनं आत्मसात केलं. पूर्वीच्या रोमन चालींना 'पॅगन' म्हणून संबोधण्यात येऊ लागलं. दुसरी गोष्ट म्हणजे रोमन साम्राज्याच्या पतनानंतर भारतातील मसाल्याचे पदार्थ, रेशमी कापड, नीळ, दासी आणि सौंदर्यप्रसाधनांसाठी लागणारी श्रीमंतीही लयास गेली. रोमन सैनिक जो कर वसूल करीत त्यावर ही आयात होत असे. यामुळे स्थानिक कापड आणि लोकर यांचे जाडेभरडे कपडे वापरणं ही आर्थिकदृष्ट्याही योग्य ठरू लागलं.

पाचव्या शतकानंतर युरोपात जसं सांस्कृतिक अंधकारयुग पसरलं होतं, त्याचप्रमाणे आर्थिक खडखडाट युगही पसरलं होतं असं म्हणावं लागतं. माणूस जेवढ्या वैयक्तिक यातना भोगतो, तेवढा तो परमेश्वराच्या जवळ पोहोचतो, ही चर्चची शिकवण, चांगले कपडे, सुग्रास अन्न यांना विरोध करणारी होती. चर्चचे पदाधिकारी त्या काळात स्वतःसुद्धा ही शिकवण अमलात आणीत असत. 'लोका सांगे ब्रह्मज्ञान' असा मामला तेव्हा उदयास आलेला नव्हता. युरोपात सुमारे एक हजार वर्षे तरी लोक साध्या कपड्यात वावरले. दरम्यानच्या काळात क्रुसेड म्हणजे जिहादच्या दरम्यान युरोपातले राजेरजवाडे, सरदार, सैनिक मध्य-पूर्वेत जात राहिले. जीवावर उदार होऊन दोन्ही पक्ष लढत होते. या काळात सर्व पैसा आणि संपत्ती ही त्या धर्मकार्यार्थ वापरली जात होती. त्यामुळेही कपड्यांमध्ये सुधारणा झाली नसावी. असं असलं तरी चिलखतं, शिरस्त्राणं आणि घोड्यांना संरक्षक पोशाख यातच सर्व कुसर पणाला लागत होती. या कसबात कलेपेक्षा उपयुक्तता महत्त्वाची ठरत असल्यामुळेही असेल, सौंदर्यप्रसाधनं आणि कपड्यांची फॅशन दुय्यम ठरली.

पंधराव्या शतकानंतर मात्र जसजसे युरोपीय लोक दूरदेशी हिंडू लागले, नवनव्या प्रदेशात जाऊ लागले, तसतसा त्यांच्या वस्त्रप्रावरणात बदल घडत गेला. संपत्तीचा ओघ युरोपच्या दिशेनं सुरू होताच नव्या सौंदर्यप्रसाधनांची निर्मिती आणि कपड्यांच्या नव्या पद्धती वाढीस लागल्या असं म्हटलं तर वावगं ठरणार नाही.

# दाढी

प्राचीन मेसापोटेमियात न्हाव्यांना खूप मानाचं स्थान असे. त्यांची एकीही वाखाणण्यासारखी असे. आजच्या युनियन्सपेक्षा त्यांची संघटना अधिक भक्कम होती. प्रत्येक नगरात बरीच केशकर्तनालये असत. ती एखाद्या विशिष्ट रस्त्यावर असत. तिथं येणाऱ्या गिऱ्हाईकाला आवश्यक ती सेवा पुरविण्यात येत असे. दाढी करून झाली आणि केस कापून झाले की तेल, सुगंधी उटणी यांच्या साहाय्यानं मसाज करून, आंघोळ घालून ग्राहकास परत पाठविण्यात येई. केस कापण्यासाठी धातूचा वस्तरा आणि प्युमिसचा दगड वापरला जात असे. मोबदला धातूचे (चांदीची वळी अथवा इतर मौल्यवान धातू) तुकडे किंवा कोंबड्या, शेळ्या या स्वरूपात द्यावा लागे. धान्य, मीठ हेसुद्धा कामाच्या स्वरूपानुसार स्वीकारलं जात असे. मद्य, मध हे चलनही स्वीकारलं जायचं.

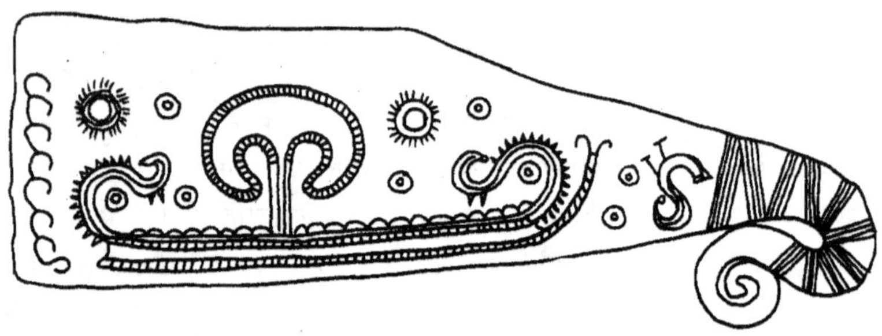

तीन हजार वर्षांपूर्वी स्कँडिनेव्हियात असे वस्तरे वापरत असत.
इथे पात्यावर होडीचे चित्र आहे.

वस्तरे वेगवेगळ्या प्रकारचे असत. काही अतिशय सुशोभित आणि अलंकारिक वस्तरे स्कँडिनेव्हियामध्ये सापडले आहेत. इ. स. पू. १३०० ते १२०० च्या दरम्यानच्या डेन्मार्कमधल्या दफनभूमीमध्ये काशाचे काही वस्तरे सापडले आहेत. प्रेतं पुरून त्यावर परजगतातील प्रवासासाठी ज्या सोयी ठेवण्यात येत त्यात या वस्त्यांचा समावेश होता. या दफनभूमीवर उंचवटे रचण्यात येत असत. हे वस्तरे

चामड्याच्या कशामध्ये ठेवण्यात आले होते. या वस्तूंच्या मुठींना घोडा किंवा इतर प्राण्यांच्या तोंडाचा आकार होता. त्यांच्या पात्यांवर एखादा प्रसंग कोरलेला असे. या कबरीत पुरलेले मृतदेह लाकडी हवाबंद पेट्यात पुरलेले होते. त्यांच्या दाढ्या अगदी गुळगुळीत होत्या. यानंतरच्या काळात स्कॅडिनेव्हियातील सेल्ट जमातीत मिशा वाढवायची प्रथा निर्माण झाली. इ.स.पू ५० मध्ये ज्युलियस सीझरनं 'ब्रिटनमधली माणसं डोकं आणि ओठांवरचे सोडून शरीरावरील सर्व केस काढून टाकतात.' असं नमूद केलं आहे.

इ. स. पू. चौथ्या शतकात भारतात कात्र्या आणि वस्तरे वापरात होते. भारतीय पुरुष शरीरावरचे आणि गुप्त भागावरचे केसही काढत होते, असे पुरावे आहेत. स्त्रिया चिमट्यानं ओठावरचे केस काढत असत, मग राखेच्या साहाय्याने पायावरचे केस काढीत असत. लहान मुलांना हळद आणि उटणी चोळून शरीरावर फार केस उगवू नयेत, अशी लहानपणीच व्यवस्था भारतात त्या काळाच्या आधीपासूनच उच्च वर्गातल्या घरातून होती. प्राचीन ग्रीसमध्येही अशा पद्धती वापरात होत्या. बरेचदा भारतातल्या प्रमाणे जळत्या काड्यांच्या (वाळलेल्या गवताच्या काड्या) साहाय्यानं केस जाळून टाकण्यात येत असत. भारतातल्या सिकंदराच्या आगमनानंतर ग्रीक सैनिक गुळगुळीत दाढी करू लागले. नंतर ही प्रथा ग्रीसमध्ये रूढ झाली.

रोममध्ये पुरुषांनी दाढी ठेवावी की न ठेवावी, हा वाद बराच काळ चालू होता. पूर्वापार परंपरेने रोमन पुरुष दाढी वाढवत आले होते. इ.स.पू. ३०० च्या सुमारास पब्लिअस टिसिनियस माऐन्स या श्रीमंत जमीनदारानं ग्रीसमधून न्हावी आणवले. त्यामुळे रोममध्ये गुळगुळीत दाढी करायची फॅशन आली. ही प्रथा सम्राट हेड्रियनच्या काळापर्यंत (इ.स.११७-१३८) चालू होती. हेड्रियन स्वत: दाढी वाढवणाऱ्या पक्षाचा होता. त्याच्या आधी दोनशे वर्षे रोमन तरुणांची पहिली दाढी म्हणजे दाढीचं जावळ वयाच्या एकविसाव्या वर्षी समारंभपूर्वक काढलं जात असे. त्या दिवशी मोठा भोजन समारंभही आयोजित करण्यात येत असे. या समारंभास नातेवाईक, दरबारी व समाजातील प्रतिष्ठित लोक उपस्थित असत. काढलेली दाढी एका पेटीत ठेवून ती पेटी घरात जपून ठेवण्यात येत असे. ती मरेपर्यंत घरात जपली जायची आणि मृत्यूनंतर त्या व्यक्तीबरोबर पुरली जात असे. सैनिक आणि तत्त्वज्ञ मात्र दाढी करण्याच्या सक्तीतून मुक्त होते, एवढंच नव्हे तर त्यांच्या दाढ्या बिनसमारंभाच्या केल्या जात.

दाढी करण्याची प्रथा प्रचलित होती, तेव्हाही प्रौढ आणि वृद्ध रोमन नागरिक दाढी वाढवत असत. याचं कारण त्या काळात रोममध्ये बारीक पात्याचे लोखंडी वस्तरे होते. ते दगडावर घासून त्यांना धार करण्यात येत असे. त्या काळात दाढी करताना साबण किंवा तेल हे दोन्हीही वापरले जात नसत. यामुळे दाढी करायला

फार वेळ लागत असे. भरभर दाढी करणे हे नुकताच युद्धातून परत आलाय असं वाटायला लावणारं काम होतं; पण अशा न्हाव्यांना समाजात स्थान नसे. ते फक्त गुलामांची दाढी करीत असत. मार्टिअल नावाच्या कवीवर एकदा अशा जलदगती

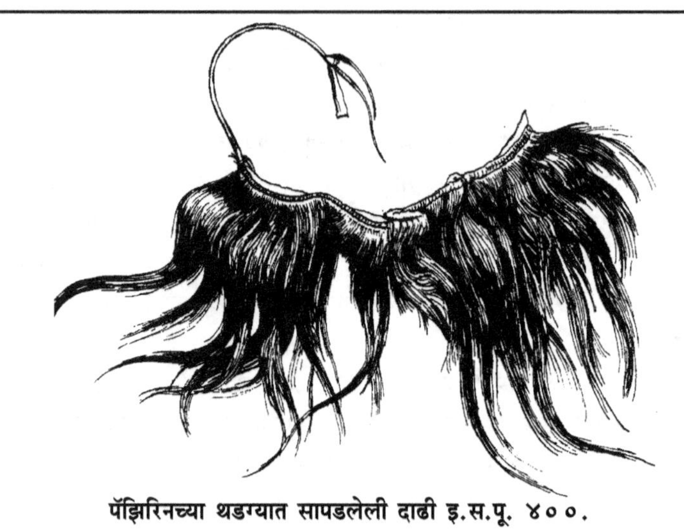



कारागिराकडून दाढी करून घेण्याचा प्रसंग ओढवला. त्यानं - कवीच तो- या विषयावर एक कविता केली. त्या कवितेचा अर्थ असा - 'ज्याला नरकाचा अनुभव जिवंतपणी घ्यायचा नसेल त्यानं अँटिओकस नावाच्या न्हाव्याच्या वाऱ्यालाही उभं राहू नये. माझ्या हनुवटीवरच्या या जखमांच्या असंख्य खुणा, मोजा हव्या तर, एखाद्या मुष्टियोद्ध्याच्या चेहेऱ्यावरच्या खुणांसारख्या दिसतात पण शपथपूर्वक सांगतो, मी कधीही मुष्टियुद्ध खेळलेलो नाही. माझं माझ्या बायकोवर आणि तिचं माझ्यावर निरातिशय प्रेम आहे. आम्ही भांडत नाही. या खुणा तिच्या नखांच्या नक्कीच नाहीत. तर त्या खुणांना अँटिओकस आणि त्याचा तो शापग्रस्त वस्तरा जबाबदार आहे.''

प्लिनीच्या शास्त्रीय विषयांच्या कोशात प्लिनीनं वस्तऱ्यांमुळे झालेल्या जखमांवर लावायचे लेप कसे लावावेत, याची सविस्तर माहिती दिली आहे. या लेपांमुळे वस्तऱ्याच्या जखमांची वेदना कमी होते असं तो म्हणतो. भारतात प्रतिरोधक म्हणून वस्तऱ्याच्या जखमांवर तुरटी लावण्याची पद्धत अशीच जुनी आहे.

युरोपमध्ये मध्ययुगीन काळात दाढी वाढवण्याची पद्धत रूढ होती. या दाढी वाढवण्याविरुद्ध असलेल्या चर्चनं सातव्या लुईला त्याची दाढी काढून टाकायला

लावली. इ.स.११५० मध्ये ही घटना घडली. खरं तर पॅरिसच्या बिशपला असा आदेश देण्याचा अधिकार नव्हता. पण चर्चशी भांडण नको म्हणून सातव्या लुईनं तो आदेश मानला, यामुळे राणी एलिनॉर नाराज झाली. बिनदाढीचा लुई बावळट दिसतो, असं तिचं मत होतं. बरं, लुई तर चर्चच्या विरोधात जायला तयार होईना. तेव्हा चिडलेल्या एलिनॉरनं एक दाढीवाला प्रियकर गाठला. यामुळे राजा अधिक नाराज झाला. त्यानं एलिनॉरला हाकलून दिलं आणि तिच्याशी घटस्फोट घेतला. त्यामुळे फ्रान्समध्ये दाढीधारींची संख्या वाढली. एलिनॉरनं अंजूच्या सरदाराशी लग्न केलं. हा काऊंटदांजू पुढे इंग्लंडचा राजा बनला. या दुसऱ्या हेन्रीनं त्यांच्या लग्नात हुंडा म्हणून एलिनॉरनं दिलेले पॉयतू आणि ग्विएन हे प्रांत इंग्लंडचे म्हणून घोषित केले. त्यातून जे युद्ध उद्भवलं ते शंभर वर्ष चाललं. या 'हंड्रेड इयर वॉर'मध्ये दोन्ही बाजूंचं खूप नुकसान झालंच. शिवाय फ्रेंच आणि इंग्रजांमधलं वैमनस्य दृढ झालं आणि उमदेपणा संपुष्टात आला. तेव्हापासून इंग्रज फ्रेंचांना 'फ्रॉग' म्हणून लागले.

इजिप्तमध्ये दाढी-मिशा कधीच लोकप्रिय नव्हत्या. त्यांच्या भित्तीचित्रांमधून रानटी लोक आणि परदेशी लोक दाढ्या वाढवलेले दिसतात. सातव्या रॅमसेसेच्या कबरीत मात्र कुणातरी रंगाऱ्यानं रॅमसेसेच्या चेहऱ्यावर दाढीचे खुंट वाढलेले दाखवले आहेत. असं असलं तरी इजिप्तमध्ये बरेचदा राजे-रजवाडे आणि दरबारी खोट्या दाढ्या लावून हिंडत असत. या दाढ्या मानवी केसांच्या किंवा लोकरीच्या असत. त्या टोकदार किंवा चौकोनी असत. फक्त देवांच्या दाढ्या कुरळ्या आणि बाहेर वळलेल्या दाखविण्यात येत असत. सामान्य माणसाची दाढी पाच सेंमीपर्यंत मर्यादित असे. ही दाढी इजिप्ती ममींच्या हनुवटीवर दाखवतात तशी चौकोनी असे. राणी हातशेपसुत स्वत: अशी दाढी वापरीत असे; कारण ती स्वत:ला सूर्यपुत्र म्हणवून घेत असे. मध्य आफ्रिकेत काही टोळ्यांचे प्रमुख खोट्या दाढ्या वापरीत असत.

चौदाव्या शतकात स्पेनमध्ये ही प्रथा पुनरुज्जीवित झाली. श्रीमंत माणसांकडं वेगवेगळ्या पाच-पंचवीस प्रकारच्या दाढ्या असत. त्यांचे रंगही वेगवेगळे असत. यांना 'चिन विग्ज' (हनुवटीवरचे टोप) असं म्हणत असत. यांचा गैरवापरही होऊ लागला तेव्हा अरॅगॉनच्या राजानं त्यांच्या वापरावर बंदी घातली. इ.स.१५०८ मध्ये फ्रान्समध्येही अशीच बंदी घालण्यात आली. पण ती उठवावी लागली. यावरून या खोट्या दाढ्यांची लोकप्रियता किती होती हे लक्षात येतं.

■

# गोंदवणे

गोंदवण्याचं तंत्र खूप जुनं असलं तरी ते केव्हा सुरू झालं असावं हे नक्की सांगणं अवघड आहे. याचं कारण मानवी त्वचा फार काळ प्रेताच्या अंगावर टिकून राहत नाही. प्रेत पुरल्यानंतर काही काळातच मानवी त्वचा आणि मांस निघून जातं. अगदी क्वचित अपवादात्मक परिस्थितीत प्रेत जसंच्या तसं टिकून राहतं. काही वेळा अर्धवट त्वचा असते. काही वेळा मांसासकट संपूर्ण प्रेतही सापडू शकतं.

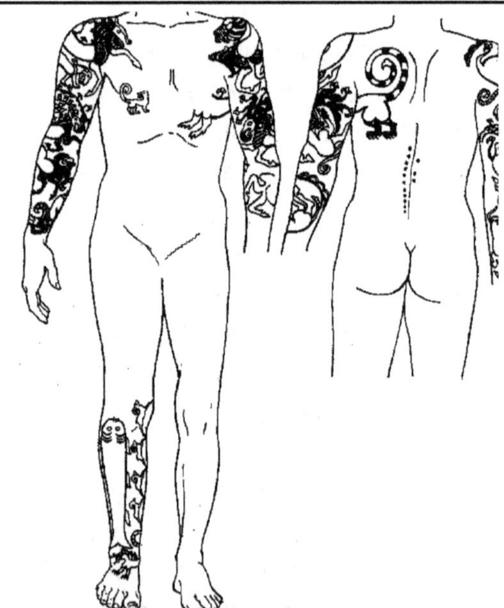

पाझिरिक येथील एका गोठलेल्या थडग्यात ख्रिस्तपूर्व ४०० वर्षांमागच्या म्हाताऱ्या जमातप्रमुखाचे प्रेत चांगल्या अवस्थेत सापडलं. त्याच्या अंगावर असे गोंदण होतं.

सप्टेंबर १९९१ मध्ये सिमिलॉन हिमनदीच्या वितळण्याच्या बर्फात 'द आइसमन' असं नाव दिलेलं एक पुरुषाचं प्रेत सापडलं. हा माणूस ५३०० वर्षांपूर्वी त्या भागात मरण पावला. त्याच्या अंगावर गोंदवलेलं होतं. आतापर्यंत सापडलेलं हे

सर्वांत जुनं गोंदण आहे. त्याच्या पाठीवर, उजव्या घोट्यावर आणि डाव्या गुडघ्यावर गोंदवण्यात आलेलं होतं. हे गोंदण फार गुंतागुंतीचं नव्हतं. त्यात नक्षीकाम नव्हतं. सरळ रेषा, फुल्या अशा स्वरूपात हे गोंदलेलं होतं. बहुधा हे छोट्या दगडी सुयांनी गोंदवण केलं असावं.

इजिप्त आणि सुदानमध्ये स्त्रियांच्या ममींच्या अंगावर आणि चेहऱ्यावर चार हजार वर्षांपूर्वी गोंदवलेलं आढळतं. या ममी राजाच्या जनानखान्यातल्या स्त्रियांच्या असाव्यात, असा पुरातत्त्वज्ञांचा अंदाज आहे. या गोंदवण्यामागं लैंगिक आकर्षण वाढविण्याचा हेतू गृहीत धरला जातो. याचं कारण यानंतरच्या काळात जेव्हा ममी करण्याचं तंत्र अधिक प्रगत झालं आणि ममींबरोबर त्यांच्या शवपेट्यांवर आणि भिंतीवर चित्रलिपीत मजकूर कोरला जाऊ लागला. तेव्हा राजनर्तकी आणि दरबारी संगीतकारांच्या अंगावरच फक्त त्यांच्या देवांची चिन्हे गोंदवलेली आढळतात. हेच देव गणिकांच्या आणि राजाच्या रखेल्यांच्या अंगावरही गोंदवलेले आढळले. या देवाचं नाव होतं बेस. त्याची प्रतिमा नेहमी गणिका आणि राजनर्तकींच्या मांड्यांवर कोरली जात असे. यासाठी निळा रंग वापरण्यात यायचा. लाकडी मुठीत तासून घासून टोकदार बनवलेल्या माशाच्या हाडांच्या सुया बसविलेल्या असत. त्या सुयांच्या साहाय्यानं त्वचेला छिद्रं पाडून त्यात हा रंग भरण्यात येत असे.

इ. स. १९४८ मध्ये प्राचीन गोंदणाचा एक अप्रतिम नमुना रशिया, चीन आणि मंगोलियाच्या सरहद्दीवरील पाझिरिक दफनभूमीत शास्त्रज्ञांच्या हाती आला. एका साठ वर्षांच्या वृद्धाच्या अंगावर हे गोंदण होतं. हा वृद्ध बहुधा त्या टोळीचा प्रमुख असावा. इ.स.पू. ४०० मध्ये त्याला एका लाकडी शवपेटीत फरसह कातड्यांच्या आवरणात ठेवण्यात आलं. मग ही पेटी पुरण्यात आली होती. त्यानंतर बहुधा चोरांनी ते शव ठेवलेल्या जागी उकराउकर करून तिथले दागिने, शस्त्रे व नजराणे चोरले. नंतर या कबरीत पाणी शिरून ते गोठलं. त्यामुळेच हे प्रेत इतकी वर्षे त्या शवपेटीत सुरक्षित राहिलं. या प्रेताच्या शिल्लक असलेल्या त्वचेवर एडका, गाढवं, हरणं, पक्षी, एक बोकड, एक मासा आणि एक भयानक राक्षस अशी चित्रं गोंदवलेली होती.

ग्रीसमधल्या प्राचीन लेखकांनी उत्तरेकडचे आणि पूर्वेकडचे रानटी लोकांचे सरदार अंगावर गोंदवून घेतात, असे लिहून ठेवले होते. पाझिरिक इथल्या पुराव्यांमुळं या लेखनाच्या सत्यतेची खात्री पटली. हिरोडोटसच्या लिखाणाचा काल पाझिरिकच्या अवशेषांच्या काळाशी मिळताजुळता आहे. तो लिहितो -'श्राशियातील समाजातल्या वरच वर्गातले लोक अंगावर गोंदवून घेतात. ज्यांना गोंदवून घेणे परवडत नाही, त्यांना समाजात फारसे स्थान नसते.' श्राशियातल्या लोकांना ही कला सिथियनांकडून प्राप्त झाली. हे सिथियन (किंवा स्कायथियन) टोळ्या टोळ्यांनी दूरदूर भटकत

असत. सिथिया हा रशियातील स्टेपेकाठचा भूप्रदेश. सिथियन गवताळ प्रदेशात राहत होते आणि उत्तम अश्वपाल होते. ते पूर्वेकडेही जात असत.

प्राचीन काळात गोंदवण्याची कला जगभर पसरलेली होती. तिचा उगम अतिपूर्वेकडे झाला असावा. जपानमध्ये गोंदवण्याला फार महत्त्व होते. ही कला जिप्सींनी भारतामार्गे युरोपात नेली असावी, असं मानण्यात येतं. हॅन साम्राज्यात गुन्हेगारांच्या कपाळावर 'हा गुन्हेगार आहे' असा मजकूर त्या व्यक्तीच्या गुन्ह्यासह नोंदविण्यात येत असे. मात्र हान साम्राज्याच्या काळानंतर (इ.स.पू. २०२ ते इ.स.२२०) हळूहळू गोंदवण्याला चीनमध्ये पुन्हा मानाचं स्थान मिळालं. इ.स.२९७ मध्ये चीनमध्ये गोंदवणं पुन्हा लोकप्रिय झालं होतं. जपानमधून ही कला पुन्हा चीनमध्ये आली.

अमेरिकेत भाजलेल्या मातीच्या ज्या मूर्ती सापडल्या आहेत; त्यावरून अनेक रेड इंडियन जमातीत गोंदवलं जात असावं; विशेषत: टोळीप्रमुख अंगावर गोंदवून घेत असावेत, असं दिसतं. रोमन लोक ब्रिटन जिंकायला आले तेव्हा ब्रिटिश बेटांमध्ये गोंदवण्याचा सर्वत्र प्रसार झालेला त्यांना आढळला होता. ज्युलियस सीझरच्या नोंदीतून हे स्पष्ट होतं. ब्रिटिश बेटांवरची सर्व माणसे एका वनस्पतीच्या रसाचा वापर करून अंगावर चित्रं काढत. 'या निळ्या रंगाच्या चित्रांमुळे लढाईमध्ये ही माणसं अधिक हिंस्र भासतात.' असं त्यानं नमूद केलंय. तिसऱ्या शतकातला रोमन इतिहासकार हेरोडियन 'ब्रिटनमध्ये पशुपक्ष्यांची चित्रं अंगावर गोंदवून घेणं, सध्या प्रचलित आहे.' असं लिहितो.

ब्रिटनवर विजय मिळवणाऱ्या रोमन सैनिकांनी इ.स.४३ नंतर स्वत:च्या अंगावर या पराभूत जमातीच्या लोकांकडून गोंदवून घ्यायला सुरुवात केली. ही चाल मग संपूर्ण रोमन साम्राज्यात पसरली. पहिला ख्रिश्चन सम्राट कॉन्स्टंटाईन यानं ख्रिश्चन धर्म स्वीकारेपर्यंत ती कला भरभराटीत होती. ख्रिश्चन लोक त्या काळात दंडावर आणि कपाळावर क्रूस गोंदवून घेत असत. पण कॉन्स्टंटाईनला ख्रिश्चन धर्माचं प्रेम आल्यावर त्यानं 'ही चाल रानटी आहे' असं ठरवून त्यावर बंदी घातली. माणूस ही देवाची प्रतिमा आहे. (गॉड मेड मॅन इन हिज ओन इमेज) या देवाच्या प्रतिमेला विद्रुप करण्याचा माणसाला अधिकार नाही, असा फतवा कॉन्स्टंटाईननं काढला. कॉन्स्टंटाईन (इ.स.३०६ ते ३७३) नंतरच्या काळातही ब्रिटनमध्ये ही प्रथा टिकून होती. परंतु इ.स.७८७ मध्ये कालकुथ इथं ब्रिटनमधल्या धर्मगुरूंच्या सभेत ही चाल धर्मविरोधी ठरविण्यात आली; तरीही ती पूर्णपणे नष्ट झालेली नव्हती.

इ.स.१०६६ मध्ये हेस्टिंग्जची लढाई विल्यम द कॉंकररनं जिंकली. त्यानं इंग्रज राजा हॅरॉल्डच्या सैन्याचा पराभव केला. या धुमश्चक्रीमध्ये मेलेल्या हॅरॉल्डचं

शव त्याच्या अंगावरच्या गोंदणामुळे शोधणं शक्य झालं होतं. त्याच्या छातीवर त्याची प्रेयसी 'एडिथ-द स्वाननेक' हिचं नाव कोरलेलं होतं. पण युरोपात मध्ययुगीन काळात गोंदवण्याची प्रथा जवळजवळ लुप्त झाली होती. अठराव्या शतकात युरोपच्या जहाजांनी पूर्वेकडे प्रवास सुरू केला. त्यानंतर या प्रथेचं पुनरुज्जीवन झालं आणि आता हे वेड तिथं पराकोटीस पोहोचलं आहे.

■

## २१

# दागिने

जेव्हा एखादी मौल्यवान वस्तू प्राप्त होणं अवघड असतं तेव्हा माणूस अशा मौल्यवान वस्तूची नक्कल वापरतो, हे त्रिकालाबाधित सत्य आहे. प्राचीन काळातसुद्धा नकली दागिने किंवा नकली रत्ने अस्तित्वात होती, आणि वापरलीही जात होती. त्यांचा सर्रास वापर वाढत चालल्याबद्दल सेनेका (इ.स.पू ५ ते इ.स.६५) या विद्वानानं खेद व्यक्त केला आहे. रोमच्या परिसरात अशा खोट्या रत्नांच्या निर्मितीचे कारखाने चालवले जातात. हे कारखानदार अज्ञ व्यक्तींना फसवून भरपूर फायदा मिळवतात, याचा सेनेकानं निषेध केला तरी राज्यकर्त्यांनी या कारखानदारांविरुद्ध कारवाई केल्याचं दिसत नाही. रोमजवळचे कारागीर पाचूंची तर अगदी हुबेहूब नक्कल करीत असत. त्यासाठी त्यांनी काचेवर विविध प्रयोग केलेले होते. इजिप्तमध्ये इ.स.पू. ३००० च्या सुमारास जे काचमणी तयार केले गेले, तेसुद्धा अशाप्रकारे नकली रत्ने तयार करण्याच्या प्रयत्नांमध्ये निर्माण झाले असावेत, असा अंदाज आहे. तांबड्या रंगाचे खडे तयार करण्याचा तो प्रयत्न बऱ्यापैकी यशस्वी झाला असावा कारण नैसर्गिक कार्नेलियन (तांबडी सिलिका) बरोबर एका मुकुटात

इ. स. पू. २०,००० एवढ्या पुरातन काळी हस्तिदंतापासून हे कडे बनवले होते. दक्षिण रशियात मेझिल येथे ते सापडले.

असे तांबडे काचेचे मणीही सापडले आहेत. इ.स.पू. १५०० नंतरच्या काळात इजिप्त-मधली लापिसलाझुलीची मागणी कमी झाली. याचं साधं सरळ कारण म्हणजे इजिप्ती काचकामगारांनी निळसर झाक असलेली लापिसलाझुलीसारखी

दिसणारी काच तयार करण्यात यश मिळवलं होतं. या काचेचे मणी या काळानंतर बऱ्याच दागिन्यांत लापिसलाझुलीची जागा घेताना दिसतात. ही काच भिंतीवरच्या, जमिनीवरच्या आणि छतांवरच्या मोझेक चित्रांतूनही वापरली जाऊ लागली. काही तज्ज्ञांच्या मते ही काच करण्याची कला इजिप्तमध्ये मायसेनियातून आली असावी. कारण ग्रीसमधील मायसेनियन साम्राज्यात ही काच राजमहालांच्या भिंतीत तसेच राजशाही दागिन्यात वापरलेली आढळते. होमरनं मायसेनियाचा राजा आगामेम्नॉन याच्या ढालीचं जे वर्णन केलंय, त्यात ढालीची शोभा वाढविण्यासाठी या काचचित्रांचा वापर केल्याचाही उल्लेख आहे.

प्राचीन इराकमध्ये बॉबिलोनी आणि असिरी लोक काचनिर्मिती तंत्रात खूपच प्रगत होते. निरनिराळ्या रंगाच्या काचांचे मणी बनवून त्यांचा ते आभूषण, सुशोभन अशा कामात उपयोग करीत असत. इ.स.पू. सातव्या शतकातल्या विटालेखांमध्ये काच कशी तयार करावी, कुठल्या रंगाची काच तयार करण्यासाठी कोणकोणते पदार्थ वापरावेत, तसेच कुठल्या गुणधर्माची काच कुठे वापरावी, याच्या सूचना सविस्तर लिहून ठेवलेल्या आहेतच पण पाचू, लापिसलाझुली आणि हिरव्या रंगाचे स्फटिक काचेपासून कसे बनवावेत, हेही या विटांवर लिहून ठेवण्यात आलं आहे.

त्या काळातले जवाहिरे केवळ कृत्रिम रत्नेच बनवीत होते असं नाही तर वेगवेगळ्या हलक्या धातूंवर सोन्याचा मुलामा कसा द्यावा, याचंही तंत्र त्यांना ठाऊक होतं. एखाद्या मौल्यवान धातूच्या रसामध्ये दुसऱ्या हलक्या धातूचा पत्रा बुडवणे, ही पद्धत अतिशय खर्चिक असते आणि त्यातून फारसं काही साध्य होत नाही. रोमन रसायनशास्त्रज्ञांनी ही पद्धत कधीच वापरली नाही. त्या काळातही सोनं आणि पारा यांचं परस्पर आकर्षण या आद्य किमयागारांना ठाऊक होतं. ही विद्या त्यांनी भारतातून हस्तगत केली, असंही म्हटलं जातं. किमया हा शब्द अरेबिकमध्ये 'अल् शमी' बनतो. तो युरोपात आल्केमी होतो. त्यापासूनच आजचा केमिस्ट्री म्हणजे रसायनशास्त्र हा शब्द आला आहे. लोखंडाचं सोनं करण्याच्या विद्येला प्राचीन भारतात किमया म्हणण्यात येत असे. सोनं आणि पारा यांचं मिश्रण करायचं, ते लोखंडाच्या वस्तूवर चोपडायचं किंवा हलक्या धातूच्या पत्र्यावर त्याचा रंग घ्यायचा. मग ते मंद विस्तवावर तापवायचं. या तापवण्यामुळे पाऱ्याची वाफ होऊन पारा त्या मिश्रणातून निघून जायचा आणि हलक्या धातूच्या वस्तूवर सोन्याचा मुलामा चढायचा. ही पद्धत त्या काळात रोमन साम्राज्यात सर्रास वापरली जात होती. दरम्यानच्या काळात भारतातून मात्र ही कला नाहीशी झाली.

सुमेरियन कलाकारांनी आणखी एक अद्भुत कला हस्तगत केली होती. याला

ग्रॅन्युलेशन असं म्हटलं जातं. सोन्याचे छोटे गोल कण इतर धातूंच्या गोलावर सॉल्डरिंग न करता बसविण्याची ही कला सुमारे ४५०० वर्षांपूर्वी अस्तित्वात आली. पुढे पुढे फक्त सोन्याचेच छोटे गोळे एकमेकांना चिकटवून त्यांचे दागिने बनविण्यात येऊ लागले. अशी एक सुमारे साडेचार हजार वर्षांपूर्वीची अंगठी 'उर'च्या प्रेतभरल्या कबरींमध्ये मिळाली आहे.

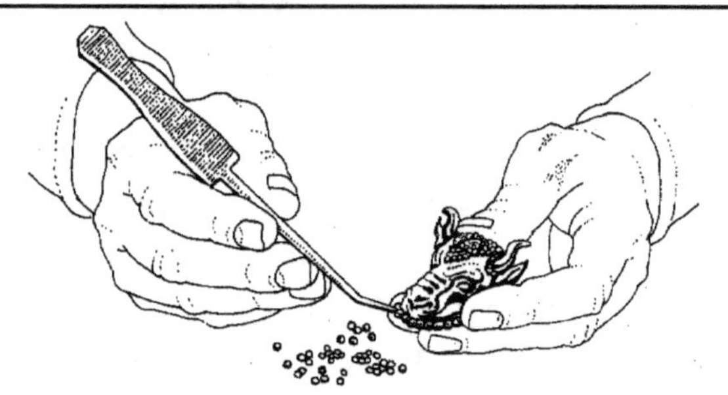

**सोन्याचे गोळे असे बसवले जात.**

सुमारे ४००० वर्षांपूर्वी ही कला इजिप्तमध्ये पोहोचली. तर त्यानंतर ५०० वर्षांनी म्हणजे इ.स.पू. १५०० च्या सुमारास ती मायसेनियात वापरली जाऊ लागली. फिनिशियनांनी (आजच्या लेबनॉनमधल्या भागातील लोक) भूमध्य सागराच्या परिसरात या कलेचा प्रसार केला. त्यांच्याकडून ही कला शिकलेल्या इटलीतील एट्रुस्कनांनी इ.स.पू. सातव्या शतकात या कलेत पराकोटीचं नैपुण्य संपादन केलं. सोन्याचे एक दोनशांश इंच व्यासाचे (सुमारे .२५ मि.मी) व्यासाचे छोटे मणी ते एकमेकांना किंवा इतर कुठल्याही धातूला चिकटवू शकत असत. पुढे मात्र ग्रीक आणि रोमन काळात ही कला हळूहळू लोप पावत गेली. पुढे पाश्चिमात्य जगात ही कला लोप पावली तरी पूर्वेकडे ती टिकून राहिली आणि आजही पारंपरिक पद्धतीनं काम करणारे सोनार ही कला वापरताना दिसून येतात. आपल्याकडे याला डागाचे दागिने म्हणतात.

पाश्चात्त्य देशात ही कला पुन्हा प्रचलित करण्याचे प्रयत्न झाले. ते सुरुवातीस अयशस्वी ठरले. सोन्याचे सूक्ष्म मणी करणं पाश्चात्त्यांना अलीकडच्या म्हणजे पहिल्या महायुद्धानंतरच्या काळातही जमेना. बऱ्याच धडपडीनंतर हे मणी बनविण्याची कला साध्य झाल्यावर त्यांना एकत्र सांधणं जमेना. आधुनिक सोल्डरिंगच्या पद्धतीत मण्यांचा आकार बदलू लागला, ते जागचे हलू लागले, काही वेळा ज्या पृष्ठभागावर ते चिकटवायचे त्या पृष्ठभागावर उष्णतेमुळे बुडबुडे तयार होऊ लागले. प्राचीन काळी वेगवेगळ्या पद्धतीनं हे मणी चिकटवले जात होते. सरसाच्या साहाय्यानं

बारीक चिमट्यांच्या मदतीनं ते चिकटवले जात. त्यातसुद्धा प्राण्यांच्या हाडाचा सरस न वापरता बंगालमध्ये वापरतात तसा माशांच्या हाडांचा सरस वापरला तर हे मणी अधिक चांगले चिकटतात, असं अभ्यासकांना दिसून आलं.

पारंपरिक पद्धतीमध्ये हे मणी सरसाच्या साहाय्यानं चिकटवताना, कॉपर हायड्रॉक्साईडही सरसात मिसळण्यात येत असे. मग हे चिकटवलेले दागिने मंद विस्तवावर भाजले जात. त्यामुळे सरस जळून त्याचं कार्बनमध्ये रूपांतर होतं; तर कॉपर हायड्रॉक्साइडचं शुद्ध तांबं बनतं. हे तांबं सोन्यात मिसळून जातं आणि जोड न दिसता मणी एकमेकांना चिकटतात. अनेक धडपडीनंतर इ.स.१९३३ मध्ये असा दागिना घडवणं आधुनिक धातुशास्त्रज्ञांना अखेरीस साध्य झालं.

पुरातत्त्वीय उत्खननांमध्ये हमखास सापडणारी गोष्ट म्हणजे रंगीबेरंगी खडे. ह्या खड्यांचे ओवून केलेले दागिने ही फार पुढची गोष्ट, पण त्या आधी हे खडे तारेनं बांधून माणूस दागिने करीत होता. सुमारे ३२ ते ३५ हजार वर्षांपूर्वींच्या अश्मयुगीन अवशेषांमध्येही अशा रंगीत गोट्यांपासून गळ्यात घालायचे सर, कमरपट्टे अशा विविध वस्तू सापडल्या आहेत. या आभूषणांची त्याला शिकार किंवा स्वसंरक्षण अशा प्राथमिक गरजा भागविण्यासाठी मुळीच आवश्यकता नव्हती. तेव्हा हे पट्टे त्यानं केवळ मिरविण्यासाठीच वापरले असणार ह्यात संशय नाही. काही मानव शास्त्रज्ञांच्या मते हे पट्टे म्हणण्यापेक्षाही त्या पट्ट्यातले रंगीत दगड हे आदिमानवानं दैवी उपाय म्हणून वापरले असण्याची शक्यता आहे. वीज, पाऊस, साप चावणे, पुरात वाहून जाणे ह्या संकटांवर उपाययोजना अशा हेतूनं ह्या साधनांचा वापर रूढ झाला असावा. काही असलं तरी दागिने हा मानवी संस्कृतीचा आविभाज्य घटक बनला तो फार प्राचीन काळापासून, हे निर्विवाद आहे.

उत्तर अश्मयुगामध्ये मानवी कौशल्याची कमाल दागिने घडविताना पाहण्यास

**ऑब्सिडियन खडे आणि खड्या गुंफून केलेला हा हार सात हजार वर्षांपूर्वींचा आहे. इराकमध्ये आपीचिया या ठिकाणी तो सापडला.**

मिळते. मध्यपूर्वेत ह्या काळात ऑब्सिडियनचे वेज म्हणजे मध्ये भोक पाडलेले मणी तयार केले जाऊ लागले होते. १९६०-६५ च्या दरम्यान जेम्स मेलार्ट ह्यांनी काटाल हुयुक ह्या तुर्कस्थानातील ठिकाणी उत्खनन केलं. त्यांना जे मणी सापडले ते पाहून मेलार्ट आश्चर्यचकित झाले. 'ह्या छोट्या मण्यांना इतकी सूक्ष्म छिद्रे त्या काळात पाडली गेली असतील ह्यावर विश्वास ठेवणं कठीण जातं. आजच्या छोट्या सुयाही त्यातून आरपार जाऊ शकत नाहीत इतकी ही छिद्रं सूक्ष्म आहेत.' असं निरीक्षण मेलार्ट यांनी नोंदवलं आहे. ह्या मण्यांत ऑब्सिडियन या ज्वालामुखीजन्य नैसर्गिक काचेपासून बनविलेल्या मण्यांचाही समावेश होता. हे मणी साधारणपणे आठ ते सहा हजार वर्षांपूर्वी तयार करण्यात आले होते. उत्तर इराकमधल्या अर्पाछिया ह्या ठिकाणच्या उत्खननामध्येही असाच ऑब्सिडियन मण्यांचा सात हजार वर्षांपूर्वीचा हार मिळाला आहे.

 हा हार ज्या काळात तयार होत होता, त्याच काळात धातुशास्त्राची - मेटॅलर्जीची पहिली पावले टाकली जात होती. अगदी सुरुवातीस नैसर्गिक तांबं माणसानं वापरायला सुरुवात केली. तांब्याच्या खनिजाचे स्फटिक ठोकून त्याचे मणी बनवण्यात यश मिळाल्यानंतर, त्याचे गळ आणि सुया बनविण्यात येऊ लागल्या. मण्यांसाठी ठाकठोक करताना तांब्याचा पत्रा आणि तार बनवता येते, हे माणसाच्या लक्षात आलं. ह्यानंतर कधी तरी ह्या खनिजापासून आगीच्या साहाय्यानं शुद्ध तांबं मिळवता येतं, हे माणसाच्या लक्षात आलं. त्या काळातील माणसांचे धातुशास्त्रातील प्रयोग आणि त्यामुळं होणारी प्रगती ही अतिशय छोट्या प्रमाणात, तसंच लहान लहान टप्प्यात होत गेली असावी, असा अंदाज बरेच अभ्यासक करीत असत. १९७० नंतरच्या काही वर्षांमध्ये काळ्या समुद्राच्या किनारी बल्गेरियातील व्हार्ना ह्या गावाजवळ एक उत्खनन झालं. त्या उत्खननामध्ये कुशल कारागिरांनी बनविलेले सोन्याचे दागिने फार मोठ्या प्रमाणावर सापडले. हे दागिने इ.स.पू. साडेपाच हजार वर्षांपूर्वीच्या काळात घडवलेले होते. हे सोनं स्थानिक नद्यांच्या वाळूस चाळणी मारून मिळविण्यात आलेलं होतं. ते वितळवून त्याचे पत्रे बनविण्यात आले होते. त्या ठोकीव पत्र्यांपासून चेहरा झाकणारे आवरण आणि लढाईत गुप्तांगास संरक्षण मिळावं म्हणून आजकाल क्रिकेट खेळाडू वापरतात तसं आवरण तयार करण्यात आलेलं होतं. ह्याशिवाय ह्या सोन्याचे इतरही दागिने तयार करण्यात आले होते. इथल्या चार कबरींतच २२०० सोन्याच्या वस्तू मिळाल्या. इतर कबरींतून ह्या मानानं कमी वस्तू मिळाल्या तरी एकूण वस्तूंची संख्या काही हजारांमध्ये मोजावी लागते. ह्या चार कबरी बहुदा टोळीप्रमुखांच्या असाव्यात. ह्यातील एकाच पुरुषाच्या गळ्यात तीन सर, दोन्ही दंडांवर तीन तीन बाजूबंद, कानात दोन भिकबाळ्या, केसात अडकवायच्या सहा बांगड्या आणि कपड्यांवर

शिवलेल्या अनेक चकत्या असे सोन्याचे भक्कम दागिने होते.

आजपर्यंत सापडलेल्या दागिन्यांपैकी सर्वांत गाजलेले दागिने 'उर' ह्या सुमेरियन शहर राज्यातील उत्खननात मिळाले. दक्षिण इराकमध्ये वसलेल्या ह्या शहराचा शोध सर लिओनार्ड वुली ह्यांनी विसाव्या शतकाच्या दुसऱ्या दशकात लावला. हे शहर इ. स. पू. अडीच हजारच्या सुमारास भरभराटीस आलं होतं. त्या काळात इथल्या राज्यकर्त्यांच्या कबरीत त्या शास्त्रांच्या मृतदेहांबरोबरच अमाप संपत्ती पुरण्यात आली होती. त्या कबरस्तानांना इंग्रजीमध्ये 'अमेझिंग डेथ पिट्स' असं म्हणतात. ह्याचं कारण ह्या राजांबरोबरच त्यांचे सेवकही इथं पुरण्यात आले होते. एका कबरीत मुख्य शवाबरोबर अशा ७४ सेवकांची शवं सापडली. राजांचे निष्ठावान सेवक विषप्राशन करून त्याच्या शवासमवेत स्वतःला पुरून घेत असत. ह्यातले बरेच सेवक आजचे अरब डोक्याला बांधतात त्याप्रमाणे कापडाचे पट्टे डोक्याला बांधत असत. हे कापड व्यवस्थित जागच्या जागी राहावे म्हणून कपाळावर येतील असे तीन सोन्याचे मणी बसवून त्यातून ओवलेली सोन्याची तार डोक्याच्या मागच्या बाजूस नेऊन तिथं तिची गाठ मारण्यात येत असे. ही तार विणून तिची माळ बनवलेलीही आढळते.

राजाबरोबर पुरलेल्या स्त्रियांचे दागिने कौशल्यपूर्ण होते. त्यांच्या जडणघडणीत कलात्मकता दिसून येते. सुवर्णाच्या फुलांचे बुरखे, पानाफुलांचे नक्षीकाम असलेले सोन्याचे दागिने, गळ्यातल्या सरांमध्ये केलेले नक्षीकाम, कपड्यांवर टोच्यासारखे वापरले जाणारे दागिने ह्या सर्वांवर व्यवस्थित कोरीव काम दिसून येते.

राणी पु-आबीच्या कबरीत सर्वाधिक दागिने मिळाले. तिच्या सर्वांगावर सोन्याचे दागिने होते. नखशिखांत मढवणे म्हणजे काय, त्याचं उत्तम उदाहरण म्हणजे राणी पु-आबीचा मृतदेह असं म्हणता येतं. तिच्या डोक्यावर सुवर्णमुकुट होता. काना-नाकात सोन्याचे दागिने होते. तिच्या अंगरख्यात सोनं, चांदी, लापीसलाझुली (एक प्रकारचं रत्न), कार्नेलियन, अगेट आणि चाल्सीडोनी ही अर्धमूल्यवान सिलिका रत्ने विणलेली होती. सर्वच रत्ने उत्तम प्रकारे झळाळी दिलेली होती. ती सोन्याच्या तारेत ओवलेली होती. हे दागिने तयार करताना साच्यातलं ओतीव काम, बिजागरी सांधे, सोल्डरिंग आणि पत्रे ठोकून एकात एक बसवणे असे सर्वच प्रकार वापरण्यात आले होते. अगदी आजसुद्धा खेड्यापाड्यातून दागिने घडवणारे कारागीर हेच तंत्रज्ञान वापरतात. वुलींच्या ह्या संशोधनानं प्राचीन कलाकुसरीवर प्रकाशझोतच टाकला असं म्हणावं लागतं. आजचे सोनार जे करू शकतात त्या सर्वच गोष्टी जवळ जवळ साडेचार हजार वर्षांपूर्वीचे सोनारही करू शकत होते. यातच त्यांचं कौशल्य स्पष्ट होतं.

अगदी प्राचीन काळापासून सोनं हे श्रीमंतीचं प्रदर्शन करायचं साधन आणि प्रतिष्ठेचा मानदंड ठरलेलं आहे. आजही परिस्थिती फार वेगळी आहे, असं नाही. पर्शियन साम्राज्यात इ.स.पू. सहावं ते चौथं शतक अशीच सुवर्ण आभूषणे वापरण्यात येत असत. प्लुटार्क ह्या प्राचीन ग्रीक इतिहासकारानं दुसऱ्या अर्ताझेर्सेसच्या दरबाराचं वर्णन केलं आहे. ह्या राजाच्या अंगावर एका वेळी १२ हजार टॅलंट किमतीचं सोने असे. इ.स.पू. ४०५ ते ३५९ ह्या काळात ह्या सम्राटानं प्रचंड खजिना जमवला होता. (१२ हजार टॅलंट म्हणजे आजच्या हिशोबानं ६० लाख डॉलर किंवा ३० कोटी रुपये.)

प्राचीन काळात केवळ सोन्यालाच आर्थिक आणि आभूषणांच्या दृष्टीनं महत्त्व होतं असं नाही. इतर खनिजं आणि रत्नांनाही काही समाजात सोन्याइतकंच महत्त्व होतं. जेड ह्या रत्नाला चिनी संस्कृतीत, तसंच ऑझ्टेक इंडियनांत खूप मान होता. किंबहुना ह्या दोन संस्कृतींमध्ये जेड सोन्यापेक्षाही मौल्यवान मानलं जात होतं. इ.स.पू. ३००० च्या आसपास जेडमधून कोरून काढलेल्या अनेक मूर्ती १९८० च्या आसपास चीनमध्ये उजेडात आल्या. ईशान्य चीनमध्ये लिआओनिंग प्रांतात  एका उत्खननात ह्या वस्तू सापडल्या. कासवं, विविध पक्षी आणि मोठमोठ्या डोळ्यांचे राक्षस ह्यांची ही शिल्पे होती. ह्या कलाकृती इतक्या सुबक होत्या की जेडची मूर्तीकला त्या आधी बराच काळ अस्तित्वात असावी असं मानायला वाव आहे.

रत्न आणि खड्यांच्या किमतीमुळे त्यांचा व्यापार फार प्राचीन काळापासून भरभराटीस आलेला आहे. ह्या व्यापाऱ्यांचे मार्ग तसे खडतर होते. त्या मार्गावरून त्या काळात हे व्यापारी हजारो किलोमीटरचा प्रवास करीत होते. लिआओनिंगच्या परिसरात जेड सापडत नाहीत. ह्या प्रांताच्या सर्वांत जवळची जेडची खाण किमान १६०० कि.मी. तरी दूर पश्चिमेस आहे. केवळ जेडचाच व्यापार त्या काळात भरभराटीस होता, असंही नाही तर लापिसलाझुली ह्या निळसर झाक असलेल्या रत्नालाही प्राचीन काळी जेडइतकीच मागणी होती. अफगाणिस्तान आणि बलुचिस्तानच्या सीमेवर लापिसलाझुली फार मोठ्या प्रमाणात सापडते. मुडिगाक हे अफगाणिस्तान-मधलं गाव लापिसलाझुलीच्या साठ्यांमुळं जगप्रसिद्ध आहे.

मुडिगाकाच्या लापिसलाझुलीचे मणी इ.स.पू. ४००० च्या सुमारास तयार करण्यात येऊ लागले, असे पुरावे आहेत. इथून ते मध्य पूर्वेत जात असत. मध्य पूर्वेतल्या आभूषणांमधून ह्या मण्यांचा फार मोठ्या प्रमाणावर वापर होत होता. मुरच्या 'मृत्यू खड्या'मध्ये लापिसलाझुली फार मोठ्या प्रमाणावर वापरण्यात आल्याचे  दिसून येते. सरळ रेषेत हे अंतर २४०० कि.मी. भरते. त्या काळातले रस्ते पाहता आणि तो भूप्रदेश लक्षात घेता ह्या लापिसलाझुलीनं मूडगाकडून किमान

४५०० कि.मी. चा प्रवास केल्याशिवाय हे रत्न उरपर्यंत पोहोचणं शक्य नव्हतं. इ.स.पू. ३००० च्या सुमारास हे अफगाणिस्तानातलं रत्न आणखी दूर म्हणजे इजिप्तमध्ये फाराहोंच्या दरबारी पोहोचलं होतं.

दागिने । ■

# शिवणकाम

माणूस पृथ्वीवर दक्षिणध्रुव सोडून सर्व भूभागांवर पसरला. विषुववृत्तीय पर्जन्यारण्यात राहणाऱ्या माणसापासून ध्रुवीय प्रदेशात राहणाऱ्या माणसांपर्यंत माणसांनी त्या त्या हवामानास योग्य असे वस्त्रांचे प्रकार निर्माण केले. सुमारे वीस हजार वर्षांपूर्वीपासून माणूस प्राण्यांची कातडी थंडीचं निवारण करण्यासाठी वापरत होता असे पुरावे उपलब्ध आहेत. सुमारे बावीस हजार वर्षांपूर्वी माणूस नेढं असलेल्या सुया वापरत असे. त्या हाडांच्या बारीक छिलक्यांपासून बनवलेल्या होत्या. अश्मयुगीन मानव मारलेल्या प्राण्यांच्या कातडीपासून या हाडांनी त्या कातड्यांचे तुकडे शिवून जोडत होता. त्यासाठी दोरासुद्धा अर्थातच त्या प्राण्यांच्या स्नायूचा असे.

या सुया आणि हे दोरे कपडे शिवण्यासाठीच वापरले जात याचेही पुरावे

चीनमधील ख्रिस्तपूर्व ४८० ते २२१ या काळातील काशाच्या भांड्यावरील या आकृती चिनी स्त्रिया रेशीम किड्यांना खाऊ घालण्यासाठी तुतीची पाने वेचताना दिसताहेत.

मिळालेले आहेत. इ.स.१९६४ मध्ये रशियातील सुधीर येथे एका पुरातत्त्वीय उत्खननामध्ये हे पुरावे मिळाले. इथे तीन पुरुष पुरलेले होते. या पुरुषांच्या डोक्यावर फर आणि अंगावर कातडी शिवून तयार केलेल्या टोप्या, अंगरखे आणि विजारी होत्या; तर पायात चपलाही होत्या. त्या चपलाची वादी पायाभोवती गुंडाळून वापरण्यात येत असल्या तरी चामड्याचे दोन-तीन तुकडे एकावर एक शिवून त्या चपलांचा तळ बनविण्यात आलेला होता. साधारणपणे याच काळातील पण सैबेरियात सापडलेल्या अवशेषांमध्ये एक हस्तिदंती मूर्ती सापडली. त्या मूर्तीचा वेश आणि आजकालच्या एस्किमोंचा पारंपरिक वेष यांमध्येही कमालीचं साम्य दिसून येतं.

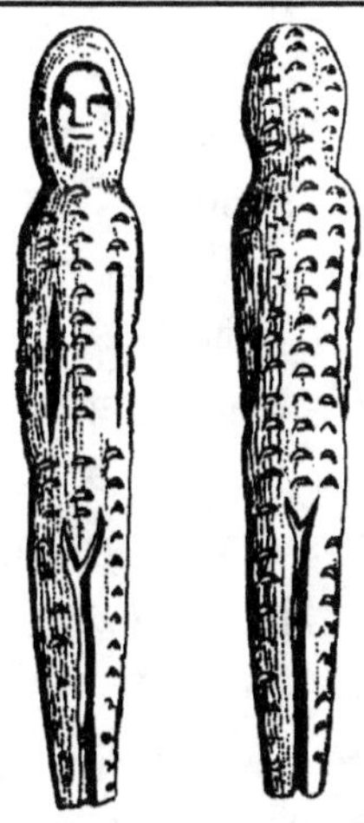

२० हजार वर्षांपूर्वीच्या अजस्र हत्तींच्या सुळ्यांवर कोरलेल्या केसाळ वस्त्र पांघरलेल्या व्यक्तीच्या ४.८ इंच उंचीच्या प्रतिमा सैबेरियातील बुरेत येथे सापडल्या.

उत्तर अश्मयुगीन काळातील गुहांमधल्या भित्तिचित्रातूनही माणूस शिवलेली वस्त्रे वापरत होता हे स्पष्ट होतं. तुर्कस्थानातील काटाल हुयुक इथल्या गुहांतली भित्तिचित्रं नऊ हजार वर्षांपूर्वीची आहेत. या चित्रात चित्त्याच्या कातड्याचा अंगरखा आणि टोपी घातलेले शिकारी दिसतात. याच गुहांमध्ये तागाचे तुकडेही मिळाले. हे तुकडे मुलीच्या अंगावरील वस्त्राचे असावेत असं मानण्यात येतं. ज्युडिया (इस्रायल) च्या वाळवंटातही साधारणपणे याच काळातली कापसापासून निर्माण केलेल्या कापडाचे तुकडे नाहालमेहेर इथं सापडले. इथल्या अतिशय शुष्क हवामानामुळे हे कापड न कुजता, न खराब होता टिकून राहिलं होतं. यामुळे अशा प्रकारचं कापड इ.स.पू. ७०००च्या आसपास वापरात आलं असावं असा अंदाज करता येतो.

पाकिस्तानातील मेहेरगढ येथे इ.स.पू. ५००० मध्ये कापूस उत्पादन होत असल्याचे ठोस पुरावे मिळाले आहेत. सिंधू संस्कृतीनं कापड विणण्याची देणगी जगाला दिली असंही मानलं जातं.

अमेरिकेत कापूस वापरला जात होता. इ.स.पू. ३५०० मध्ये पेरूमधील जमाती कापसापासून तयार केलेले कपडे वापरत असत. दक्षिण इराकमधील उर या सुमेरियन शहर राज्यात इ.स.पू. २००० मध्ये विणकरांना खूप मान मिळत होता. त्या काळात ३ × ४ मीटर एवढं कापड तयार करायला तीन स्त्रियांना आठ दिवस लागत असत असं सुमेर संस्कृतीचे अभ्यासक सॉम्युएल क्रॅमर यांचं म्हणणं आहे. त्याकाळात अगदी प्राथमिक स्वरूपात हातमाग अस्तित्वात आला होता. भारतात चरख्याच्या साहाय्यानं सूत तयार करण्यात येत होतं, पण सुमेरमध्ये मात्र सूत काढण्यापासून कापड तयार करण्यापर्यंत सर्व प्रक्रिया हातानं करण्यात येत असे. पण हे कापड इतकं अप्रतिम असे की त्याला खूप मागणीही होती. इजिप्तमधल्या मेंफीस इथल्या उत्खननात मिळालेल्या कापडाची सूक्ष्मदर्शींच्या साहाय्यानं तपासणी करण्यात आली तेव्हा या कापडात प्रत्येक चौरस इंचात (६.२५ चौ.से.मी.) ५४० उभे आणि ११० आडवे धागे गुंफले गेले असल्याचं स्पष्ट झालं. प्राचीन पेरूतील कापडात तर याहून अधिक धागे असत. ते कापड आजच्या पॅराशूटसाठी वापरण्यात येणाऱ्या कापडापेक्षा घट्ट विणीचे असे.

प्राचीन काळी वस्त्रांसाठी रेशमाला फार मोठी मागणी होती. किंबहुना व्यापारात रेशमी वस्त्राला फार मोठे स्थान होते. रेशीम ही चीननं जगाला दिलेली देणगी आहे याबद्दल दुमत नाही. किंबहुना पुरातत्त्व शास्त्रात ज्या काही वादातीत गोष्टी आहेत त्यात रेशमाचा उगम चीनमध्ये झाला ही गोष्ट आहे. तुतीच्या झाडावर वाढणारे रेशीम किडे स्वत:भोवती जो कोश तयार करतात त्याचा एकच अखंड धागा असतो. ही गोष्ट सुमारे पाच हजार वर्षांपूर्वी किंवा त्याही आधीच चिनी लोकांच्या लक्षात आली. चीनमधील दक्षिण शान्सी प्रांतातील झी-ईन-झुन या ठिकाणी इ.स.पू. ३००० च्या आसपास रेशीमकिडे पाळले जात असे पुरावे उपलब्ध आहेत.

शांग साम्राज्यात (इ.स.पू. १५०० ते १०००) रेशमी वस्त्रे विणण्याची कला उत्कर्षास पोहोचली होती, असं मानण्यात येतं. एवढंच नव्हे तर त्या काळात चिनी रेशमी उद्योगामुळे सम्राटांना भरपूर उत्पन्नही प्राप्त होत असे. मलबेरी (तुती)ची लागवड करून त्या झाडांची पानं खुडून ती बांबूच्या कामट्यांच्या टोपल्यात ठेवलेल्या रेशमी किड्यांना भरवण्यात येत असत. हे काम स्त्रियांवर सोपविण्यात येत असे. अळीनं कोश पूर्ण केला की उकळत्या पाण्यात ते कोश बुडवून त्यावर मीठ टाकण्यात यायचं. मग हे कोश उन्हात वाळवून लाकडी चौकटींवर त्याचा धागा उलगडून गुंडाळला जायचा. त्यानंतर त्यांची वस्त्रं विणण्यात यायची. गेली

सुमारे चार हजार वर्षे रेशमाचं उत्पादन याच पद्धतीनं करण्यात येत आहे, हे विशेष. इ.स.पू. पाचव्या शतकातील रेशमी वस्त्रं टिकून राहिली, हेही या वस्त्राचं वैशिष्ट्य मानायला हवं.

इ.स.पू. दहाव्या शतकापासून चीनमधून रेशमी वस्त्रं निर्यात होऊ लागली होती. त्या काळात ही वस्त्रं इजिप्तपर्यंत पोहोचली. इ.स.५५२ पर्यंत रेशमाचं उत्पादन फक्त चीनमध्ये होत असे. किंबहुना रेशीम उत्पादन कसं होतं, याची तोपर्यंत चीन-बाहेर कुणालाच कल्पना नव्हती. रेशीम उत्पादनाबद्दलची माहिती परकीय माणसाला देणारी चिनी व्यक्ती आणि ती परकीय व्यक्ती या दोघांचीही मुंडकी मारली जात असत. रेशीम चीनच्या बाहेर गेलं ही घटना आद्य औद्योगिक हेरगिरीची घटना मानण्यात येते. याबद्दल एक आख्यायिका अशी की एक भारतीय बुद्ध भिख्खू चीनमध्ये गेला. तिथल्या राजकन्येचं त्याच्यावर प्रेम बसलं. त्या दोघांनी भारतात पळून येताना रेशीम किडे आणि त्यांचे कोश तसेच तुतीच्या झाडांच्या बिया भारतात आणल्या. यानंतर मग हे गुपीत जगभर पसरलं.

दुसऱ्या हकिकतीनुसार काही अरबांनी बांबूच्या पोकळ देठात हे कोश भरले आणि बायझंटाइन साम्राज्यात जस्टिनियनच्या काळात इस्तंबूल (तेव्हा कॉन्स्टँटिनोपल) ला नेले. तिथं ही कला पसरली. पुढं मुस्लिम काळात ही वाढीस लागली. त्या काळातली ही वस्त्रे मध्यपूर्वेतील काही चर्चमधून अजूनही पाहावयास मिळतात.

रेशीम हे अर्थातच कायमचं श्रीमंतांचं वस्त्र होतं. पूर्वीच्या काळी कापसाची तलम वस्त्रेसुद्धा गरिबांना परवडत नव्हती. अगदी रेशमाच्या जन्मभूमीतही गरीब चिनी जनता तागाची किंवा इतर धाग्यांची वस्त्रे वापरीत असे. इ.स.पू. ३००० पासून तागाचा धागा वापरला जाऊ लागला होता. तागाच्या धाग्यांपासून वस्त्रे विणण्याची यंत्रेही चिनी अभियंत्यांनी मध्ययुगीन कालखंडात बनवली. त्यापूर्वी मात्र ती हातानेच विणली जात असत.

अमेरिकेत मात्र रेड इंडियन जमाती एक वेगळाच धागा वस्त्रनिर्मितीसाठी वापरत असत. त्याशिवाय दक्षिण आणि मध्य अमेरिकेच्या विषुववृत्तीय अरण्यसंपदेकडूनही त्यांना वस्त्रांसाठी नानाविध प्रकारचे पदार्थ मिळत होते. मध्य अमेरिकेतील रेड इंडियन रबराच्या चिकापासून, गवताच्या किंवा लव्हाळ्याच्या साहाय्यानं तयार केलेली वस्त्रं वापरत होते. साधारणपणे इ.स.एक हजार नंतर अशी वस्त्रं वापरात आली. घायपातीपासून वाख काढून त्या धाग्याची वस्त्रे बनविण्याची कला रेड इंडियनांना अवगत होती. पोर्तुगीज खलाशांनी घायपात आणि वाखनिर्मिती अमेरिकेतून आणून जगभर पसरवली.

चीनमध्ये तुतीच्या खोडापासून कागद बनविण्यात येत असे. याच झाडापासून वस्त्रनिर्मितीसाठी जाड कागदही बनविण्यात यायचा. इ.स.पू. सहाव्या शतकामध्ये

पाण्याच्या शक्तीवर चालणारे सूत कातण्याचे प्राचीन चिनी यंत्र.

कन्फ्युशियसचा सत्शिष्य युआनझिएन हा मलबेरी कागदाची टोपी वापरत असे. पश्चिम चीनमध्ये तुर्फान जवळ केलेल्या उत्खननात इ.स.४१८ मध्ये बनविलेले कागदी जोडे, कागदी कमरबंद आणि टोप्या असे साहित्य मिळाले होते. हे कागदी कपडे हिवाळ्यात वापरले जात असावेत; कारण ते वापरलेल्या अलीकडच्या शास्त्रज्ञांना ते कपडे उन्हाळ्यात वापरले तर खूप उकडतं असा अनुभव आला. हा कागद इतका बळकट असे की त्याचा वापर चिनी लोक चिलखतामध्येही करीत असत.

चीनमध्ये इसवी सनाच्या तिसऱ्या शतकात ॲस्बेस्टॉसचे कपडे तयार करण्यात आले होते. सामान्य माणसांनी अर्थातच ते कधीच वापरले नव्हते. गावच्या जत्रेत आगीत चालण्यासाठी जादूगार मंडळी या कपड्यांचा वापर करीत पुढं. कालौघात त्यांची निर्मिती थांबली.

# फॅशन

वस्त्रनिर्मिती सुरू झाल्यानंतर काही दिवसांमध्येच फॅशनची सुरुवात झाली असावी, असा पुरातत्त्वज्ञांचा अंदाज आहे. इतरांपेक्षा वेगळं दिसणं, चांगलं दिसणं हाच हेतू या मागे असणार, हे उघड आहे. कपडे तयार करणाऱ्या व्यक्तीलाही तिची कला दाखवावीशी वाटली असेल. मग असे कपडे हवेत असं सर्वांनाच वाटलं असेल, असा हेतूही फॅशनमागं संभवतो. कसंही असलं तरी फॅशन ही मानवी समाजात फार प्राचीन काळापासून रूढ होती, असं म्हणावं लागतं. इजिप्तमध्ये फाराहोंची वस्त्रं पाहून सामान्य नागरिक त्यांचं अनुकरण करीत असत, असं दिसतं.

फॅशनला खरी प्रतिष्ठा प्राचीन ग्रीक आणि रोमन संस्कृतीमध्ये प्राप्त झाली, असं म्हणावं लागतं. इ.स.पू. १०० ते इसवी सन १०० हा काळ ग्रीको रोमन फॅशनचा सुवर्णकाळ मानण्यात येतो. रात्रीच्या जेवणासाठी त्या काळात पुरुष

निटिंग मॅडोना या चित्रात ख्रिस्तकाळातील म्हणजे २००० वर्षांपूर्वीच्या फॅशन्स दिसताहेत.

अतिशय काळजीपूर्वक कपडे निवडत असत. मार्टियाल या कवीनं अशा पुरुषांना 'मोर' अशी उपमा दिली असून केवळ उकडतंय आणि घाम आलाय, या कारणासाठी

रात्रीच्या भोजनाच्या वेळी अकरा वेळा वेष बदलणाऱ्या अशा एका मोराचं त्यानं सविस्तर वर्णन त्याच्या तिरकस शैलीत केलं आहे.

ज्याला आज आपण 'पँट' म्हणतो किंवा मराठीत पर्शियनमधून आलेला शब्द वापरायचा तर तुमान किंवा विजार म्हणतो तसं वस्त्र पहिल्यांदा पर्शिया (आताचा इराण) आणि उत्तर युरोपातील सेल्ट आणि जर्मन टोळ्यांमध्ये फार पूर्वीपासून वापरात होतं. ग्रीक आणि रोमन लोक मात्र या वस्त्राला रानटी समजत असत. खरं तर पायथागोरस लेंग्यासारख्या पायघोळ पँटी वापरत होता; पण तो तसाही विक्षिप्त म्हणूनच प्रसिद्ध होता. इ.स.३९७ मध्ये रोमन सम्राट होरॅशियसनं रोमच्या पवित्र हद्दीत दोन बाह्यांचं वस्त्रं कमरेखाली नेसण्यास बंदी केली होती. इंग्रजी भाषेनं सतराव्या शतकात 'पजामा' हा शब्द घरात आणि झोपण्याच्या वेळी घालण्याच्या पायजम्यासाठी स्वीकारला.

फॅशन जगतात सर्वांत गाजलेली वस्तू म्हणजे बिकिनी. इ.स.१९४७ मध्ये 'बिकिनी' जेव्हा प्रथम फ्रेंच किनाऱ्यावर दिसू लागली तेव्हा सगळं जग दिङ्‌मूढ

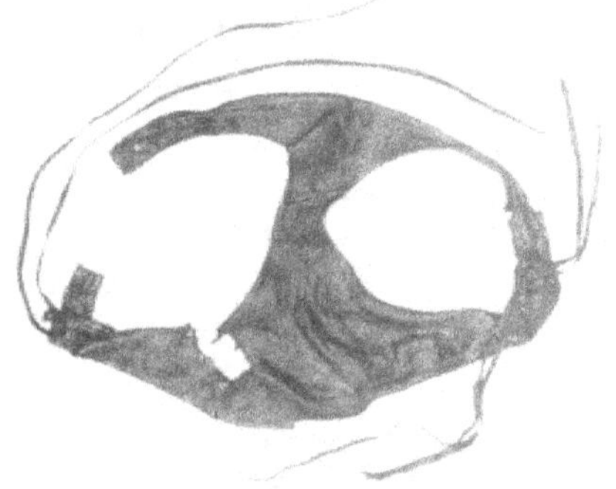

**ख्रिस्तोत्तर पहिल्या-दुसऱ्या शतकातली चामड्याची रोमन बिकिनी.**

झालं होतं, पण ही फॅशन दोन हजार वर्षांपूर्वीच खरं तर अस्तित्वात आली होती. या बिकिनीच्या प्राचीनत्वाचा पुरावा लंडनमधल्या एका विहिरीत मिळाला. ही विहीर इसवीसनाच्या पहिल्या शतकात बांधून काढण्यात आली होती. या विहिरीच्या तळाशी साठलेल्या प्राचीन गाळामध्ये कमावलेल्या चामड्याची ही बिकिनी आढळली. ती वादीच्या साहाय्यानं नितंबांवर बसविण्यात येत असे. सिसिलीमधील चौथ्या शतकातील एका वाड्यातल्या मोझेकमध्ये अशीच बिकिनी वापरणाऱ्या एका चपळ तरुणीचं चित्र सापडलं आहे.

हाडांच्या सुया सुमारे बावीस ते पंचवीस हजार वर्षांपूर्वी वापरात होत्या हे आपण बघितलं आहेच. त्या काळात हिमयुग चालू असल्यामुळे उबेसाठी उपाययोजना

म्हणून फरचे कातडी कपडे निर्माण करण्याची गरज भासली असावी. ते कपडे अंगावर ठेवून अन्न शोधणे या गरजेतून शिवणकाम पुढं आलं असावं. त्यासाठी टोकदार हाडं वापरली गेली हे साहजिकच होतं. पुढं हाडांच्या जागी धातूच्या सुया वापरण्यात येऊ लागल्या. यासाठी अगदी सुरुवातीस लोखंडाचा वापर केला गेला. अशी आद्य सुई जर्मनीमधील मांचिंग इथल्या उत्खननामध्ये सापडली. ही सुई इ.स.पू. तिसऱ्या शतकातील आहे.

धातूच्या सुया या हाडांच्या सुयांपेक्षा खूपच अणकुचीदार असतात. त्या बोटात घुसून रक्तही काढतात हे लक्षात आल्यावर आपल्या पूर्वजांनी अंगुस्तान वापरायला सुरुवात केली. आजच्या आयत्या कपड्यांच्या जमान्यात अंगुस्तान ही काय चीज आहे याची नव्या पिढीला कल्पना नसेल पण अगदी काल परवापर्यंत आम्ही आमच्या कपड्यांची तुटलेली बटणे - यांना गुंड्या म्हणत - लावत होतो तोपर्यंत घराघरातून अंगुस्तान पाहावयास मिळे. पितळी अंगुस्तान एखाद्या घराण्याची तीन-चार पिढ्या सेवा करीत असत. अंगठ्याला सुई टोचू नये म्हणून हे पितळी (पुढं प्लास्टिकचं) आवरण अंगठ्यावर टोपीसारखं बसविण्यात येत असे.

हान साम्राज्यातील (इ.स.पू. २०२ ते इ.स.२२०) एका अधिकाऱ्याच्या कबरीमध्ये शिवणकामाच्या साधनांचा एक संपूर्ण संच सापडला. यामध्ये आत्तापर्यंत सापडलेल्या सर्वांत प्राचीन अंगुस्तानाचाही समावेश आहे. त्यावरील नक्षीकाम पाहता याआधीपासूनच अशी अंगुस्तानं वापरात असावीत असा अंदाज बांधता येतो. ग्रीस आणि रोममध्ये अंगुस्तानं वापरली गेली असली तरी त्याचे पुरावे उपलब्ध नाहीत. मात्र बायझंटाईन साम्राज्याच्या काळात म्हणजे इ.स.१००० च्या आसपास सर्व आशिया आणि युरोपमध्ये अंगुस्तानं वापरात होती.

इराणमधल्या गालिच्यांमुळे आणि इस्लामी कशिदाकारीमुळे अंगुस्तानांना या सुमारास फार महत्त्व प्राप्त झालं. जरीकामासाठी चांदी आणि सोन्याच्या तारा वापरताना बोटं सोलून निघू नयेत म्हणून अंगुस्तान वापरली जात असत. एकीकडे शिवणकामासाठी नवनवी अवजारं तयार होत असतानाच विणकामाची ही प्रगती होत होती. दोऱ्यांच्या गाठी करून त्यातून दोऱ्याचं मोकळं टोक खेचून त्याची वीण बनविण्याची मूळ कल्पना इजिप्तमध्ये जन्माला आली. पुढे यासाठी पुढच्या बाजू आकडी असलेल्या सुया वापरात आल्या. याला नालबाईंडिंग असं म्हटलं जातं. आजच्या सीरियातील रोमन शहर ड्युरा-युरोपा इथं अशाप्रकारे विणलेल्या मोजाचे अवशेष मिळाले आहेत. हे ड्युरा युरोपा इ.स.२५६ मध्ये पर्शियन सैन्यानं उद्ध्वस्त केलं होतं. इजिप्त रोमन साम्राज्यांकित झाल्यानंतर या प्रकारचे विणकाम तिथं भरभराटीस आल्याचं दिसून येतं.

रोमॅनो इजिप्ती नालबाईंडिंगची चौथ्या शतकानंतरची वस्त्रं जगभरच्या संग्रहालयात

जागोजाग आढळतात. अशा तऱ्हेचं विणकाम हे बहुतांश वेळ पायमोजांच्या निर्मितीत वापरलं जात असे. हे मोजे विविध प्रकारच्या रंगीत धाग्यांनी विणलेले असत. आजकालचं नेढे नसलेल्या दोन सुयांचं विणकाम बाराव्या शतकात अस्तित्वात आलं. त्याचं मूळही इजिप्तमध्येच सापडतं. सुरुवातीस हे तंत्र मोजेनिर्मितीसाठीच वापरलं जात असे. त्यावरून नालबाईडिंगचाच हा सुधारित प्रकार असावा, या तर्कास पुष्टी मिळते. ही कला तेराव्या शतकात दक्षिण युरोपमध्ये पोहोचली होतीच पण तिथल्या लोकांनी या विणकामात प्रावीण्यही मिळवल्याचे पुरावे आहेत. कॅस्टिलच्या गादीचा वारस ऑफांते फेर्नांदो द ला कासा याच्या कबरीत अशा तऱ्हेनं विणलेली नक्षीदार चादर मिळाली. हा फर्नांदो इ. स. १२७५ मध्ये निधन पावला.

युरोपमध्ये ही विणकामाची कला झपाट्यानं पसरली. बऱ्याच ख्रिश्चन पेंटिंग्जमध्ये विणकाम करणाऱ्या मॅडोनाचं चित्र पाहावयास मिळू लागलं. एवढंच नव्हे तर बाल ख्रिस्तासाठी स्वेटर शिवणारी मेरीही अनेक चित्रांमधून दिसू लागली. युरोपीय प्रवाशांनी ही कला जगभर पसरवली.

मानवी वेशात सर्वांत आधी स्थान मिळवलेलं पण वस्त्र नसलेलं असं एक आभूषण आहे. खरं तर ती आदिमानवाचीही गरजेची वस्तू होती. गरज ही शोधाची जननी आहे. या म्हणीची सार्थकता पटवणारी ही वस्तू म्हणजे पादत्राणं. जगभर कुठल्याही संस्कृतीत जा, पहिल्या पेहेरावाबरोबर पायाचं संरक्षण करणारं पादत्राण नाही, असं होतच नाही. काही आदिम जमातींचा अपवाद सोडला तर जगात सर्वत्र पादत्राणं वापरली जातात असं दिसून येतं. फक्त वाळवंट आणि विषुववृत्तीय पर्जन्यारण्यात वावरणारे आदिम पादत्राणं वापरत नाहीत, असं दिसून येतं. भारतात खडावा फार पूर्वीपासून वापरल्या जातातच पण चामड्याची पादत्राणंही बराच काळ वापरात आहेत.

भारतामध्ये पादुकांना धार्मिक महत्त्व आलं तसं मात्र जगात इतरत्र कुठे

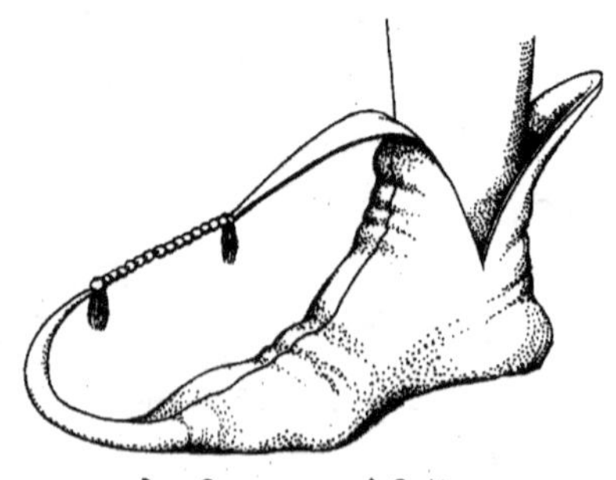

युरोपातील पादत्राणांची फॅशन

आल्याचं दिसत नाही. मात्र प्राचीन रोममध्ये पादत्राणांना प्रतिष्ठा होती. पादत्राणांवरून व्यक्तीचं समाजातील स्थान सिद्ध होत असे. एवढंच नव्हे तर कुठल्या पदावरील व्यक्तीनं कुठल्या प्रकारचं पादत्राण वापरावं याचेही नियम होते. स्थानिक न्यायपालांच्या (मॅजिस्ट्रेट) पादत्राणांचा रंग तांबडा असे. अशा प्रकारची तांबड्या रंगाची पादत्राणं सामान्य नागरिकानं वापरल्यास त्याला दंड होत असे. श्रीमंत वर्गातील लोकांची पादत्राणं विविध रंगांची असत आणि श्रीमंतीनुसार सोनं किंवा चांदी यांनी ही पादत्राणं मढवलेली असत. एवढंच नव्हे तर त्यावर रत्नेही जडविण्यात येत.

हळूहळू गरिबांनीही या श्रीमंती पादत्राणांच्या फसव्या नकला वापरायला सुरुवात केली. कुप्रसिद्ध रोमन सम्राट इलागाबालस (इ.स.२०४ ते २२२) यानं मग एक फर्मान काढून गरिबांनी कोणत्या प्रकारची पादत्राणं वापरावी, त्यांचा आकार प्रकार निश्चित केला. या इलागाबालसला कुप्रसिद्ध म्हणायचं कारण त्याला स्त्रियांची वस्त्रं घालून वावरायला आवडत असे. पुढे तर त्यानं श्रीमंती पादत्राणं फक्त स्त्रियांनीच वापरावी, असा जाहीरनामा त्याच्या साम्राज्यात पसरवला. त्याला एकच अपवाद होता, तो अर्थातच या सम्राटाचा. रोमन सम्राट ऑरेलियन (इ.स.२७०-२७५) याला रंगीत पादत्राणं आवडत नसत. फक्त स्त्रियांनाच रंगीत पादत्राणं शोभून दिसतात. असं त्याचं म्हणणं होतं. यामुळे त्यानं पांढऱ्या, तांबड्या, पिवळ्या आणि हिरव्या रंगाच्या पुरुषी पादत्राणांवर बंदी घातली होती. इंग्लंडमध्ये तेराव्या शतकात एक विचित्र प्रथा सुरू झाली. श्रीमंतांचे जोडे लांब लांब होऊ लागले. या जोड्यांचे पुढचे टोक इतके लांब असायचे की ते साखळीनं गुडघ्याजवळ बांधण्यात येत असे. मग कुणीतरी चावट माणसानं या टोकाला पुरुषी लिंगाचा आकार दिला, तेव्हा ती प्रथा फोफावू लागली. या टोकात बूच, शेवाळ किंवा कापूस भरण्यात येत असे. चर्च आणि राजा या दोघांनीही या प्रथेविरुद्ध कायदे करून मग त्यावर बंदी घातली.

## २४

# उद्यानशास्त्राची सुरुवात

प्राचीन इजिप्तमध्ये वनस्पतींना फार महत्त्व होतं. इजिप्तमधले फाराहो दूर देशाच्या वनस्पती मागवून त्यांची लागवड करीत असत. इ.स.पू. १५ व्या शतकातील स्त्री-फाराहो हातशेपसुत हिनं सोमालियातून फळांची झाडं आणण्यासाठी खास मोहीम पाठविली होती. याला अर्थातच आर्थिक कारणसुद्धा होतंच. इजिप्तमधल्या देवळांमध्ये फार मोठ्या प्रमाणावर सुगंध वापरण्यात येत असे. बोळ, राळ, उद हे परदेशातून येत. त्यासाठी चांदीमध्ये मोबदला द्यावा लागत असे. त्याचा भार राज्याच्या खजिन्यावर पडत असे.

हातशेपसुतचा भाचा आणि तिच्यानंतर गादीवर बसलेला फाराहो तिसरा थुतमोझ याचं वनस्पतींवर अतोनात प्रेम होतं. कार्नाक इथल्या मंदिरातल्या शिल्पांमध्ये आणि मजकुरात, तिसऱ्या थुतमोझच्या पॅलेस्टीन आणि सिरीयाच्या स्वारीचं वर्णन आढळतं. त्यानं तिथून आणलेल्या लुटीमध्ये मोठ्या प्रमाणावर रोपं आणि बिया गोळा केल्या होत्या, असं दिसून येतं. यानंतरच्या फाराहोंनीसुद्धा ही परंपरा चालूच ठेवली होती.

असिरियन बागेचं कोरीव दृश्य

इ.स.पू. १२ व्या शतकामध्ये तिसऱ्या रॅमसेसेनं वेगवेगळ्या मंदिरांभोवती सुमारे ५०० लहान-मोठी उद्यानं उभारली. यामुळे देवळाचं उत्पन्न वाढून तिजोरीवरचा भार कमी झाला.

उत्तर इराकमधील असिरियन राजांनीही अनेक बगीचे लावले. खि.पू १२ व्या शतकात पहिल्या तिघलात पिलेसरनं खूप वनस्पतींचा संग्रह केला होता. त्याला या संग्रहाचा खूप अभिमान वाटत असे. 'मी जे देश पादाक्रांत केले तिथल्या वनस्पती मी निवडून आणल्या. माझ्या कुठल्याही पूर्वजाजवळ अशी वनसंपदा नव्हती. ही झाडं मी शोधून आणून माझ्या देशात लावली. असिरियाची उद्यानं मी शोभिवंत बनवली.' असं तो म्हणे.

त्यानंतरच्या राजांनी ही परंपरा पुढं चालवली. इ.स.पू. ७०१ ते ६८१ या काळात सेन्नाचेरीब या सम्राटानं असिरियावर राज्य केलं. निनेवेह इथल्या त्याच्या बागांमध्ये सिरियातून आणलेली झाडं होती. या झाडांची राळ सिरियातल्या राळेपेक्षा जास्त सुवासिक असे. त्यानं अनेक फुलझाडं, फळझाडं आणि वेली दूरदेशांहून आणून या बगिच्यांमधून लावल्या होत्या. भारतात मुद्दाम दूत पाठवून त्यानं कपाशीच्या बिया व रोपं मागवली. यांना तो लोकर देणारी झाडं म्हणत असे. एके ठिकाणी तर त्यानं खडक खणून त्यात ५ फूट खोल कालवे काढले आणि खणत्या लावून त्यात वनस्पती रुजवल्या.

मध्यपूर्वेत बागकाम हा राजांचा आवडता छंद होता. इ.स.पू. ४०७ मध्ये ग्रीक राजदूत लिसँडर आणि पर्शियाचा राजपुत्र सायरस यांच्यातील एक संवाद झेनोफोननं नोंदवून ठेवला आहे. 'लिसँडर ग्रीक शहर राज्यांनी दिलेल्या भेटवस्तू घेऊन सायरसला भेटायला गेला तेव्हा सायरसनं त्याला आदरानं बसवून घेतलं, पाहुणचार केला. तसेच शाही मेहमान म्हणून त्याची राहण्याची सोय केली. मग त्यानं लिसँडरला 'सार्डीसची स्वर्गीय बाग' या नावानं प्रसिद्ध असलेली बाग दाखवली. ती पाहून लिसँडर चकित झाला.

त्या बागेत जोमानं वाढलेले वृक्ष, त्यांच्या ओळी, दोन वृक्षांमधील एकसारखं अंतर, त्या चौकोनी बगिच्यामधील सौंदर्य यांची लिसँडरला मोहिनी पडली. त्यानं या बागेची अतिशय स्तुती केली. त्या बागेतील शास्त्रशुद्ध लावणी आणि निगराणी यामुळे बागेचे वैभव वाढल्याचं लिसँडरनं सायरसला सांगितलं. हे ऐकून सायरस खूष झाला. तो म्हणाला, 'खरं सांगू का, या बगिच्याची आखणी, वृक्षारोपण, वृक्षांमधलं अंतर वगैरे सर्व बाबी मी स्वतःच केल्या. यातल्या बऱ्याच बिया मी पेरल्या, रोपं मी लावली. त्यांच्या देखभालीतसुद्धा मी जातीनं लक्ष घातलं. मी रोज शास्त्राभ्यास करतो, त्याचप्रमाणे बागेतही घाम गाळतो.'

'पॅराडाईज' म्हणजे स्वर्गीय बगीचा. हा शब्द मुळात पर्शियन असून त्याचा

मूळ अर्थ 'बगीचा' एवढाच आहे. पर्शियन बागा इतक्या भव्य आणि सुंदर असत की त्यांना स्वर्गीय हा अर्थ आपोआपच चिकटला. हा शब्द ग्रीसमधून रोमनांपर्यंत पोहोचला आणि मग लॅटिनमधून युरोपीय भाषांत उतरला. ग्रीकांवर भारतीय बगिच्यांचाही प्रभाव होताच. मेगॅस्थेनीसं या ग्रीक राजदूताला चंद्रगुप्त मौर्याच्या राजशाही बगिच्यांनी मोहीत केलं होतं.

'(चंद्रगुप्ताच्या) बागेत मोर आणि इतर सुंदर पक्षी ठेवण्यात येतात. त्यांच्यासाठी आवश्यक अशी झाडी राजाच्या उद्यानामध्ये मुद्दाम तयार करण्यात येते. छोट्या-छोट्या झाडांच्या फांद्या एकमेकीत विणून दाट झाडी केल्यानं या पक्ष्यांची वंशवृद्धी करता येते. सदाहरित वृक्ष लावून वर्षभर बागेत सावली राहील अशीही व्यवस्था केली जाते. स्थानिक झाडांबरोबर परदेश वनस्पतीही मुद्दाम आणून लावल्या जातात.' असं मेगॅस्थेनीस म्हणतो. भारतीय प्राचीन ग्रंथांमधून जी उद्यानांची वर्णनं आढळतात, त्यावरून काही उद्यानांमध्ये 'लँडस्केप आर्किटेक्चर' करण्यात येत होतं, हे स्पष्ट होतं. मुद्दाम बनवलेल्या टेकड्या, तळी, धबधबे यांची व्यवस्था या बागांमधून करण्यात येत होती.

झाडे लावणे आणि उद्यान निर्माण करणे, हे पुण्यकर्म आहे, असे महाभारतकार सांगतात. त्यांनी उद्यानांचे महत्त्व सांगताना म्हटलं आहे–

*गंधेन देवास्तुष्यंति दर्शनाद्यक्षराक्षसाः।*

*नागा समुपभोगेन त्रिभिरेतैस्तु मानवाः।।*

(उद्यानातील फुलांच्या वासाने देव संतुष्ट होतात. उद्यानाच्या दर्शनाने यक्ष व राक्षस संतुष्ट होतात. नाग त्याच्या उपभोगाने खूष होतात, मानवाला या तिहींची आवश्यकता असते.)

महाभारत काळापर्यंत यज्ञीय म्हणजे यज्ञात वापरण्यात येणाऱ्या वृक्षांचे वेगळे मळे असत तर अयज्ञीय वृक्षांच्या बागा राजाच्या उपभोगासाठी असत. रावणाने सीतेला अशोकवनात ठेवलेली होती. हे मुद्दाम निर्माण केलेले उद्यान होते, हे स्पष्ट आहे. प्रत्येक ऋषींच्या आश्रमाभोवती मुद्दाम उपयुक्त वृक्ष निवडून लावण्यात येत होते.

बृहत्संहितेत घराभोवती लावायचे वृक्ष कुठे व कसे लावावेत यासंबंधी सविस्तर सूचना आढळतात. घराच्या उत्तरेस पलाश वृक्ष, पूर्वेस वट, दक्षिणेस उंबर आणि पश्चिमेस पिंपळ लावावा. ते शुभ असते. घराच्या परिसरात काटेरी झाड लावू नयेत. तसेच ज्यांच्यातून चीक गळतो अशी झाडेही लावू नयेत. पुंनाग, अशोक, बकुळ, पनस, शमी व शाल यांचा चीक गळतो तरी ती मंगल असल्याने लावावयास हरकत नाही. काही वृक्ष अंगण सोडून पलीकडे लावावेत, असं सांगून फांदी लावून येणारे वृक्ष, बी पेरून येणारे वृक्ष यांचीही यादी दिली आहे.

फांदी लावताना घ्यायची काळजी, कलम करण्याविषयींच्या सूचना, एका ठिकाणचा वाढलेला वृक्ष दुसऱ्या ठिकाणी नेऊन लावण्यासंबंधीची माहिती वगैरे सांगून वृक्ष १२, १६ किंवा २० हातांवर लावावेत. रोगट झाडाचा व्रण कापून काढावा, अशीही माहिती बृहत्संहितेत मिळते.

■

# रोममधील बगीचे आणि प्राचीन बागशास्त्र

सुमारे दोन हजार वर्षांपूर्वी रोमचं वैभव तिथल्या विविध प्रकारच्या बगिच्यांमध्ये मोजलं जात होतं. रोमन श्रीमंतांच्या प्रासादांच्या मागच्या बाजूस या बागा असत. त्यांची एक बाजू मोकळी असे. बाकीच्या तीन बाजूस खोल्या, तबेले किंवा शोभेचे व्हरांडे असत. या बागांत कृत्रिम पायऱ्या निर्माण करून त्यात फुलांचे ताटवे

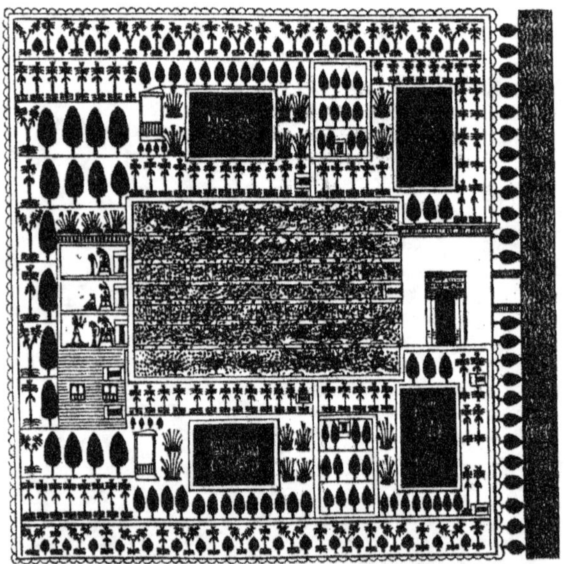

ख्रि. पू. १४०० मध्ये थेबिस येथे इजिप्शियन अधिकारी सेन्नूफेर याच्या थडग्यावर काढलेलं सुनियोजित बगिच्यांचं चित्र. उजवीकडे मध्यभागी बागेचं मुख्य द्वार आहे. सभोवती झाडं, रोपटी आणि तळी आहेत. मध्यभागी द्राक्षांच्या वेली आहेत. त्या काळातल्या बहुतांश इजिप्शियन बागांची मांडणी अशी चौरसाकृतीच असे.

लावलेले असत. प्रत्येक पायरी अडीच ते तीन फूट उंचीची असे. रोममध्ये देश-विदेशातून शोभिवंत वनस्पती आणल्या जात असत. देखणी फुलं, सुवासिक फुलं अशा वनस्पतींचं संगोपन करून त्या श्रीमंतांच्या बगिच्यांसाठी विकणाऱ्या व्यक्तींना

तेव्हा मान मिळत होता. आज ज्याला 'नर्सरी' म्हणतात, अशा वनस्पती-संगोपनशाळा रोममध्ये होत्या.

रोमजवळील एका उत्खननामध्ये अशाच एका वनस्पती-संगोपनशाळेचे अवशेष सापडले आहेत. त्यात शोभिवंत कुंड्या रांगेनं मांडून ठेवण्यात आल्या होत्या. त्यांच्यावर चित्रं रेखाटलेली होती. वेगवेगळ्या सज्जात आणि छतावरच्या बगिच्यात ठेवण्याच्या कुंड्या आकारानं आटोपशीर होत्या. काही कुंड्यांवर अभ्रकाची आवरणं बसवण्यात आली होती. कुंडीवरती ही पेटीसारखी अभ्रकाची झाकणं बसवली की उष्णता कोंडली जायची आणि आतल्या रोपांची वाढ जलदगतीनं व्हायची. यातूनच पुढे मोठमोठ्या काचघरांची निर्मिती रोमनांनाच सुचली. या काळात काचेचे ताव उपलब्ध असले तरी ते फार महाग असत. त्यामानानं अभ्रकाचे ताव खूप स्वस्त पडत. या कुंड्यांमधून शेण भरून त्यावर काकड्यांचं पीक घेण्यात येत असे.

इ.स.पू. १५ मध्ये जेरिको या ठिकाणी हेरॉड या ज्यू राजानं एक राजवाडा बांधला होता. पुरातत्त्ववेत्त्यांनी जेव्हा उत्खनन केलं तेव्हा त्यांना हा राजवाडा जवळजवळ पूर्णावस्थेत सापडला. या राजवाड्यात एक मोठा बगीचा होता. या बगिच्यात अनेक रांजण सापडले. हे रांजण प्रत्यक्षात रोपं वाढविण्याच्या कुंड्या होत्या, असं उघडकीस आलं. या रांजणात खतयुक्त माती भरून त्यात फांद्या रोवण्यात येत. साधारणपणे दोन वर्षांत फांदीची मुळं धरत; जर झाडाची फांदी रुजणं अवघड असेल तर एखाद्या फांदीला छेद घेऊन त्याभोवती हा रांजण तयार केला जात असे आणि त्यात खतयुक्त माती भरण्यात येत असे. ती कलम केलेली फांदी तिचं पोषण झाडापासून मिळवायची. पण काही काळानं तिला मुळं येत असत. दोन वर्षांनंतर मूळ झाडापासून ती फांदी वेगळी केली जात असे. मग हव्या त्या ठिकाणी नेऊन ती रांजणासकट पुरण्यात येत असे. झाड वाढलं की रांजण फुटत असे. तो मातीचाच असल्यानं फारसा फरक पडत नसे. 'ही पद्धत रस्त्यांभोवती झाडं लावण्या-करिता योग्य ठरते; कारण त्यामुळे झाड जगेल याची खात्री देता येते.' असं थोरला प्लिनी आणि कॅटो यांनी नमूद करून ठेवलं आहे.

धाकट्या प्लिनीच्या काळात म्हणजे इ.स.७० च्या आसपास परिस्थिती बदलली होती. तो लिहितो, 'अनेक रोमन नागरिक आपल्या छोट्या घरांमधून कुंड्या ठेवून बगीचा करतात. खिडक्यांमध्ये ठेवलेल्या या कुंड्यांच्या चोरीचं प्रमाण एवढं वाढलंय की त्यामुळे आता या चोऱ्यांना आळा घालण्यासाठी खिडक्यांवर गजांची जाळी आणि लाकडी झडपा बसवाव्या लागतात. सार्वजनिक बागांची कुंपणं करण्यासाठी वापरण्यात येणाऱ्या वनस्पती आणि माळ्यांनी त्या वनस्पती योग्य तऱ्हेने कापून त्यापासून तयार केलेले देखावे, यांचं प्लिनी कौतुक करतो. विविध रंगांच्या फुलांची योग्य तऱ्हेने लागवड करून ती उमलल्यावर सागरावर विहरणाऱ्या

जहाजाचा देखावा करणारा माळी, त्याच्या कौतुकास पात्र ठरतो. मात्र ही कला ग्रीक आणि रोमनांनी इजिप्त आणि मध्यपूर्वेतून मिळवली, हे नमूद करायला तो विसरला नाही.

प्राचीन इजिप्ती लोक फुलांचे आणि फुलबागांचे शौकीन होते. फुलांना प्राचीन इजिप्ती संस्कृतीत फार महत्त्व होतं. प्रत्येक फुलामध्ये एक प्रकारची दैवी शक्ती सामावलेली आहे असंही ते मानत असत. कुठल्या प्रसंगी कुठली फुलं वापरायची, याचे संकेत ठरलेले होते. हे संकेत कसून पाळले जात असत. जन्मापासून मृत्यूपर्यंत प्रत्येक प्रसंगी फुलांचे हार, चक्र, मुकुट अशा वस्तू वापरल्या जात असत. सुस्थितीतल्या प्रत्येक कुटुंबाच्या निवासस्थानी बाग असे.

इजिप्ती माळी पूर्ण वाढ झालेले वृक्ष एका ठिकाणाहून मुळासकट काढून दुसऱ्या आधी निवडलेल्या ठिकाणी त्यांचं पुनर्रोपण करू शकत असत. इजिप्ती कबरींमधून जी चित्रं सापडली आहेत, ती पाहता नीलकमल हे इजिप्ती लोकांचं आवडतं फूल असावं. याशिवाय इतर कमळे आणि फुलझाडांचीही ते लागवड करीत असत.

वनस्पतिशास्त्रीय उद्यान बनवण्याचा पहिला मानही इजिप्तकडेच जातो. दूरदेशातून चित्रविचित्र वनस्पती मागवून त्या आपल्या देशात वाढवणे, हा त्यांचा छंद होता. सौंदर्याबरोबरच सुवास असेल तर ते फूल, ती वनस्पती साहजिकच महत्त्वाची मानण्यात येत होती. इ.स.पू. पंधराव्या शतकात हातशेपसुत या स्त्री-फाराहोनं सोमालीलँडमधून उदाच्या वनस्पती एक खास मोहीम काढून मिळवल्या होत्या. यामागं अर्थातच आर्थिक कारणही होतंच. इजिप्ती मंदिरांमधून धूप, उद आणि राळ यांच्या सुवासिक धुराला फार महत्त्व होतं. परदेशांतून हे वनस्पतिजन्य खडे आणून जाळायचे तर तो व्यवहार चांदीच्या मोबदल्यात करावा लागत असे.

हातशेपसुतचा भाचा तिसरा थुत्मोज याला मात्र वनस्पती गोळा करण्यात खरंच रस होता. त्यानं पॅलेस्टिन आणि सीरियातल्या यशस्वी मोहिमांमधून परततांना बऱ्याच वनस्पतींची माहिती, बिया, रोपं आणि फुटवे आणले होते. कार्नाक येथील मंदिराच्या भिंतीवर तिसऱ्या थुत्मोजनं जी आणलेल्या लुटीची चित्रं कोरण्यात आली आहेत, त्यातून या वनस्पतींची माहिती मिळते.

इ.स.पू. बाराव्या शतकाच्या सुरुवातीस तिसऱ्या रामेसेसची इजिप्तवर सत्ता चालत होती. त्यानं वेगवेगळ्या मंदिरांना पाचशेहून अधिक बागा भेट म्हणून दिल्या होत्या. या बागांमुळे त्या मंदिरांच्या उत्पन्नामध्ये भरघोस वाढ झाली होती. मंदिरांना सुगंधी पदार्थ मिळत होते. फळफळावळ, भाज्या आणि इतर उपयुक्त पदार्थ विकून देवाच्या नावानं पैसाही मिळत होता.

उत्तर इराकमधल्या असिरियन सम्राटांनीही वनस्पती गोळा करायचा छंद जोपासला होता. इ.स.पू. बाराव्या शतकाच्या अखेरच्या दशकात पहिला टिग्लाथ पिलेसर यानं दूरदूरहून अनेक वनस्पती मागवून घेतल्या होत्या. 'मी अनेक वृक्ष गोळा केले, चिनारसारखे माझ्या पूर्वजांनी न बघितलेले वृक्ष मी आणले. दूरदेशातले हे वृक्ष मी आणले आणि माझ्या बागांमधून वाढवले. असिरियात मी शोभिवंत वृक्षांची लागवड केली.' असं त्यानं लिहून ठेवलंय. त्यानंतरच्या राज्यकर्त्यांनीही ही परंपरा चालवली. सेन्न चेरीब (इ.स.पू. ७०१ ते ६८१) यानं निनेवेहमध्ये सीरियातील सुगंधी वृक्ष आणून लावले. यात बोळ (मिऱ्ह) वृक्षाचाही समावेश होता. त्यानं वेगवेगळ्या लता-वेली दुर्गम डोंगरी प्रदेशातून आणल्या, तर भारतातून त्यानं कपास झाडं मागवली. 'मी पूर्वेकडून लोकर देणारी झाडं आणली' असं सेन्न चेरीबनं लिहून ठेवलंय. एका खडकाळ ठिकाणी त्यानं माणसं कामाला लावून खडकाला भोकं पाडून त्यात वृक्ष लावले. त्या वृक्षांभोवती त्यानं खडकांत खणून पाणी वाहते राहावे म्हणून पाट खणले. काही ठिकाणी हे पाट २ मीटर खोल होते.

'झाडे लावा, देश वाचवा' ही घोषणा सर्व प्रथम सेन्न चेरीबनं दिली. इ.स.पू. २००० ते इ.स.१०० या काळातली बागकाम आजच्या गार्डन आर्किटेक्टना तोंडात बोटं घालायला लावतील इतकी भव्य आणि आकर्षक होती.

# २६

## तरंगत्या आणि लटकत्या बागा

मुंबई पाहायला आलेल्या प्रेक्षकांना आणि हौशी प्रवाशांना एकेकाळी हॅंगिंग गार्डनचं खूप आकर्षण असे; पण आपल्या पूर्वजांनी बागकामात अनेक आश्चर्यकारक प्रयोग केलेले होते. त्यात फ्लोटिंग म्हणजे तरंगत्या बागा आणि हॅंगिंग म्हणजे लटकत्या बागांचा समावेश होता. टेनोक्टिट्लान इथल्या तरंगत्या बागा मेक्सिकोतलं एक आश्चर्यच मानलं जातं. त्या इतर जगाला माहिती झाल्या तेव्हा स्पॅनिश आक्रमकांनी त्यांची वाट लावली होती.

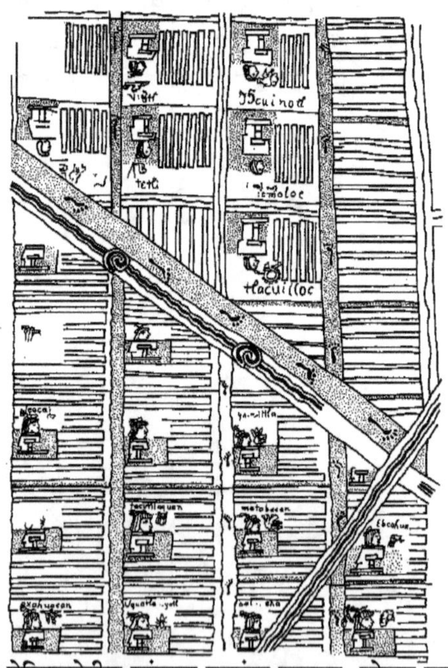

पाचशे वर्षांपूर्वीचा मेक्सिकोतील तरंगत्या बागांचा नकाशा. छोट्या कालव्यांची सीमा प्रत्येक बागेला असे. नकाशात प्रत्येक बागेवर तिच्या मालकाचे नाव लिहिले आहे. कालव्यांशेजारी पावलांच्या ठशांद्वारे पाऊलवाटा दाखवल्या आहेत.

चौदाव्या शतकाच्या मध्यास ऑइटेक जमाती या भागात आल्या. त्यांनी त्यांच्या भावी राजधानीसाठी जागा निवडली. ही जागा एका दलदलीच्या प्रदेशात होती. इथं राजधानीस अन्नपुरवठा व्हावा, अशी सोय करायची होती. तेव्हा त्यांनी दलदलीला शेतजमिनीचं रूप द्यायचा निश्चय केला. ते कामास लागले. त्यांनी आधी या दलदलीत चर खणले. त्यामुळे काही प्रमाणात स्वच्छ पाणी त्यांच्या हाताशी आलं. या चरांच्या मध्ये ज्या पाणवनस्पती पाण्यावर तरंगत होत्या; त्या पाणवनस्पतींची मुळं त्यांनी एकमेकांना बांधली. यामुळे बळकट फलाट तयार झाले. या फलाटांवर मग तळातली सुपीक माती काढून पसरण्यात आली. त्यामुळे चर आणखी खोल झाले. या मातीवर मग निरनिराळ्या वनस्पतींची लागवड करण्यात आली.

स्पॅनिश सोळाव्या शतकात जेव्हा तिथं पोहोचले तेव्हा त्यांनी या पाण्यावर तरंगणाऱ्या बागा बघून आश्चर्यानं तोंडात बोटं घातली. इ.स.१५१९ मध्ये स्पॅनियार्डांनी पहिल्यांदा या बागा बघितल्या तेव्हा त्या प्रत्येकी तीस फूट रुंद आणि दोनशे फूट लांब होत्या. त्यावर मातीचा चार फुटांचा थर होता. याहीपेक्षा मोठ्या बगिच्यांवर विलोचे वृक्ष होते. प्रत्येक बगिच्यावर कळक, वेत आणि लव्हाळ्यापासून बनवलेली एक झोपडी होती. या झोपडीत माळी आणि त्याचं कुटुंब राहत असे. बाग वाहून जाऊ नये, ही काळजी घेणं हे त्यांचं प्रमुख काम असे. या बागांच्या कडांना बांबूंची जाळी करून बांधण्यात येत असे. या विणलेल्या जाळीचं पाण्याखालचं टोक चिखलात पुरलेलं असायचं. त्यामुळे प्रवाहाबरोबर बाग वाहत जाणार नाही याची निश्चिती व्हायची. याशिवाय जमिनीवर कुंड्यांमध्ये मोठं खोड असलेल्या झाडांची रोपं तयार करून ती बऱ्यापैकी मोठी झाली की बागेच्या आसपास दलदलीत टाकण्यात येत असत. त्यांची खोडंही मग या बागांना अडवून ठेवत असत.

या 'चिनांपास' वर फळभाज्या, पालेभाज्या आणि शोभिवंत फुलझाडं लावण्यात येत असत. या बागांवरचे गुलाबाचे ताटवे अप्रतिम होते, असं स्पॅनियार्डांनी मुद्दाम नमूद केलंय. तसे गुलाब युरोपात कुठंही नव्हते, असं ते म्हणतात.

या तरंगत्या बागांच्या वर्णनांनी युरोपात खळबळ माजली हे खरं. पण जगातल्या पहिल्या सात आश्चर्यांत समावेश असलेली बॅबिलॉनची लटकती बाग हा तर बागकामाचा एक अद्भुत नमुना होता, असं मानण्यात येतं. इराकच्या दक्षिण भागात इ.स.पू. सहाव्या शतकात या अतिसुंदर आणि अद्भुत बागांची निर्मिती करण्यात आली. या बागा दुसऱ्या नेबूचडनेझरनं (इ.स.पू. ६०४ ते ५६२) निर्माण केल्या. या दुसऱ्या नेबूचडनेझरचं त्याच्या पत्नीवर फार प्रेम होतं. तिला पर्शियन भूप्रदेशाची ओढ होती. ती जन्मानं इराणी होती. तिला घरची आठवण झाली की माहेरी पाठविण्याऐवजी या दुसऱ्या नेबूचडनेझरनं तिचं माहेरच बॅबिलॉनला आणायचं ठरवलं.

या बागांचं वर्णन आज वाचायला मिळतं ते डायोडोरस सिक्युलस इ.स.पू. पहिल्या शतकातील त्या इतिहासकारानं केलेल्या नोंदीमधून. प्राचीन ग्रीकलेखनामधून मिळालेले संदर्भ वापरून त्यानं या बागांविषयी लिहिलं. या बागा हवेत होत्या आणि त्यांच्या खालून हिंडणं-फिरणं शक्य होतं, असं तो लिहितो. डायोडोरसच्या लिखाणा-नुसार दुरून या बागा टेकड्यांना पायऱ्या असाव्यात तशा दिसत असत किंवा ग्रीक स्टेडियमच्या प्रेक्षागारासारख्या दिसत. या बागांच्या पायाचं क्षेत्रफळ पाव चौरस मैल असे. प्रत्येक पायरीवर नवनव्या प्रकारच्या वनस्पती लावलेल्या असत. यातली सर्वांत वरची पायरी छताचं काम करीत असे.

या बगिच्यांच्या पायात अनेक सज्जे असत. हे सज्जे आधाराच्या भिंतींमध्ये असत. या भिंती २२ फूट रुंदीच्या असून दर दोन भिंतीमध्ये दहा फुटाची मोकळी जागा असे. या दोन भिंतीवर लांब-रुंद खडकांच्या फळ्या घातलेल्या असत. दोन फळ्यांमध्ये थोडी फट असे. त्यामुळे वरून येणारा प्रकाश आतपर्यंत पोहोचत असे. यावर मोठ्या वृक्षांपासून शोभिवंत फुलझाडांच्या ताटव्यापर्यंत सर्व प्रकारच्या वनस्पती असत. या सर्व रचनेच्या चारी बाजू वितळलेल्या शिसाच्या साहाय्यानं तळाशी हवाबंद करण्यात येत असत. तसंच प्रत्येक पायरीच्या कडेला शिशाची तटबंदी असे. त्यामुळे एका पायरीवरचं पाणी दुसऱ्या पायरीवर ठिबकत नसे. प्रत्येक पायरीवर दोन विटांचा थर घालून त्यावर लव्हाळी आणि शेवाळं पसरण्यात येई. त्यावर जरुरी-प्रमाणे जाड मातीचा थर पसरून त्यावर ती माती रुचेल आणि पुरेल अशा वनस्पती लावण्यात येत.

या बागा इराकच्या शुष्क आणि रखरखीत वातावरणात कशा बहरल्या असाव्यात? यावर डायोडोरस लिहितो; 'माझ्याकडे उपलब्ध अशा संदर्भानुसार निदान तीन ठिकाणी पाणी वर खेचून घेणाऱ्या यंत्रांचा उल्लेख आहे. ही यंत्रे नदीच्या पात्रामधून (युफ्रेटीस नदी) पाणी खेचून बागा फुलवीत असत! स्ट्राबो हा ग्रीक भूगोलतज्ज्ञ या यंत्रांना 'मळसूत्र (स्क्रू)' म्हणतो. पण इतर ग्रीक इतिहासकार मळसूत्राचं तत्त्व आर्किमिडीजनं इ.स.पू. तिसऱ्या शतकात शोधून काढलं असं म्हणतात.

अतिपूर्वेत तसेच भारतातही रहाटगाडगं वापरलं जातं. ही पाणी काढायची पद्धत अतिशय जुनी आहे. काही विद्वानांच्या मते नेबूचडनेझारनं मोठमोठ्या रहाटगाडग्यांची रचना करून, त्यावर गुलाम बसवून या बगिच्यांना पाणी घालण्याची व्यवस्था केली असावी. यांना मध्यपूर्वेत 'नोदिया' असं म्हणण्यात येतं. रहाटगाडगं वापरल्याचे प्रत्यक्ष पुरावे मात्र इ.स.पू. १०० पेक्षा जास्त जुने नाहीत. त्यामुळे आर्किमिडीजनं बॅबिलोनमधल्या मळसूत्रांवरून अधिक कार्यक्षम मळसूत्र केली असावीत आणि त्याची रचना शास्त्रीय तत्त्वावर मांडून जगापुढं आणली असावीत, असं काही

अभ्यासक म्हणतात.

या बागांचे प्रत्यक्ष पुरावे कुठल्याही उत्खननात सापडलेले नाहीत. १९७०
नंतर सद्दामच्या कारकीर्दीत फार थोड्या उत्खननांना परवानगी देण्यात आली. नंतर
इराणच्या आणि आखाती युद्धानंतर इराकमधील उत्खनन बंदच आहेत. एवढंच
नव्हे तर बुलडोझरच्या साहाय्यानं बॅबिलॉन सपाट केलं गेलं आहे; त्यामुळे बरेच
पुरावेही नष्ट झाले आहेत. अशा परिस्थितीत या बागांबद्दल अधिक माहिती उपलब्ध
होण्याची आशाही नष्ट झाली आहे.

■

# चिनी बगीचा शास्त्र आणि झेन बगिचे

प्राचीन भारतीय ग्रंथांमध्ये औषधी वनस्पतींच्या लागवडींचे उल्लेख आढळतात. उद्यानाच्या मध्यभागी टाकी बांधून तिथून उद्यानात पाणी पुरवावे असे म्हटले आहे. छोट्या-छोट्या पाटांच्या साहाय्यानं उद्यानाला - पुढं मळ्यांना पाणी पुरवण्याची पद्धत भारतात किमान तीन हजार वर्षे चालत आली आहे. दुसऱ्या चंद्रगुप्ताच्या काळात (इ.स.३७५-४१५) उद्यानांमधून पक्षीही असत. गाणं गाणाऱ्या मैना, पोपट आणि सारस पक्षी यांचा एक पाय चांदीच्या साखळ्यांनी बांधून ठेवण्यात येत असे. कारंजांमुळे बागेत गारवा निर्माण केला जाई.

अशोकाच्या काळाच्याही आधीपासून वाटसरूंसाठी सार्वजनिक बागा असत. किंबहुना इतिहासात राजांच्या सुधारणात रस्ते आणि बागा, तसेच विहिरी यांना फार महत्त्व होते. अशोकाच्या शिलालेखात पूर्वजांच्या प्रथा देवांना प्रिय अशा सम्राटाने पाळून आमराया आणि विहिरी निर्माण केल्या असे उल्लेख आढळतात. वेळोवेळी

इ. स. पू. पंधराव्या शतकातल्या मध्यास होऊन गेलेला थुत्मोज (तिसरा) हा राजा पहिला ज्ञानवनस्पती संग्राहक होता. त्याने पॅलेस्टाईन व सीरियाच्या मोहिमांवरून येताना जी झाडे व बिया आणल्या, त्यांची चित्रे कर्नाक येथील भव्य मंदिरांच्या भिंतीवर कोरण्यात आली होती.

भारतात आलेल्या चिनी प्रवाशांनी वाटसरूंसाठी केलेल्या या सोयींचे उल्लेख केलेले आहेत.

चीनमध्ये ही प्रथा भारतातून गेली. इ.स.६०० नंतर 'आंग' साम्राज्यात प्रथम सार्वजनिक बगिचे निर्माण करण्यात आले. सर्व शहरांमधून अशी उद्याने होती. सणासुदीच्या दिवशी आणि सार्वजनिक सुट्टीच्या दिवशी लोक या उद्यानांमध्ये गर्दी करत असत. बागांमध्ये शाही वादकांचा ताफा असे. खाण्याच्या वस्तू विकल्या जात. हिरवळीवर बसून लोक खाद्यपदार्थ खात. डोंबाऱ्यांचे खेळ असत. मात्र बागेत कचरा करणाऱ्यास कैदेत टाकलं जात असे.

पश्चिम गोलार्धात मध्य अमेरिकन संस्कृतीमध्येही खूप मोठमोठ्या बगिच्यांची निर्मिती केली जात होती. अँझटेक इंडियनांच्या टेक्सकोको इथल्या उन्हाळी राजवाड्या-भोवती मैलोगणती लांबीचे बगिचे होते. नझाल हुआल कोयोटल (इ.स.१४४० ते १४७२) या रेड इंडियन राजाने टेट्झोरझिंको इथं उभारलेल्या या उद्यानांची माहिती स्पॅनिश आक्रमकांनी लिहून ठेवली आहे. या उद्यानात वेगवेगळे प्राणी होते. पक्षी होते. सुगंधी झाडांचा वेगळे विभाग होते. वेलींसाठी मांडव होते. औषधी वनस्पतींसाठी खास व्यवस्था होती. इतक्या मोठ्या प्रमाणात वेगवेगळ्या औषधी वनस्पती एकत्र वाढवायचा हा प्रयोग पाहून स्पॅनिश विजेते चकित झाले होते. या उद्यानात कारंजी होती. छोटी छोटी तळी होती. कालवे होते. उन्हाळ्यात राजा इथं त्याच्या राण्यांसह विश्रांतीसाठी येत असे.

पहिल्या मॉटेझुमानं (इ.स.१४४०-१४६८) त्याच्या अँझटेक साम्राज्यात त्या काळात इतर कुठंही नव्हतं असं एक उद्यान हुआक्सटेपेक इथं निर्माण केलं होतं. हे आजकालच्या वनस्पतीशास्त्रीय उद्यानांच्या तोडीचं होतं. मेक्सिकोच्या विविध प्रांतांमधून वृक्ष मातीसह समूळ उपटून आणून इथं त्यांची पुनर्स्थापना करण्यात आली होती. अँझटेक साम्राज्यात सापडणाऱ्या सर्व उपयुक्त, शोभिवंत आणि रानटी औषधी वनस्पती इथं लावण्यात आलेल्या होत्या. ४० माळी इथल्या वनस्पतींवर देखरेख करीत. अनेक कालव्यांच्या आणि त्यापासून निघणाऱ्या पाटांच्या साहाय्यानं इथं विषुववृत्तीय पर्जन्यारण्याचा आभास होईल अशा तऱ्हेचा एक विभाग निर्माण करण्यात आला होता. या विभागावर देखरेख करणारे माळी मुद्दाम भरपूर संपत्ती देऊन विषुववृत्तीय प्रदेशांमधून आणवले गेले होते.

गार्सिलासो द ला व्हेगानं १७ व्या शतकामध्ये पेरूतील एका साम्राज्याची राजधानी युकाय इथल्या स्पॅनिश आक्रमणापूर्वीच्या बगिच्यांची माहिती लिहून ठेवली आहे. 'या ठिकाणी या साम्राज्यातील सर्व सुवासिक वनस्पती आणून लावलेल्या होत्या. सुंदर फुलांची झाडं होती. सुमधुर फळं देणारे वृक्ष होते. याशिवाय विविध वनस्पतींच्या सोन्या-चांदीच्या प्रतिकृतीही इथं आढळत होत्या. अगदी बी रुजल्यापासून वनस्पतीची पूर्ण वाढ आणि वैशिष्ट्ये - फळे किंवा फुले या प्रतिकृतीत पाहावयास मिळत होती. इथं मक्याची शेतं होती. यातल्या मक्याच्या

खोडांसाठी चांदी तर कणसांसाठी सोनं वापरण्यात आलं होतं. कणसातून बाहेर पडणारे धागेही सोन्याचेच होते. या कणसांच्या आवरणाचे पापुद्रे आणि दाणेही नीट पाहता येत होते. या बागेत सोन्या-चांदीचे प्राणी खऱ्या प्राण्यांबरोबर वावरत होते. त्यात ससे, उंदीर, चिचुंद्री, सरडे, साप, फुलपाखरं, कोल्हे आणि रानमांजरांच्या जिवंत वाटाव्यात अशा प्रतिकृती होत्या. झाडांवर सोन्याचे पक्षी होते. काही पक्षी फुलातला मध चोखत होते. त्यांच्या भारामुळे या फांद्या वाकल्या असल्याचं दाखविण्यात आलं होतं.'

युरोपमधलं सर्वांत पहिलं वनस्पती उद्यान इटलीतील पादुआ इथं स्थापन करण्यात आलं. अमेरिकेतील उद्यानं पाहून परतलेल्या खलाशांच्या हकिकती ऐकून या उद्यानाची स्थापना करण्यात आली असावी, असा तर्क करायला वाव आहे. इथून मग पुढे हे लोण युरोपात पसरलं.

चीनमधल्या माळ्यांनी वेगवेगळ्या फुलांवर प्रयोग करायला सर्वप्रथम सुरुवात केली. त्यासाठी वनस्पतींचा संकर आणि कलमं यांचा ते वापर करू लागले. इ.स.पू. पाचव्या शतकात पिवळ्या रंगाच्या फुलांचे ख्रिसँथममचे एकरंगी ताटवे लावले, असा उल्लेख चिनी लिखाणांमध्ये आढळतो. तांग घराण्याच्या काळात (इ.स.६१८ ते ९०६) मध्येही फुलांचे विविध प्रकार निर्माण करण्याची कला भरभराटीस आली होती. इ.स.११०० मध्ये लिऊ मेंगनं एक बागकाम कसे करावे याच्या सूचना, अशा नावाचा ग्रंथ लिहिला. त्यात वेगवेगळ्या ३५ प्रकारच्या ख्रिसँथममचा उल्लेख आढळतो. अकराव्या-बाराव्या शतकाच्या संधिकालात प्रसिद्धीस आलेल्या च एंगता नावाच्या कवीनं एका सरदाराच्या संग्रही वेगवेगळ्या ७० प्रकारच्या ख्रिसँथममची पेंटिंग्ज असल्याचा उल्लेख केल्याचं दिसून येतं.

हॅन घराण्याच्या काळात (इ.स.पू.२०२ ते इ.स.२२० मध्ये) चिनी उद्यानं नैसर्गिक झाडी वाटावी अशा तऱ्हेनं मुद्दाम बनवण्यात येत असत. त्यांची रचना अगदी साधी असे. याला साध्या बागेपेक्षा जास्त माळी लागत आणि जास्त खर्चही येत असे. बागकाम आणि जलरंगातील चित्रं यांना कलाक्षेत्रात समान मान होता. त्या समांतर कला मानल्या जात होत्या. एवढंच नव्हे तर 'माळी-चित्रकार' असे बरेच कलाकार त्या काळात चीनमध्ये उदयास आले. अशा माळी चित्रकारांमध्ये सहाव्या शतकातली झांग झेंग यु हा सर्वोत्कृष्ट माळी-चित्रकार मानण्यात येत होता.

झांग झेंग युनं अनेक बागा निर्माण केल्या. एका अर्थी या सर्व बागा समानच होत्या. याचं कारण झांग झेंग युनं त्याच्या बागांसाठी एकदा जो आराखडा निर्माण केला तोच आयुष्यभर राबवला. या बागेत एक कृत्रिम पर्वत असे. त्याच्या पायथ्याशी रोजचं बागकाम करणाऱ्या स्थायी साधूची झोपडी असे. हे स्थायी साधू माणसात मिसळत नसत. या झोपडीजवळून एक झरा वाहत असे. झोपडीभोवती

दाट झाडी असे. त्यात ही झोपडी दडलेली असे. झोपडी आणि झरा यांच्यामध्ये छोटं तळं ठेवलेलं असायचं. त्यात कमळं असत. समोरच्या बगीच्यात फुलझाडं, अधूनमधून एखादं फळझाड, मध्येच एखादा पाईन वृक्ष आणि बांबूची बेटं असत. अशा तऱ्हेचं हे उद्यान वर्षानुवर्षे टिकून राहत असे.

पुढे पुढे अशा बगीच्यातील 'पर्वतांना' खूप महत्त्व आलं. खास दगड आणून हे पर्वत बनविण्यात येऊ लागले. सम्राट हुई झांग (इ.स.११०० ते ११२५) हा एक उत्कृष्ट चित्रकार होता. त्याचप्रमाणे तो बागकाम तज्ज्ञही होता. त्यानं अनेक नवनव्या वनस्पती शोधून आणल्याच पण अनेक नव्या संकरित वनस्पती निर्माण केल्या. त्याला खडकांचं फार वेड होतं. पर्वतांच्या म्हणजे खऱ्या पर्वतांच्या पायथ्याशी जलप्रवाहात वाहून आलेले खडक तो गोळा करून आणत असे. त्याची राजधानी हांगचौ इथं होती. अनेकदा जुन्या देखरेख नसलेल्या बागांमधील खडक आणि वनस्पतीही त्याचे सैनिक राजाज्ञेनं हांगचौ इथं घेऊन येत असत. हे खडक आणणाऱ्या पडावांमुळे राजधानी भोवतालच्या कालव्यांमधील वाहतूक बरेचदा ठप्प होत असे. त्यानं झुमिएन नावाच्या एका क्रूर अधिकाऱ्याची केवळ खाजगी बागांमधील खडक आणि वनस्पती जप्त करून आणणे या कामावर नेमणूक केलेली होती. अनेक गरीब मजूर आणि शेतकरी बक्षिसाच्या आशेनं झुमिएनला अशा बागा दाखवीत असत.

या बागांमध्ये वापरल्या जाणाऱ्या खडकांमध्ये वाहत्या पाण्यामुळे चित्रविचित्र आकार प्राप्त झालेल्या चुनखडकांना महत्त्व असे. तै हू नावाच्या सरोवराच्या तळातून वर काढलेल्या चुनखडकांना भरपूर किंमत येत होती. कारण या चुनखडकांना आरपार भोकं पडून ते मधमाशांच्या पोळ्याप्रमाणे दिसत असत. या खडकांमध्ये रंगीबेरंगी शंखशिंपले घालून ते सजविण्यात येत असत. पुढे पुढे तै हो च्या खडकांसारखे बनावट खडक बाजारात आले. मग हे बनावट खडक ओळखून त्या विक्रेत्यांना शिक्षा करण्याची व्यवस्थाही करण्यात आली.

या खडकांच्या बागांसारखी व्यवस्था इतरत्र कुठेही निर्माण झाली नाही. ही खडकबागांची कला जपान्यांनी खूप पुढे नेली. याला ते सुकी बाग किंवा झेन बगीचा असं म्हणत असत. या बागा बौद्ध मठांमधून सुरुवातीला अस्तित्वात आल्या. यात वनस्पती किंवा पाणी यांचा वापर अजिबात करण्यात येत नसे. फक्त खडकांचे तुकडे आणि वाळू यांचा वापर करून या खडक बागांची निर्मिती करण्यात येत होती. पुढे पुढे छोट्या तबकातून घरात ठेवण्यासाठीही अशा बागा निर्माण करण्यात येऊ लागल्या.

ज्याला आजकाल 'लँडस्केप गार्डनिंग' असं म्हणतात, त्या प्रकारच्या बागांची निर्मितीही इ.स.१००० च्या सुमारास जपानमध्ये झाली. कृत्रिम तळी, कृत्रिम

टेकड्या, मुद्दाम तयार केलेली हिरवळ, बाहेरून आणवलेले वृक्षवेली यांच्या साहाय्यानं हे बगिचे तयार करण्यात येत असत. या बागा बघायला चीन, कोरिया आणि कंबोडिया यांसारख्या दूरच्या राज्यांमधून त्या त्या राजांचे प्रतिनिधी मुद्दाम येत असत. एवढंच नव्हे तर इथल्या माळ्यांना भरपूर पगार देऊन त्यांच्या देशात घेऊन जायचा प्रयत्न करीत. त्यामानानं युरोप बगीचा शास्त्रात त्या काळात फारच मागासलेला होता.

■

# २८

# प्राणिसंग्रहालये

आजकाल मोठमोठ्या शहरांमधून प्राणिसंग्रहालये आढळतात. लोक तिथं जातात. वेगवेगळे प्राणी पाहतात. ही नुसती करमणुकीची जागा नसते तर त्या त्या प्राण्यां-विषयी प्राणीशास्त्रीय आणि परिसरविषयक माहितीही आपल्याला प्राणिसंग्रहालये देतात. न्यूयॉर्कचे ब्रॉंक्स झू हे प्राणिसंग्रहालय प्राण्यांना त्यांच्या त्यांच्या नैसर्गिक परिस्थितीमध्ये ठेवण्याबद्दल प्रसिद्ध आहे. तर लंडनमधलं 'रिजंट पार्क' हे प्राणिसंग्रहालय आधुनिक जगातील सर्वांत जुनं प्राणिसंग्रहालय आहे, असं इंग्रज अभिमानानं सांगतात.

राजाच्या राखीव बागेतील प्राण्यांची राजाच्या भोजनासाठी शिकार केली जात असे.

प्राणिसंग्रहालयं खरं तर फार प्राचीन काळापासून अस्तित्वात होती. इसवी सनापूर्वीपासून विविध प्राणी मनोविनोदनासाठी राजांच्या बागांमधून आणि राखीव अरण्यांमधून ठेवले जात. भारतात राजांच्या अशा बागांमधून विविध प्रकारचे पक्षी, हरणं आणि इतर प्राणी असत. इजिप्तचा ग्रीक वंशीय राजा दुसरा टॉलेमी (इ.स.पू. २८४ ते २४५) याने अलेक्झांड्रियातील वस्तुसंग्रहालयाभोवतीच्या बागेत एक प्राणिसंग्रहालय निर्माण केलं होतं. ते अद्वितीय असं होतं. त्या काळात अलेक्झांड्रिया ही पाश्चिमात्य ज्ञानाची खाण होती. तिथं येणाऱ्या अभ्यासकांना विविध भूभागातील

प्राण्यांची माहिती व्हावी म्हणून या प्राणिसंग्रहालयाची निर्मिती करण्यात आली आहे.

अलेक्झांड्रियाच्या या प्राणिसंग्रहालयामध्ये आफ्रिकन सिंह, बिबळे, चित्ते, लिंक्स आणि मार्जार जातीचे इतर प्राणी, भारतीय आणि आफ्रिकन गवे, भारतीय वाघ आणि मोर, मोआब (जॉर्डन) मधील वाळवंटी रानगाढवे, ४५ फूट लांबीचा अजगर, जिराफ, गेंडे, एक ध्रुवीय अस्वल याशिवाय विविध प्रकारचे पोपट, मोर, गिनी कोंबड्या आणि फिझंट जातीचे विविध पक्षी ठेवण्यात आले होते. यातले बरेच प्राणी हत्तींना पकडताना जो हाका घालीत त्या काळात सापडलेले असत. प्रत्येक राजाजवळ अशा प्रकारे प्राणी असायला हवेत, असं टॉलेमीचं मत होतं. अशा तऱ्हेचं प्राणिसंग्रहालय निर्माण करणारा टॉलेमी हा काही पहिलाच इजिप्ती राजा नव्हता.

थुतमोज (तिसरा) या राजाच्या पंतप्रधानाच्या - रेख्मायरच्या थडग्यातील चित्र. सीरियातून आणलेले प्राणी यात दाखवले आहेत. त्या काळी सीरियात हत्ती होते! ते पुढे हजार वर्षांनी नष्ट झाले.

प्राणिसंग्रहालये ही इजिप्तमधली राजेशाही परंपराच होती. इ.स.पू. पंधराव्या शतकामध्ये तिसरा थुतमोज या फाराहोनं अनेक प्रकारच्या वनस्पती, पक्षी आणि प्राणी राजवाड्याभोवतीच्या बागेत आणून त्यांचं संगोपन केलं होतं. यात एक गेंडापण होता. त्याच्या लष्करी मोहिमात नवीन आणि आकर्षक असे पशु- पक्षी दिसले की तो ते आपल्याबरोबर घेत असे. सायरो - पॅलेस्टीनच्या मोहिमेवरून परतताना त्यानं खूप प्राणी बरोबर आणले. कर्नाकच्या मंदिराच्या भिंतीवर या प्राण्यांची चित्रे आढळतात. तर तिसऱ्या थुतमोजचा पंतप्रधान रेख्मिरेच्या कबरीवर

इजिप्तच्या अधिपत्याखालील विविध देशांतले प्राणी राजाला नजराणा म्हणून देण्यात येत आहेत, अशी चित्रमालिका आढळते.

तिकडे चीनमध्ये इ.स.पू. दहाव्या शतकात चौ घराण्यातील राजा वेन याच्या राजेशाही बागेत प्राण्यांसाठी वेगळा भाग तयार करण्यात आला होता. इथं वेगवेगळ्या प्रकारच्या हरणांचं प्रजनन करण्यात येत असे. ही परंपरा मार्को पोलोच्या काळापर्यंत अस्तित्वात होती. मार्को पोलो इसवी सनाच्या चौदाव्या शतकात हँग चौ इथल्या अशा एका बागेत गेला होता. तो लिहितो, 'या बागेतल्या दोन तृतीयांश भागात वेगवेगळ्या प्रकारच्या वनस्पती मुद्दाम मागवून आणलेल्या होत्या. त्यात वेगळ्या वेगळ्या भागात अडसर उभारून नानाविध प्रकारचे प्राणी सोडण्यात आले होते. सरोवरांमधून रंगीबेरंगी मासे होते.'

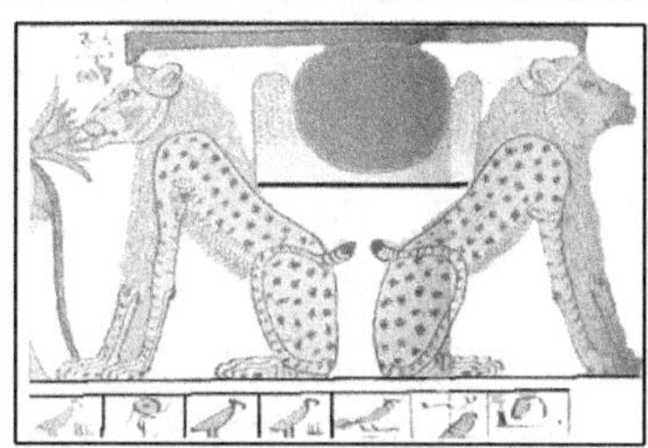
राजाच्या बागेतील पाळीव सिंह.
या सिंहांना दरबारात सिंहासनाच्या दोन बाजूंना उभे करत असत.

बायबलमध्ये आणि ओल्ड टेस्टामेंटमध्ये इ.स.पू. दहाव्या शतकातल्या सॉलोमनची हकिकत आहे. त्याचं वनस्पती आणि प्राण्यांविषयीचं ज्ञान अतुलनीय होतं. हे राजाचं वर्णन आहे तरी त्यात अतिशयोक्ती नसावी. त्याच्या ज्ञानाची ओल्ड टेस्टामेंटमध्ये भरभरून स्तुती केलेली आढळते. त्याला अनेक वनस्पतींची माहिती होती. त्याच्या नौदलानं आणलेल्या खजिन्यात एप, मोर आदी पशुपक्षी होते, असंही वर्णन आढळतं.

रोमन साम्राज्यामध्ये अनेक श्रीमंत माणसांची स्वत:ची उद्यानं असत. त्यात त्यांची खाजगी प्राणिसंग्रहालयेही असत. पक्ष्यांचे संग्रहही असत. एवढंच नव्हे तर मासे आणून वेगवेगळ्या हौदात सोडण्यात येत; कारण एकाच हौदात ठेवलेले मासे एकमेकांना खातात, असं लिहून ठेवलेलं आढळतं.

इ.स.पू. पहिल्या शतकात क्विंटस हॉर्टेन्सिअस या श्रीमंत व्यक्तीच्या महालात त्याचं भोजनालय हे त्याच्या बागेत डोकावून पाहता येईल, अशा तऱ्हेनं बांधण्यात आलेलं होतं. रोमजवळ लॉरेंटमच्या किनाऱ्यावर त्याचा हा प्रासाद होता. त्याची एक बाजू सागराच्या दिशेनं उघडी होती; तर दुसऱ्या बाजूस त्यानं तयार केलेलं

उद्यान होतं. इथं त्याच्या नोकरानं शिंग फुंकलं की त्या सज्जाखाली प्राणी जमा होत असत. बहुधा ती त्यांची खाण्याची वेळ झाल्याची खूण असावी.

इ.स.पू ४० मध्ये श्रीमंत जमीनदार आणि शेतीतज्ज्ञ व्हारो यानं कॅसिनम (आताचं कॅसिनो) इथं एक घुमट बांधला. याच्या चारी बाजूंना तागाची जाळी तयार करून घेतली आणि त्यात अनेक रंगीबेरंगी पक्षी सोडले होते. यातले बहुतेक पक्षी हे गाणारे होते. यात काही पक्षी भारतातूनही आणवलेले होते.

इ.स.६४ मध्ये लागलेल्या आगीत रोम नष्ट झालं. त्यानंतर बांधलेल्या राजमहालात – याला गोल्डन हाऊस म्हणण्यात येत असे – अनेक प्राणी आणि पक्षी ठेवण्यासाठी खास उद्यान तयार करण्यात आलं होतं. स्युटोनियस हा रोममधला 'सायंदैनिकाचा वार्ताहर' समजण्यात येत होता. आजच्या युगात तो 'गॉसिप कॉलमिस्ट' म्हणून खूप गाजला असता. 'नीरोच्या या राजवाड्याच्या परिसरात एक मोठं सरोवर होतं.' असं स्युटोनियस लिहितो. त्या सरोवराभोवती इमारती होत्या. काही ठिकाणी या सरोवराकाठी द्राक्षाचे मळे होते, गवताळ प्रदेश होते, राखीव वनं होती. त्यात दूरदूरहून आणलेले निरनिराळ्या प्रकारचे प्राणी सोडण्यात आलेले होते.

इ.स.२४४ मध्ये सम्राट तिसरा गॉर्डियन मरण पावला. तो इतका अचानक मेला की बहुधा त्याला हृदयविकाराचा जबरदस्त झटका आला असावा, असं इतिहासकार गृहीत धरतात. तो नुकताच बराच मोठा भूप्रदेश जिंकून आला होता. त्याच्या विजयोत्सवाच्या मिरवणुकीमध्ये त्यानं जिंकलेल्या भूप्रदेशातून आणलेल्या प्राण्यांचा समावेश होता. पुढं या प्राण्यांसाठी त्याच्या वारसानं खूप मोठं उद्यान निर्माण केलं होतं. इ.स.२४८ मध्ये रोम शहराच्या स्थापनेस हजार वर्षे झाल्याचा समारोह करण्यात आला. त्यात हे प्राणिसंग्रहालय आम जनतेसाठी खुले करण्यात आलं.

या ठिकाणी ३२ हत्ती, १० एल्क्स, १० आशियाई वाघ, १० पाळीव आणि १० रानटी सिंह, १० तरस, १० जिराफ, २० रानगाढवं, ४० वाळवंटी घोडे, ६ पाणघोडे आणि १ गेंडा असे प्राणी होते. या प्राणिसंग्रहालयाचा खर्च सम्राटाच्या खाजगी खर्चातून होत असे.

पाश्चात्य देशातलं प्राणी पाळायचं वेड रोमन साम्राज्य लयास जाताच एकाएकी कमी झालं. त्यानंतर युरोपात सुमारे हजार-बाराशे वर्षे तरी पुन्हा कुठल्या राजानं प्राणी पाळले किंवा प्राणिसंग्रहालयं निर्माण केल्याचं ऐकिवात नाही. नंतर इ.स.११०० च्या सुमारास इंग्लंडमध्ये पहिल्या हेनरीनं ऑक्सफर्डजवळ वुडस्टॉक इथं एक छोटा बगीचा निर्माण करून त्यात प्राणी ठेवले असे उल्लेख आहेत. यातले बरेच प्राणी त्या काळातल्या इतर राजांनी हेन्रीला भेट म्हणून दिलेले होते.

तेराव्या शतकामध्ये सिसिली आणि जेरुसलेमचा राजा दुसरा फ्रेडरिक यानं बरेच प्राणी बाळगलेले होते. इ.स.१२३५ मध्ये जर्मनीतील वर्म्स या गावी त्याचा इंग्लंडच्या जॉनची मुलगी इझाबेल हिच्याशी विवाह झाला. तेव्हा यातल्या बऱ्याच प्राण्यांचा शाही वरातीमध्ये समावेश होता. त्यात हत्ती, उंट, सिंह, चित्ते, बिबळे, विविध माकडे यांची गाड्यावरून रांग लावण्यात आली होती. तिसऱ्या हेन्रीनं इंग्लंडच्या राजांना वेळोवेळी भेट मिळालेले प्राणी इंग्लंडच्या वेगवेगळ्या ठिकाणाहून लंडनला आणले आणि ते एकत्रित ठेवून लंडन प्राणिसंग्रहालयाची स्थापना केली. हे प्राणी टॉवर ऑफ लंडनमध्ये आणि त्या परिसरात ठेवण्यात आले होते. इ.स.१८२८ मध्ये ते रिजंट पार्क या सध्याच्या ठिकाणी हलविण्यात आले.

तिसरा हेन्री हा अत्यंत विक्षिप्त हाता. त्याला कुणीतरी एक ध्रुवीय अस्वल भेट म्हणून दिलं. या पट्ट्यानं त्याच्या खाण्या-पिण्यासाठी दिवसाला दीड सेंट एवढी रक्कम मंजूर केली. त्यामुळे ते अस्वल मग थेम्समध्ये स्वतःच मासे पकडून स्वतःचा उदरनिर्वाह करू लागलं. त्याची ही मासेमारी बघायला खूप गर्दी जमत असे. मग यातलेच काही लोक दया येऊन त्याला खायला घालीत असत.

चौदाव्या शतकात फ्रेंच राजा सहावा फिलिप याने त्याच्या लुव्र येथील राजवाड्यात 'ओतेल देलिआँस घुरुआ' नावाच्या इमारतीमध्ये सिंह आणि बिबटे पाळले होते. या छोट्याशा सुरुवातीपासून पुढं व्हर्सेय येथील 'रोयाल मेनाजरी' हे आधुनिक प्राणिसंग्रहालय इ.स.१६६५ मध्ये अस्तित्वात आलं. प्रशस्त पिंजरे, त्या त्या प्राण्यांच्या मूळ नैसर्गिक परिस्थितीसारखी परिस्थिती, प्राण्यांबाबतचं संशोधन, त्यांच्यासाठी वैद्यक तज्ज्ञ आणि मुलांच्या प्राणीविषयक शिक्षणाची सोय या प्राणिसंग्रहालयात करण्यात आली होती.

तिकडे अमेरिकेतल्या स्थानिक रहिवाशांची प्राणिसंग्रहालये खूपच प्रगत होती. ती पहिल्यांदा जेव्हा युरोपीय लोकांनी बघितली तेव्हा ते आश्चर्यचकित झाले होते. दुसऱ्या माँटेझुमानं (इ.स.१५०३ ते १५२०) टेनोक्टिटलान या त्याच्या राजधानीच्या शहरी एक भव्य वनस्पती उद्यान होते, त्यात अनेक पशु-पक्षी सोडण्यात आले होते. हिंस्र पशूंसाठी वेगळे पिंजरे होते. माँटेझुमाच्या चांगुलपणाचा फायदा घेऊन त्याला फसवून कैद करणाऱ्या बर्नल दिआझ देल कॅस्टिलोला मात्र हा मूर्खपणा वाटत होता. त्याची याबाबतची नोंद त्याचे विचार स्पष्ट करते.

"त्या ठिकाणी एक प्रचंड मोठा वाडा होता. त्यात असंख्य देवांच्या प्रतिमा होत्या. हे देव भयानक दिसत होते. त्या प्रत्येक देवाच्या भोवती हिंस्र पशू होते. त्यातल्या बऱ्याच पशूंचा जन्म इथंच झाला होता. त्यांना हरणं, कोंबड्या आणि कुत्री व इतर प्राणी खायला देण्यात येत असत. या भिकार घरात असंख्य विषारी सापही होते. या सापांच्या शेपट्यांवर नैसर्गिकरीत्या वाजणाऱ्या घंटाही होत्या. हे साप

मातीच्या रांजणात पक्ष्यांच्या पिसांच्या बिछान्यात ठेवण्यात येत. तिथंच ते अंडीही घालत आणि त्यांची पिल्ले वाढवत असत. एवढी मोठी जागा आणि अनेक नोकर अशा तऱ्हेनं या प्राण्यांच्या सेवेत वाया घालविण्यात येत होते.''

इतर प्रकारचे साप मुद्दाम चिखलात भरलेल्या लांबट हौदांमध्ये सोडलेले असत. हे मूळ नदीकिनारी राहणारे साप होते. मांसाहारी पशू जाड लाकडी फळ्यांच्या लांब-रुंद पिंजऱ्यात ठेवण्यात येत. प्रत्येक प्राण्याला स्वतंत्र पिंजरा होता. तो त्याच्या लांबीच्या दहापट मोठा आणि रुंद असे. मृत्युदंडाची शिक्षा झालेले कैदीही यांचे भक्ष्य बनत असत. या प्राण्यांना या बंदिवासातही पिल्ले होत असत. यावरून त्यांना खूप चांगलं वागविण्यात येत होतं हे उघडच आहे. हरणं, लामा, व्हिक्युना आणि गवे हे बरेचदा मोकळ्यावर हिंडत.

या बागांतून गरुडापासून ससाण्यापर्यंत अनेक शिकारी पक्षी होते. शिवाय अनेक जातीची घुबडेही होती. हे पक्षी आधुनिक पक्षी संग्रहालयांच्या तोंडात मारतील अशा प्रकारे खास पिंजऱ्यात ठेवण्यात येत. हे पिंजरे झाडांच्या फांद्यांभोवती तयार करण्यात येत. यांना एक बंद कप्पा आणि एक मोठा मोकळा भाग असे. या पक्ष्यांना रोज पाचशे टर्की कोंबड्या आणि इतर पाळीव पक्षी भरविण्यात येत असत. या प्राणिसंग्रहालयाच्या देखरेखीसाठी तीनशे कर्मचारी सतत झटत असत.

याशिवाय बिनशिकारी शोभिवंत पक्ष्यांच्या वेगळा विभाग होता. या विभागाच्या मध्यभागी एक प्रचंड मोठं तळं होतं. याला खापरांच्या भूमिगत नळातून पाणीपुरवठा होत असे. या पक्ष्यांच्या देखरेखीसाठी आणखी ३०० नोकर कार्यरत होते. ते रोज १२० किलो मासे या पक्ष्यांसाठी पकडत असत आणि आजूबाजूच्या परिसरातले कीटकही पकडून आणून या पक्ष्यांना भरवीत असत. पक्ष्यांची झडलेली पिसे ते गोळा करून व्यवस्थित जपून ठेवीत. ती खास शिंप्यांच्या हाती सोपवली जात. तिथे मॉटेझुमाच्या राण्यांसाठी या पिसांचे पोशाख शिवण्यात येत असत. आजच्या ग्वाटेमालाचा राष्ट्रीय पक्षी असलेल्या क्वेटझाल या पक्ष्याच्या हिरव्या पिसांना खूप मागणी असे. मेलेल्या पक्ष्यांमध्ये पेंढा भरून त्यांच्या जिवंत वाटाव्या अशा मृतदेहांचं एक संग्रहालय मॉटेझुमानं बनवलं होतं. स्पॅनिश लोकांनी हा महाल पाहून या राजाला वेड लागल्याची शंका व्यक्त केली होती.

मध्य आशियात इ.स.पू. ११०० पासून टिगलाथ-पिलेसरच्या राज्यात वनं आणि वन्यपशू संरक्षणविषयक कायदे निर्माण केले जाऊ लागले. शिकारीचे ऋतू, शिकारबंदीचा काळ, शिकवण्यासाठीचे ससाणे पकडण्याचा काळ अशा विविध बाबींबाबत हे कायदे केले जात होते. झाडं तोडल्यास सश्रम कारावासाची शिक्षा असे. कुठल्याही वन्य पशुपक्ष्यांच्या मादीची शिकार केल्यास शिक्षा होत असे.

चीनवर आक्रमण करून सत्ता स्थापन करणाऱ्या खानांपैकी कुब्लाय खानानं

वन्य पशुपक्ष्यांची उपासमार टाळण्यासाठी एक कार्यक्रम हाती घेतला. यानुसार सर्वच सार्वजनिक रस्त्यांवर दोन्ही बाजूस तृणधान्यांची लागवड करण्यात येत असे. हे पीक कापायला माणसांना बंदी असे.

सातव्या शतकाच्या सुरुवातीपासून इंग्लंडमध्ये संस्थानिकांच्या सोयीसाठी राखीव वने निर्माण करण्यात आली. रॉबीनहूडनं पुढं गाजवलेलं शेरवुड जंगल यातलंच. यातल्या काहींचा विस्तार १३ हजार चौ. कि.मी. हून अधिक होता. वेसेक्सच्या आइन नावाच्या राजानं (इ.स.६८८-७२६) पहिला जंगल रक्षणाचा कायदा इंग्लंडमध्ये केला. केंटच्या विल्ट्रेडनं राखीव कुरणातील प्राणी मारण्यास इ.स.६९५ मध्ये बंदी केली. हे कायदे त्या त्या जहागीरदारांना शिकारीच्या वेळी प्राणी मिळावेत म्हणून असले तरी त्यामुळे प्राणी संरक्षणास मदत झाली, हे विसरता येत नाही.

■

# इजिप्तमधील प्राणीदैवते

इजिप्तमधील संस्कृतीचे पुरावे ख्रिस्तपूर्व ३२०० पासून ठोस स्वरूपात मिळतात. याचाच अर्थ इथं मानवी संस्कृतीची सुरुवात त्या आधीच कधीतरी झाली होती. असं असलं तरी इजिप्तमधले लिखित स्वरूपाचे पुरावे इसवीसनपूर्व २५०० पासून मिळतात. इजिप्तच्या बाबतीत एक वैशिष्ट्य सांगता येतं. ते म्हणजे सुमारे दोन हजार वर्षे इजिप्तचा बाहेरच्या जगाशी फारसा संबंध नव्हता. त्यामुळे पश्चिम आशियातल्या संस्कृतीपेक्षा इजिप्तची संस्कृती अगदीच वेगळी होती. याचं कारण

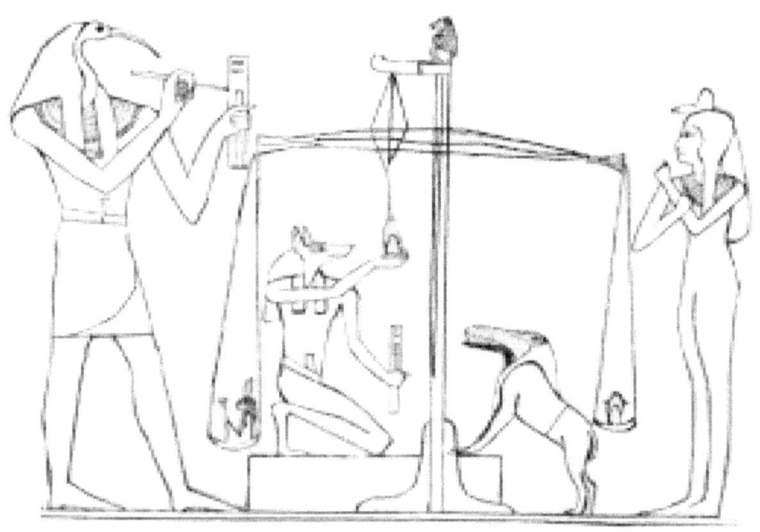

थोथ हा पाप-पुण्याचा हिशोब ठेवतांना त्याला वेगवेगळे देव तराजू वापरून पाप-पुण्याचा हिशोब करायला मदत करीत

नाईलच्या खोऱ्यात जन्मलेल्या आणि भरभराटीस आलेल्या या संस्कृतीला चारी बाजूंनी वाळवंटांचा वेढा होता. त्याकाळात तरी ही वाळवंटं ओलांडणं दुर्गम होतं. इजिप्तच्या संस्कृतीचं वैशिष्ट्य म्हणजे तिथले असंख्य देव आणि दैवतं. या

देवांचे स्वरूप मानवी असण्यापेक्षा बहुधा ते पाशवी असे. अगदी छोट्या छोट्या प्राण्यांपासून मोठमोठ्या हिंस्र प्राण्यांपर्यंत अनेक पशुपक्षी दैवतांमध्ये समाविष्ट असत. त्याकाळात नाईलचं खोरं किती निसर्गसमृद्ध होतं याची साक्षच या देवदैवतांमार्फत मिळते, असं म्हटलं तर ते चुकीचं ठरू नये.

त्या काळातल्या इजिप्तचे बेचाळीस जिल्ह्यात प्रशासकीय विभाजन करण्यात आले होते. या सर्व जिल्ह्यांच्या प्रमुख ठिकाणी एक मोठं देऊळ असे, तर प्रत्येक छोट्या गावात त्या गावाचं ग्रामदैवत असे. भारतातल्या देवांच्या संख्येशी तुलना होऊ शकेल एवढी देवदैवतं त्या काळातल्या इजिप्तमध्ये अस्तित्वात होती. मात्र भारतात स्वर्ग ही देवांची निवासी वसाहत होती. ग्रीसमधले देव माऊंट ऑलिंपसवर राहत असत. त्याप्रमाणे इजिप्तमधल्या देवांना ठराविक वसाहत अशी नव्हती. होरस आणि सेथ या देवतांमध्ये वाद निर्माण झाला तो मिटवण्यासाठी सर्व देव- देवता इजिप्तच्या मध्यावर जमा झाल्या आणि वाद मिटताच आपापल्या जागी निघून गेल्या. ही देव मंडळी आपापल्या भागातच वास्तव्यास असत आणि आपापल्या भूभागांचं संरक्षण करीत असत. शतकानुशतकं ते त्याच भूभागात वास्तव्यास असल्याचं दिसतं.

इजिप्तच्या देवतांचं वैशिष्ट्य म्हणजे बहुतेक सर्व देवदेवता पशुपक्ष्यांच्या स्वरूपात होत्या. इजिप्तमध्ये त्याकाळात सर्वच सजीव-निर्जीव वस्तूंमध्ये देवाचं अस्तित्व बघितलं जात होतं. आजच्या गैय्यावादाचाच तो प्राचीन प्रकार म्हणावा लागेल. सर्व जग ही एक जिवंत प्रणाली असून मानव, देव, वनस्पती आणि पशुपक्षी त्या सजीव प्रणालीचा भाग आहेत, असं त्या काळात मानलं जात होतं.

इजिप्तच्या प्राचीन साम्राज्यात म्हणजे इसवीसनपूर्व सत्ताविसावे शतक ते विसावे शतक या काळात फाराहो मेला की तो ओसिरिस नावाचा देव बनतो अशी समजूत होती. नवा येणारा राजा हा होरस अथवा रे म्हणजे सूर्यदेव, याचा पुत्र असल्याचं मानण्यात येत असे. नव्या साम्राज्यात म्हणजे इसवीसनपूर्व १५६७ ते १०६९ या काळात रेची जागा इतर देवतांनी घेतली.

माणसाच्या मृत्यूनंतर त्याच्या आत्म्याची काळजी खोकडाचं डोकं असलेला अनुबीस नावाचा देव घेतो अशी इजिप्ती लोकांची श्रद्धा होती. या खोकड देवाचा हिशेबनीस थोथ हा इबिस पक्ष्याचं डोकं असलेला होता. थोथवर माणसाच्या पापपुण्यांचा हिशेब ठेवायचं काम असे. यामुळे त्याकाळात खोकड आणि इबिस यांना माणसं मारत नसत.

दरम्यान रे या सूर्यदेवाचा दररोज अपोफीस या सर्पराजाशी जीवनमरणाचा लढा चालू असे. या सर्पराजाला आपेप असंही नाव होतं. रोज सूर्य मावळला की अपोफीस आणि रेचं युद्ध सुरू व्हायचं. ते रात्रभर चालून सूर्य विजयी झाला की

सकाळी तो उगवायचा. दिवसा अपोफीस विश्रांती घेऊन ताजातवाना होऊन रात्री परत सूर्यावर हल्ला चढवीत असे.

काही वेळा सापाच्या ऐवजी सुसररूपी अपोफीस सूर्याला गिळते असं मानण्यात येत असे. यामुळे रोज रात्री अपोफीसची सर्परूपी किंवा सुसररूपी प्रतिमा तयार करण्यात येत असे. मग मुख्य पुजारी मंत्र म्हणत या प्रतिमेचे तुकडे करीत असे. प्रत्यक्षात मात्र इजिप्तमध्ये त्या काळात साप अथवा सुसर मारण्यास बंदी होती.

त्या काळात इजिप्तमध्ये सर्वांत पवित्र मानण्यात येणारा प्राणी म्हणजे मांजर. मांजराला इजिप्तमध्ये इतका मान होता, की मांजरांच्या ममी करून एका खास स्मशानभूमीत पुरल्या जात असत. बुबास्तोस इथं अशी मांजरांची स्मशानभूमी उत्खननात आढळली. बास्टेट नावाची देवता मांजराच्या चेहऱ्यावरची होती. त्यामुळे मांजरांना इजिप्तमध्ये एवढं महत्त्व प्राप्त झालेलं होतं. बास्टेट ही रे या सूर्यदेवाची मुलगी. तिचं चंद्राशीही नातं होतं. काही पुराणकथांमध्ये बास्टेट हीच सेखमेत असं मानण्यात येतं. सेखमेतचं डोकं सिंहाचं होतं. ही नरसिंहीण खूपच उत्पात करणारी देवता मानण्यात येत असे. बास्टेट आणि सेखमेत या मुट या देवतेशी संबंधित देवता हेत्या.

मुट ही अमुन-रे या सूर्यदेवाची पत्नी. अमुन-रेचं डोकं एडक्याचं होतं. इजिप्तच्या नव्या साम्राज्यात तो प्रमुख देव होता. अमुन-रेची पत्नी मुट हिची दोन रूपं होती. मनुष्य रूपामध्ये ती मुकुटधारी स्त्री असे. इतरवेळी ती गिधाडाच्या स्वरूपात वावरत असे. या दोन्ही देवतांना प्राचीन इजिप्तमध्ये खूप मान होता. नेहेबकाऊ ही प्राचीन नागदेवता रेची अत्यंत विश्वासू सेवक होती. नेहेबकाऊला माणसासारखे हातपाय होते. त्याचं मानवी रूप पुरुषी स्वरूपात असे. सुरुवातीस हा देव क्रूर असला तरी पुढं तो सज्जन आणि दयाळू मानण्यात येऊ लागला.

रे या सूर्यदेवतेशी संबंधित आणखी एक देव म्हणजे नेफेर्तेम. प्रत्यक्षात नेफेर्तेम हे कमळाचं फूल आहे. त्यातून रोज सूर्य उदयास येतो, असं मानण्यात येतं. हा नेफेर्तेम प्लाह आणि सिंहमुखी सेखमेतचा मुलगा. 'रे'शी संबंधित आणखी एक पुराण पक्षी मात्र काल्पनिक आहे. हा पक्षी म्हणजे फिनिक्स. हा पक्षी पाहिल्याचं ग्रीक इतिहासकार हिरोडोटसनं लिहून ठेवलं आहे. तो स्वतःच्या राखेतून जन्म घेत असे. रोज मावळणाऱ्या आणि दुसऱ्या दिवशी उगवणाऱ्या सूर्याचं हे प्रतीक मानण्यात येतं. हिरोडोटस सोडला तर हा पक्षी बघितल्याचा दावा इतर कुणी केलेला नाही. तो काल्पनिक आहे, हे बहुतेक सर्व पुराणकार मान्य करीत.

बहिरी ससाण्यालाही इजिप्तमध्ये दैवत्व प्राप्त झालं होतं. केबेहसेनुफ नावाच्या देवाचं डोकं बहिरी ससाण्याचं होतं आणि हातामागून त्याचे पंख फुटलेले असत. हा होरसच्या चार पुत्रांपैकी एक होता. त्याच्या अंगावर वस्त्र म्हणून कफन पांघरलेलं

असे. ममी करण्याच्या वेळी मृत शरीरातील आतडी बाहेर काढून मातीच्या बुधल्यात ठेवण्यात येत. त्या बुधल्याचं संरक्षण करणं हे त्याचं प्रमुख काम होतं. याशिवाय कबरीचं रक्षणही तो करीत असे.

केतेश ही इजिप्तमधली देवता. सिंहाच्या पाठीवर उभी असली तरी ती गायीचं स्वरूप होती. ती सुप्रजननास मदत करणारी देवता होती. भारतातील लज्जागौरीचं या देवतेशी तिचं साम्य आढळतं.

रेनेनुटेट ही सर्पदेवता होती. ती पिकांचं आणि फाराहोंचं रक्षण करीत असे. लहान मुलांचं संगोपन हे या देवतेचं विशेष कार्य होतं. ही देवता आपल्या चित्रगुप्ताचंही काम करीत असे.

इजिप्तच्या एकंदर देवतांमध्ये अनेक प्राणी तसेच पक्षी सामावलेले आहेत. यात स्थलचर, जलचर आणि खेचरांचाही समावेश आढळतो. मानवशास्त्रज्ञांच्या मते इजिप्तमधली संस्कृती निसर्गाशी निगडित होती. या पशुपक्ष्यांबद्दल त्या संस्कृतीस आस्था होती हेच या निसर्गदेवतांवरून स्पष्ट होतं.

# निसर्गज्ञान आणि शिकार

एकेकाळी जगात शहरंच नव्हती. मानवी टोळ्या रानावनातून हिंडत असत. फळं, अंडी, कोवळी पानं आणि दुसऱ्या प्राण्यांनी केलेली शिकार गोळा करून जगत. तेव्हा प्रदूषण नव्हतं. माणूस हा खरंच वन्यजीव होता. एक दिवस बिया टाकल्या की धान्य उगवतं, नदीच्या काठी राहिलं तर बऱ्यापैकी आरामात बिनकष्टाचं जगता येतं, दगड फेकून मोठ्या प्राण्यांना छळून मारता येतं, तर काठ्यांनी बडवून लहानसहान प्राणी मारता येतात, हे शोध माणसाला लागले. एक दिवस म्हणायचं कारण, हे शोध साधारणपणे एकाच काळात माणसाला लागले. ते नदीकाठच्या वास्तव्यामुळे लागले. माणूस शेतकरी बनल्यावर शेताजवळ राहणं त्याला भाग पडलं. मानवी वस्तीची सुरुवात झाली.

उत्तर अश्मयुगात मानवी शिकारीची हत्यारं बरीच प्रगत बनलेली होतीच. बूमरँग हे अस्त्र आज ऑस्ट्रेलियन आदिवासींचं हत्यार म्हणून ओळखलं जातं. पण पूर्वी हे हत्यार सर्वच भूखंडांवर वापरात होतं. ऑस्ट्रेलियात गेली दहा हजार वर्षे हे हत्यार वापरात आहे; तर बूमरँगचा सर्वांत जुना पुरावा दक्षिण पोलंडमध्ये केलेल्या उत्खननात ओब्लाझोवा गुहेत मिळाला असून एकवीस हजार वर्षांपूर्वीचं हे बूमरँग लाकडी असून २८ इंच (७०सेमी) लांबीचं आहे. धनुष्यबाण आणि बूमरँग हे साधारण एकाच कालखंडात अस्तित्वात आले, असं दिसतं. पूर्व स्पेनमधल्या पापालो इथल्या उत्खननात १९ हजार वर्षांपूर्वीची बाणांची दगडी टोकं मिळाली. ही हातानं घडवलेली टोकं अतिशय टोकदार आणि धारदार आहेत. फ्लिंटची ही टोकं ओल्या लाकडात खुपसून मग तो बाण आगीवर वाळविण्यात येत असे.

मासेमारी करायला गळ वापरावेत हे सुमारे पंधरा हजार वर्षांपूर्वी माणसाच्या लक्षात आलं. त्यांनं हाडांचे तुकडे वापरून मासेमारीची सुरुवात केली. त्या हाडांना आकडीचा आकार देण्याचा प्रयत्नही केला. जाळी वापरून माणूस मासेमारी कधी करू लागला याचा निश्चित पुरावा नसला तरी ५ ते ६ हजार वर्षांपूर्वी माणसं जाळी टाकून मासे पकडत होती, असं वेगवेगळ्या ठिकाणच्या भित्तीचित्रांवरून लक्षात येतं.

केवळ खाण्यासाठी शिकार करणं, हे माणसाच्या प्राणी असण्याचं लक्षण ठरतं. पुढे मजेसाठी माणूस प्राणी मारू लागला. अशा निरर्थक प्राणीहत्येला मोठ्या अभिमानानं तो शिकार म्हणू लागला. इजिप्तचे फाराहो, उत्तर इराकमध्ये असिरियन राजे, उत्तर सीरियातले शासनकर्ते हे तीन ते चार हजार वर्षांपूर्वी शिकार करीत होते. दशरथ राजा मृगयेस गेला असता त्याच्या हातून श्रावण मेल्याची कथा आपण वाचतोच. वेदातही 'आहनाला चांगली शिकार मिळो' अशा प्रार्थना आढळतात. ज्यांचा काळ निश्चित करता येतो. अशा शिकारींची नोंद पिरॅमिडवरून आढळते. (इ.स.पू. २५००) तसेच पहिला टिग्लाथ-पिल्सर (इ.स.पू. १११५-१०७७) यानं कोरलेल्या शिलालेखात त्यानं पायी १२० सिंहाचा सामना करून त्यांना यमसदनास पाठविले आणि रथात बसून ८०० सिंह मारले अशी नोंद आहे. एका शिकार मोहिमेत पहिल्या टिग्लाथ-पिल्सरने ४ गवे आणि दहा मोठे हत्ती मारले. भूमध्य सागरात बोटीनं प्रवास करताना त्यानं एक नारव्हाल मारला; असं त्याच्या पराक्रमांच्या नोंदीत आढळतं.

गेल्या हिमयुगानंतर म्हणजे इ.स.पू. १० हजारच्या आगेमागे माणूस शेतकरी बनला. फ्लिंटच्या हत्यारांच्या साहाय्यानं तो पिकांची कापणी करू लागला. पाट्या-वरवंट्यांच्या साहाय्याने तो या धान्याचं पीठ करू लागला. इ.स.पू. ९००० मध्ये मध्यपूर्वेत सर्वत्र माणूस शेती करत होता. इ.स.पू. ८००० च्या आसपास माणूस

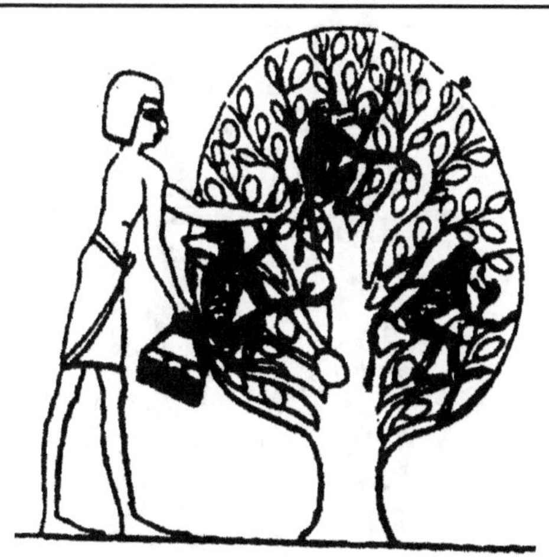

इ.स.पू. १९०० च्या सुमाराचे इजिप्शियन थडग्यातील चित्र.
एक शेतकरी फळे काढण्यासाठी माकडाला कामाला लावत आहे.

बियाणी साठवू लागला होता, असा अंदाज करता येतो. त्यानं रानगवत निवडून ती माणसाळवली होती. पण तो प्राणीही पाळू लागला होता.

इ.स.पू. ८००० च्या आगेमागे वाटाणा, तूर आणि इतर खाद्यशेंगांची पेरणी होऊ लागली. न्यू गिनीत तारो नावाचं रताळ्यासारखं मूळ इ.स.पू. ७००० मध्ये खाण्याकरिता मुद्दाम पेरण्यात येऊ लागलं. याच काळात शेळ्यामेंढ्याही मानवाची सेवा आशिया खंडात करू लागल्या होत्या. चीनमध्ये भातशेती सुरू झाली होती. तुर्कस्थानपासून सिंधूपर्यंत गाई आणि डुकरं पाळण्यात येऊ लागली, तर दक्षिण अमेरिकेत बटाट्याचा वापर खाद्यपदार्थांत सुरू झाला. या संशोधनाबरोबर इतर ठिकाणचं संशोधन लक्षात घेता या सर्व घटना कदाचित याही आधीच घडू लागल्या असाव्यात, असा अंदाज करता येतो.

वनस्पती आणि प्राणी माणसाळवणं या प्रक्रिया जोडीनंच घडल्या. साठवून ठेवलेल्या अन्नावर प्राणी हिवाळ्यात जगवता येतात आणि वेळप्रसंगी मारून खाता येतात, हे लक्षात यायला माणसाला वेळ लागला नव्हता. या पाळीव प्राण्यांच्या लेंड्या शेतात पडल्या तर पीक जास्त जोमानं वाढलं, हेही त्याच्या लक्षात आलं.

नांगराचा पहिला पुरावा इ.स.पू. ३००० च्या जवळपासचा आहे. हा नांगर अर्थातच आजकालच्या नांगरासारखा नव्हता तर जाड काठीला टोक करून त्यात टोकदार दगडी तुकडे बसवून तयार केलेला होता. हळूहळू हे नांगर जाऊन बैलांनी ओढायचे नांगर अस्तित्वात आले. ही बैलांच्या साहाय्यानं जमीन नांगरायची पद्धत

खजुराची झाडं.
नर झाडं असल्याशिवाय खजूर तयार होत नाही याची पूर्वीपासून कल्पना होती.

अत्यल्प काळात सर्वदूर पसरली. कारण याच सुमारास गोपालन, दोहन आणि बैलगाड्या हेही सर्वत्र आढळतं. इ.स.पू. ३०००च्या सुमारासच मेंढ्याची लोकर काढून त्यापासून घोंगड्या करायला सुरुवात झाली. हळूहळू शेतीच्या दृष्टीनं प्राण्यांचं महत्त्व वाढलंच; पण या प्राण्यांपासून मिळणारे इतर फायदेही मानवाच्या लक्षात येऊ लागले. या काळात माणूस फळं काढण्यासाठी माकडांचा वापर करीत होता. विशेषत: खजूर, शिंदी, नारळ आणि ताडगोळे काढण्यासाठी माकडांचा वापर केला जात असे.

आपल्या पूर्वजांचं वनस्पतींबद्दलचं ज्ञान अनुभवजन्य होतं. खजुराच्या आणि पपईच्या झाडांमध्ये नर आणि मादी अशी वेगवेगळी झाडं असतात. नर झाडास फळं लागत नाहीत. त्यामुळे नर झाडं वरकरणी निरुपयोगी दिसतात पण जर संपूर्ण परिसरातील नर झाडं काढून टाकली तर परागवहनानं बीजांडकोशाचं फलन होत नाही. मादी झाडाला फुलं येतात पण ती फलित झाली नाहीत तर नुसतीच गळून पडतात. याउलट नर झाडावरची फुलं तोडून ती मादी झाडाच्या फुलांवर घासली तर त्या झाडाला हमखास भरघोस फळ धरतं, हे ज्ञान चुकतमाकतच असिरियन शेतकऱ्यास प्राप्त झालं होतं, हे उघड आहे. आजही बऱ्याच ओॲसिसांमधून खजुराचं फलन असंच मानवी मदतीनं केलं जातं. ही परंपरा चार हजार वर्षे मागं जाते. हे असं का करायचं याला बॅबिलोनमधल्या शेतकऱ्यांकडे उत्तर नसेल. पण खजुराच्या बाबतीत तो हे ज्ञान वापरत होता तर दक्षिण अमेरिकेतले न्यू इंडियन पपईच्या दोन्ही लिंगांची झाडं बागेत राहतील याची काळजी घेत होते. हे असं का, या प्रश्नाचं उत्तर विज्ञानाला सतराव्या शतकाच्या उत्तरार्धांत मिळालं.

शेतीचा महत्त्वाचा घटक म्हणजे पाणी. नुसतीच जमीन कसली आणि त्यात पाणी नसेल तर पीक कसं घेणार? पाणीपुरवठ्याचे कृत्रिम उपाय, हा मानवी अभियांत्रिकीचा पहिला मोठा प्रकल्प ठरतो. पहिले कालवे इ.स.पू. चौथ्या सहस्रकात द. रशियातील जिओकायसूर या ठिकाणी निर्माण केले गेले. प्रत्येक कालवा दीड मैल (२.४ किमी) लांबीचा होता. तो चार फूट (१.३ मीटर) खोल आणि दहा फूट (सुमारे ३ मीटर) रुंद होता. अशा कालव्यांचं जाळंच या भागात खोदलेलं आढळतं. इ.स.पू. २८०० च्या सुमारास इजिप्तमधल्या शासनानं जलसंधारण खातं निर्माण केलं. बांधबंधारे बांधून महत्त्वाच्या शहरांना पाणीपुरवठा करणे, हे या खात्याचं काम होतं. या खात्याच्या अभियंत्यांनी पहिलं मानवी धरण बांधलं होतं. सद अल्-कफारा (कफराचं धरण) असं आता त्याला अरेबिकमध्ये म्हटलं जातं. हे धरण कैरो (काहिरा) च्या दक्षिणेस २० मैलांवर (३२ किमी) हेल्वान या ठिकाणी आहे. इ.स.पू. २६०० ते २५०० च्या दरम्यान हे धरण बांधण्यात आलं. या धरणाचे अवशेष आजही पाहावयास मिळतात. हे धरण ३४८ फूट लांब (सुमारे

११५ मीटर) आणि ३७ फूट उंच (सुमारे १२ मीटर) होतं. त्याच्या दोन भिंती मुद्दामहून आणलेल्या दगडांनी बांधण्यात आल्या होत्या. तळाशी प्रत्येक भिंत ७८ फूट (सुमारे २५ मीटर) रुंद होती. या दोन भिंतींमध्ये ११८फूट (३३मीटर) अंतर होतं. या दोन भिंतींमधल्या मोकळ्या जागेत नदीच्या पात्रातले दगडगोटे ठासून भरण्यात आले होते. आज या धरणामागे पाणी नाही. पण या पहिल्या मानवी भव्य प्रकल्पाची स्मृतिचिन्हं अजूनही पाहावयास मिळतात इतकं हे धरण भक्कम होतं. ∎

# प्राण्यांचा आणि वनस्पतींचा प्रवास

आजकाल प्रत्येक शहरात एखादं प्राणिसंग्रहालय असतं. एखादी शोभिवंत बाग असते. आपल्याला असं वाटतं की प्राणिसंग्रहालय आणि बागा हा अलीकडचा मानवी छंद असावा. पण या प्राणिसंग्रहालयांच्या आणि शोभिवंत बगिच्यांच्या इतिहासात आपण शिरलो की आपण थेट मानवी संस्कृतीच्या उगमापर्यंत पोहोचतो.

मध्य पूर्वेत सुमारे पाच ते सहा हजार वर्षांपूर्वी भाषेचा उगम झाला. पहिली शहरं वसवली गेली. सुमारे पाच ते साडेचार हजार वर्षांपूर्वी इजिप्तमधल्या फाराहोंनी पिरॅमिड बांधायला सुरुवात केली. मेसोपोटेमियामध्ये पहिलं मानवी साम्राज्य उभं राहिलं. या दोन्ही ठिकाणी प्राणिसंग्रहालयं आणि शोभिवंत उद्यानांची निर्मितीही झाली होती. यानंतरच्या दोन हजार वर्षांमध्ये विविध ठिकाणी जिराफ, चित्ते, माकडं, सिंह, सील हा सागरी प्राणी, अस्वल आणि हत्ती लोकांना बघायला

**शाही बागेचा आराखडा**

मिळू लागले. शोभिवंत उद्यानांतून दूरदेशींच्या दुर्मिळ वनस्पती, चित्रविचित्र पक्षीघरं आणि तळ्यांमधून विविध जातींचे मासे बघायला मिळू लागले होते.

याबद्दलचे पुरावे भित्तीचित्रांमधून, कबरीतील देखाव्यांवरून आणि घरातल्या

भांड्यावरच्या नक्षीकामामधून उपलब्ध आहेत. इ.स.पू. २५०० ते इ.स.पू. १४०० या काळातल्या इजिप्शियन कबरींमध्ये अनेक प्राण्यांची माणसांबरोबरची चित्रे आहेत; पण माणूस नुसताच प्राणी पाळत नव्हता तर प्राणिसंग्रहालय तयार करीत होता, याचे पुरावे इ.स.पू.८८० ते ८२७ या काळात मेसोपोटेमियात असलेल्या असिरियन राज्यकर्त्यांनी मागे ठेवले आहेत. असिरियन राजवाड्यांमधून भिंतीवर जी चित्रं कोरली होती आणि त्यांना उठाव देऊन त्रिमित करण्याचा प्रयत्न करण्यात आला होता. त्या चित्रांवरून त्या काळात बरेच प्राणी दूरदूरहून आणून पिंजऱ्यांमध्ये ठेवण्यात येत होते, हे स्पष्ट होते.

या दोन्हीही प्रदेशांमध्ये भाजलेल्या मातीच्या चपट्या विटा, पॅपिरी, तालपत्र, कबरी, राजवाड्यांमधली सजावट यामध्ये प्राणिसंग्रहालय आणि उद्याने यांच्या अस्तित्वाचे भरपूर लिखित पुरावे उपलब्ध आहेत. राजेरजवाडे, श्रीमंत सावकार, सरदार हे स्वत:च्या करमणुकीसाठी, स्वत:ची प्रतिष्ठा सिद्ध करण्यासाठी आणि शास्त्रीय कुतूहलापोटी ही प्राणिसंग्रहालये प्रस्थापित करीत आणि खास माळी नेमून उद्यानं उभी करत असत. अनेक राजाज्ञा आणि तत्कालीन जमाखर्च अभ्यासल्यानंतर या प्रकारचा खर्च करणं त्या काळात आवश्यक मानलं जात असावं, असं दिसून येतं. हे प्राणी दूरदेशातून आणले जात; खलाशी बरेचदा त्यांच्याबरोबर हे प्राणी, चित्र-विचित्र वनस्पतींच्या बिया आणत असत. काही वेळा असे प्राणी व वनस्पती आणण्यासाठी राजाश्रयानं आणि राजाज्ञेनं मोहिमा आखण्यात येत.

राजे एकमेकांना पाठविण्याच्या भेटवस्तूंमध्ये अशा वनस्पतींचा आणि प्राण्यांचा समावेश करीत. जित राष्ट्रांचे हरलेले प्रमुख जेत्यांना ज्या भेटी देत त्यातही वनस्पती व प्राणी यांचा समावेश असे. राजांना त्यांच्या या संग्रहाबद्दल अभिमान असे. प्राणी नेहमी जोडीनं स्वीकारले जात. त्यांच्या पुनरुत्पादनानंतर राजा त्या प्राणिसंग्रहालय रक्षकांना बक्षीस देत असे. नव्यानं आलेल्या वनस्पतींना फुलं-फळं यावीत यावर माळ्यांना लक्ष ठेवावं लागे. दूरदेशाहून भेट आलेले प्राणी वा वनस्पती जगले नाहीत तर तो घोर अपमान समजण्यात येत होता. यामुळे रक्षक आणि माळ्यांना त्यांच्या या पाल्यांसाठी खास सोयी पुरविण्यात येत असत.

थिबाची राणी हातशेपसुत हिच्या कबरीत चित्रे आणि चित्रलिपीतला जो मजकूर आहे, त्यावरून राज्यकर्त्यांना या संग्रहालयांबद्दल किती अभिमान वाटत असे ते स्पष्ट होते. इ.स.पू १४६० च्या सुमारास हातशेपसुत राणीला आफ्रिकेच्या पूर्व किनाऱ्यावरून उदाची राळ देणारी झाडं हवीशी वाटली. तोपर्यंत उद, राळ, धूप आणि इतर सुगंधी पदार्थ हे आफ्रिकेतून किंवा दूरदूरहून व्यापाऱ्यांमार्फत इजिप्तमध्ये येत असत. हे पदार्थ राजवाड्यात सुगंध पसरवायला तसेच ममी करण्याच्या प्रक्रियेमध्ये वापरले जात असत. त्यांची किंमत त्यामुळे वाढत चालली होती.

त्याऐवजी हे पदार्थ देणारी झाडंच आणून लावावी, असं हातशेपसुतनं ठरवलं.

हातशेपसुतनं यासाठी एक मोहीम काढली. "अशी मोहीम काढून अशा वस्तू यापूर्वी कुणीच कधी आणल्या नाहीत. जगाच्या सुरुवातीपासून अशा वस्तू दूरहून आणणारी राणी म्हणजे हातशेपसुत." असा मजकूर तिच्या कबरीत आढळतो. तसेच या मोहिमेची चित्रंही या कबरीत आहेत. त्यावरून तत्कालीन इजिप्ती

**बागेचं चित्र दाखवणारं खापर**

जहाजांचीही कल्पना येते. या मोहिमेत राणीसाठी बबून माकडेही पकडून आणली होती.

हातशेपसुतनंतर तिसरा तुथमॉसिस गादीवर बसला. त्याला भारतातून आलेल्या व्यापाऱ्यांनी लट्ठ पक्षी भेट दिले होते. हे रोज अंडी घालत असत. अशा तऱ्हेने इजिप्तमध्ये कोंबड्यांचं आगमन झालं होतं. इ.स.पू. नवव्या शतकात मेसोपोटेमियातील असिरियन सम्राट दुसरा अशूर नासिरपाल लिहितो, "मी अनेक प्राण्यांचे कळप पाळले. त्यांची संख्या वाढवली. अनेक देशात प्रवास केला. अनेक नद्या आणि पर्वत ओलांडले. या प्रवासात मी वनस्पतींची रोपं आणि बिया गोळा केल्या."

इ. स. पू. सहाव्या शतकातल्या एका असिरियन प्रार्थनेमध्ये 'आमच्या शहरातल्या विविध वनस्पतींमुळे आमची वस्ती सर्वश्रेष्ठ बनली.' अशा अर्थाचा एक श्लोक आहे.

इ.स.पू. सहाव्या ते चौथ्या शतकामध्ये पर्शियाची सत्ता इजिप्तपर्यंत पसरली होती. मेसोपोटेमिया, सुमेर, इजिप्त या प्रांतांमधून पर्शियाला खंडणी जात होती. या खंडणीत वेगवेगळे प्राणी आणि वनस्पतींचाही समावेश होताच; पण पर्शियातील राज्यकर्त्यांच्या वनस्पती उद्यानातंच प्राणिसंग्रहालयं निर्माण केली जाऊ लागली. या उद्यानाना भौमितिक आकार दिला जात होता. ती बहुधा चौरस असत. त्यांच्या भोवती भिंत असे. या बागांतून पाणी खेळविण्यात येई. त्यावर कारंजी असत.

मध्यभागी तलाव असे. यांना 'पेअरी दीझा' (भिंतीत सामावलेलं) असं नाव असे. याचे 'पेअरी दीझा' म्हणजे भिंतीत सामावलेल्या वैभवाचे अपभ्रष्ट ग्रीकरूप म्हणजे पॅराडेझसॉस. यावरून 'पॅराडाईज' हा शब्द तयार झाला. यातूनच ईडनचं उद्यान ही संकल्पना मध्य पूर्वेतील धर्मग्रंथांमध्ये समाविष्ट झाली.

इजिप्शियन फाराहो साहुरे (इ.स.पू. २४५८ ते २४४६) याच्या कबरीमध्ये असलेल्या भित्तीचित्रांमध्ये गळ्यात पट्टे अडकवलेल्या अस्वलाचं चित्र आहे. भूमध्य सागराच्या पूर्व किनाऱ्यावर असलेल्या लव्हाँ इथं जे इजिप्ती व्यापारी गेले होते त्यांनी तिथून सीरियामधली अस्वलं आणून राजाला भेट दिली होती. तिसरा तुथमॉसिस आणि दुसरा अमेन होतेप यांच्या मंत्रिमंडळात असलेल्या रेखमिरेच्या कबरीत या दोन फाराहोच्या सैनिकी आणि व्यापारी मोहिमांची माहिती मिळते. दक्षिणेकडे न्यूबिया आणि उत्तरेकडे लव्हाँपर्यंत या मोहिमा गेल्या होत्या. शिकारी कुत्रे, जिराफ आणि माकडं तसेच गायी घेऊन या मोहिमा परतल्या. त्यांनी सीरियातून येताना हत्ती, अस्वलं आणि घोडे आणले होते.

तिसऱ्या शाल्मनेसरच्या निमरूड इथल्या राजवाड्यामध्ये आणि काळ्या खडकातील विजयस्तंभावर त्याला भेट म्हणून मिळालेल्या प्राण्यांची चित्रं आढळतात. इ.स.पू. ८५८ ते ८२४ या काळात तिसऱ्या शाल्मनेसरचं साम्राज्य खूप दूरवर पसरलेलं

**निमरूडमधील विजयस्तंभ**

होतं. त्याच्याकडे भारतीय हत्ती, काही चिंपाझी, बरेच उंट आणि हरणं होती; तर इ.स. पू. ७०० मध्ये निनेवेहमधल्या सम्राट सेन्रा चेरिबच्या संग्रहात त्याच्याच उद्यानात जन्माला आलेले अनेक प्राणी होते. या उद्यानात त्या प्राण्यांच्या प्रजोत्पादनासाठी त्यांच्या मूळ प्रदेशातल्या वनस्पतींची लागवड करण्यात येत असे. इथल्या तळ्याकाठी दूरदूरहून स्थलांतरित पक्षी येत असत. त्यांच्या संरक्षणाची जबाबदारी काही अधिकाऱ्यांवर होती. या पक्ष्यांना सेन्रा चेरिबचं पूर्ण अभय होतं. सेन्रा चेरिबनं अनेक उद्यानंही

स्थापली. काही तज्ज्ञांच्या मते बॅबिलॉन इथल्या 'झुलत्या बागा' या इ.स.पू. सातव्या शतकामध्येच सेन्नाचेरिबनं निर्माण केल्या होत्या. नेबुचडनेझारनं पुढं त्याचं श्रेय लाटलं किंवा तशा बागांची नक्कल केली. अशा तऱ्हेने मानवाबरोबरच बऱ्याच प्राण्यांची आणि वनस्पतींची पृथ्वी परिक्रमाही गेली तीन-चार हजार वर्षे चालू राहिली.

# मेसोपोटेमिया आणि इतर वाळवंटी संस्कृती

युफ्रेटिस आणि टायग्रीस नद्यांच्या दरम्यान असलेल्या सपाट भूप्रदेशास मेसोपोटेमिया म्हणण्यात येत असे. आजच्या इराकमधील बगदाद आणि बसरा या दरम्यानचा हा भाग खूप सुपीक होता. तिथं प्राचीन काळात मानवी संस्कृतीचा उदय होणं साहजिकच होतं. हा भाग अर्धवाळवंटी होता. इथं दगड उपलब्ध नव्हताच, पण बांधकामयोग्य लाकडंही उपलब्ध होणं अवघड होतं. त्यामुळे या भागात मातीच्या विटा बांधकामासाठी वापरल्या जात होत्या. या भागात इसवी सन पूर्व ४५०० च्या

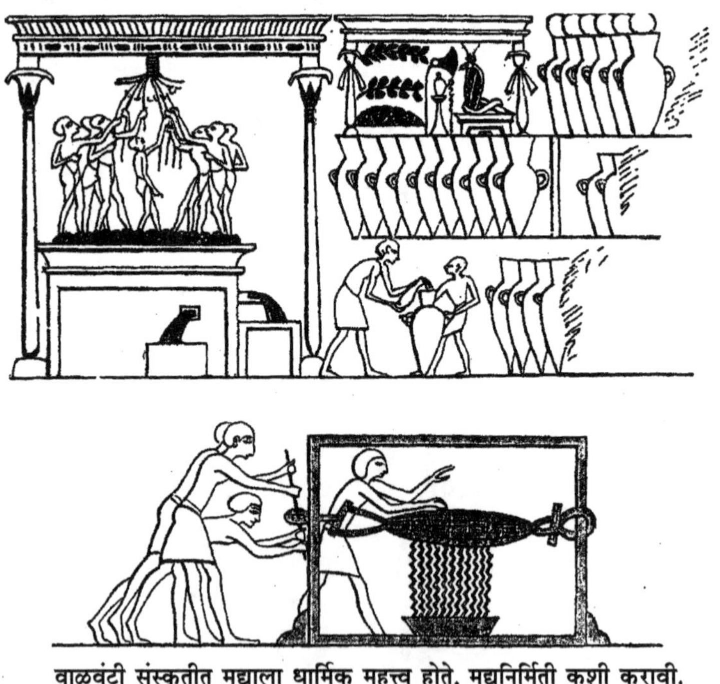

वाळवंटी संस्कृतीत मद्याला धार्मिक महत्त्व होते. मद्यनिर्मिती कशी करावी, हे दाखवणारं चित्र

सुमारास वसाहती व्हायला सुरुवात झाली असावी, असे पुरावे उपलब्ध आहेत.

इराणच्या आखाताच्या टोकाला दलदलीच्या प्रदेशात या वसाहती आणि अस्तित्वात आल्या. या वसाहती पूर्वेकडच्या सुमेर भागातून आलेल्या लोकांनी वसवल्या असाव्यात. मेसोपोटेमियामध्ये धर्म आणि पुराण कल्पनांची आयात या सुमेरांबरोबरच झाली. सुमेरांच्या या वसाहती लवकरच भरभराटीस आल्या. इसवी सनापूर्वींच्या काळात या भागात अनेक जातिजमातींचे लोक आले. विशेषत: सेमाईट टोळ्यांची अनेक आक्रमणे या भागावर झाली. शिवाय बॅबिलोनी आणि असिरी आक्रमणांना या भागाला तोंड द्यावं लागलं तरी मूळ संस्कृतीनं या आक्रमकांना सामावूनच घेतलं. इसवी सन पूर्व चौथ्या शतकामध्ये सिकंदराच्या आक्रमणापर्यंत इथं स्थानिक निसर्ग-पूजेचाच प्रभाव आढळतो.

मेसोपोटेमियातला तोपर्यंतचा धर्म म्हणजे निसर्गातील देवतांची पूजा हाच होता. ही दैवतं सुरुवातीस प्राण्यांच्या स्वरूपात असत. नंतर हळूहळू राहायला जागा मिळू लागल्या आणि उघड्यावरची प्राणी दैवतं हळूहळू झिगुरात वरती आली. झिगुरात म्हणजे मातीच्या साहाय्यानं रचलेले मोठमोठे चौथरे. पुढं हे विटांच्या बांधकामातून तयार होऊ लागले.

प्रत्येक जमातीमध्ये निर्मिती आणि पुराची हकिकत आढळते. तशी ती मेसोपोटे-मियातील पुराणांमध्येही आढळते. आपल्या मनूप्रमाणेच तिथे अत्रहासीस आहे. हा अत्रहासीस बऱ्याच पशुपक्ष्यांसह आणि वनस्पतींसह वाचला; कारण तो सत्त्ववृत्त होता. 'एनुमा एलिश' हे मेसोपोटेमियन पुराणातील पहिले दोन शब्द. त्यामुळे या महाकाव्याला 'एनुमा एलिश' असंच म्हणण्यात येतं. मेसोपोटेमियातली देवदैवतं ही वाळवंटाशी संबंधित आहेत. अब्झू हे दैवत भूजलाशी संबंधित आहे. भूपृष्ठाखालचा पाण्याचा मोठा साठा म्हणजे अब्झू. गिल्गामेश हा महानायक अब्झूला भेटायला पाताळात गेला. तिथून तो माणसाला पुनर्जीवन देणारी वनस्पती आणणार होता. अब्झूचा शत्रू म्हणजे टिआमत हा ड्रॅगन. तो सागराच्या खाऱ्या पाण्याचं प्रतिनिधित्व करतो. मेसोपोटेमियातील एक महत्त्वाचा देव म्हणजे अदाद. हा पावसाचा देव आहे. माणसाला शिक्षा करण्यासाठी एनलिल या विश्वनिर्मात्यानं अदादला थोपवलं. त्यामुळे पृथ्वीवर पाऊस पडणं बंद झालं. नंतर माणसांनी खूप नम्रपणे अदादची करुणा भाकली. त्यानंतर अदादनं खूप जोरदार वर्षाव केला.

सुमेरियन आणि बॅबिलोनियन संस्कृतीमध्ये बहुतेक सर्वच देव-देवतांमध्ये साधर्म्य होते. इथल्या बहुतेक दैवतांचा लढाऊ बाणा हा तिथल्या परिस्थितीशी समर्पक होता. इजिप्तभोवती वाळवंटाचं संरक्षण होतं. त्यामुळे तिथे फारशा लढाया नव्हत्या, परकीय आक्रमणं नव्हती. तिथले बहुतेक देव हे शांत प्रकृतीचे होते. माणसांना शिस्त लावण्यासाठी ते क्वचित प्रसंगी रागवायचे. सुमेर आणि मेसोपोटेमिया

हे सुपीक प्रदेश इजिप्तइतके सुरक्षित नव्हते. त्यांना ब्राह्य आक्रमणाला तोंड द्यावं लागत होतं. त्यामुळे त्यांचा वारंवार युद्धाशी संबंध येत होता. यामुळे त्यांचे देव वृत्तीनं आक्रमक आणि शत्रूला खडे चारणारे तसेच वेगवेगळी शस्त्रास्त्रं वापरणारे होते. मेसोपोटेमियासारखाच आणखी एक वाळवंटाशी निगडित पण संस्कृतीसंपन्न भूप्रदेश म्हणजे कनान. आजचे सीरिया, जॉर्डन, लेबनॉन आणि इस्रायल हे देश कनान संस्कृतीनं त्या काळात व्यापलेल्या भूप्रदेशाचे तुकडे आहेत. या भूप्रदेशातले लोक सेमाइट भाषा बोलत असत. कनान हा शब्द किनाहू या शब्दावरून आलेला आहे. किनाहू म्हणजे एक प्रकारचा कवचधारी सागरी प्राणी. या प्राण्यापासून रंग बनविण्यात येत असे.

सेमाइट भाषा बोलणारी जमात सिरियन वाळवंटातून मध्यपूर्वेत पसरली. त्यांनी तिथल्या वाळवंटी प्रदेशात वसाहती वसविल्या. इसवी सन पूर्व तीन हजार वर्षाआधी-पासून या वसाहती वसवल्या जात होत्या. इ.स.१९७५ मध्ये एका उत्खननात एबला नावाच्या सुमारे तीन हजार वर्षापूर्वीच्या शहराचे अवशेष सापडले. हे शहर व्यापारामुळे खूप भरभराटीस आलेलं होतं. त्याची लोकसंख्या अडीच लाखाहून जास्त होती. त्या शहराचं प्रशासन अकराशे हुद्देदार चालवीत असत. याशिवाय युफ्रेटीसकाठी मारी नावाचं शहर होतं. तिथून इजिप्त आणि मध्यपूर्वेत जहाजं जात असत. इजिप्तमध्ये इथून लाकडं निर्यात केली जात असत. एब्लामध्ये विटांवर लिहिलेला जो मजकूर सापडलाय त्यावरून कनानमधले देव हे निसर्गातून कनानी लोकांनी आपलेसे केले होते हे स्पष्ट होतं. या कनानी संस्कृतीचा प्रभाव हिब्रू, हिटाईट आणि काही प्रमाणात ग्रीक आणि रोमन देवतांवर पडला असल्याचं जाणकार सांगतात. कनानी लोकांची बरीच दैवतं जुन्या करारात समाविष्ट करण्यात आली. तिथं त्यांना मानवी स्वरूप प्राप्त झालं. मध्यपूर्वेत निर्माण झालेल्या सर्वच धर्मांमध्ये आणि धर्मपंथांमध्ये कनानी दैवतं आढळतात.

वाळवंटातील आणखी एक प्राचीन पण महत्त्वाची संस्कृती म्हणजे पर्शियन संस्कृती. पर्शियन संस्कृती सुरुवातीस अखेमनी संस्कृती म्हणून अस्तित्वात आली. याचं कारण अखेमनिस नावाच्या राजापासून या संस्कृतीचा आरंभ झाला असं मानण्यात येतं. इसवी सन पूर्व सहाव्या शतकात ही संस्कृती अस्तित्वात होती म्हणजे त्याआधी कधीतरी या संस्कृतीचा उगम झाला असावा. ही संस्कृती पश्चिम आशिया, इजिप्त आणि सिंधू नदीच्या काठापर्यंत पसरली होती. सिकंदराच्या आक्रमणा-नंतर इथं ग्रीक संस्कृतीचा प्रभाव वाढला. काही काळानंतर स्थानिक लोकांनी ग्रीक अंमल संपुष्टात आणला. इसवी सन पूर्व २४७ मध्ये इथं पार्थिय राजवट सुरू झाली ती पाचशे वर्षे टिकली. इ.स.२२६ मध्ये सासासि राजवट सुरू झाली. इतक्या राजवटी बदलल्या तरी झरथ्रुष्टाच्या शिकवणीचा प्रभाव पर्शियावर

टिकून होता. हिरोडोटस इसवी सन पूर्व ४७९ मध्ये पर्शियात आला होता. तेव्हा त्याला पर्शियात अग्निपूजेबरोबर बळीची प्रथा आढळली होती. मात्र पर्शियात मंदिरं अस्तित्वात नाहीत असं तो लिहितो. देवतांच्या मूर्ती मानवी स्वरूपात बघणं योग्य नाही, असं या लोकांचं मत हिरोडोटसनं नोंदवलं आहे.

अहुर मझ्दा या प्रमुख देवाशिवाय अहुरानी ही देवता पाऊस आणि नद्यांची देवता आहे. अझही दहाका हा ड्रॅगॉन अहरीमान या सैतानी अस्तित्वाचा सहायक आहे. ट्रेराओन या वीरानं अझही दहाकाच्या छातीत तलवार खुपसताच सरडे, भेक, साप आणि विंचू बाहेर पडतात. हे सर्व वाळवंटात संधिकाली वावरणारे प्राणी आहेत. अझही दहाकाला ट्रेटाओनानं एका पर्वताला साखळीनं बांधून ठेवलंय. तिथून तो सुटला की प्रलय ओढवेल आणि केरेसापानं त्याला मारल्यावर नवं युग अवतरेल. गेऊश उर्वात हा इराणी पुराणातील आद्य वृषभ. या बैलाच्या प्रेतामधून सर्व प्राणी आणि वनस्पती अस्तित्वात आले. हा वृषभ तीन हजार वर्षे जगला आणि नंतर मिश्रा या देवानं त्याची हत्या केली.

वाळवंटी प्रदेशातल्या देवांमध्ये पंखवाले सिंह आहेत. इतरही प्राणी आहेत. हाओमा नावाची वनस्पती आहे. घोडे आहेत. मात्र आश्चर्याची गोष्ट म्हणजे इसवीसन पूर्व पाच ते सहा-सात हजार वर्षांपासून वाळवंटातील भटक्या जमाती वापरत असलेल्या उंट किंवा गाढव या पशूंना आणि खजूर वृक्षाला मात्र या दैवतांमध्ये स्थान नाही.

# स्पर्धात्मक खेळांचा उगम

स्पर्धात्मक खेळांचा उगम हा निस्संशय ग्रीसमधलाच. अशा प्रकारच्या खेळांच्या इतिहासाचा शोध घेतला तर त्याला हजारो वर्षांची परंपरा असल्याचं स्पष्ट होतं. इ.स.पू. ७७६ मध्ये पहिल्यांदा ऑलिंपिक स्पर्धा झाल्या. त्याच्या कितीतरी आधी-पासून स्पर्धात्मक खेळ अस्तित्वात होते. ग्रीकांना शरीरसौष्ठव आणि मैदानी खेळांची आवड निर्माण झाली. एवढंच नव्हे तर ती त्यांच्या रक्तात भिनली. ग्रीकांच्या सामाजिक व्यवस्थेमध्ये मैदानी खेळांना महत्त्वाचे स्थान मिळालेच, पण

अथेन्सच्या एका जुन्या रांजणावर इ.स.पू. ५२५ ते ५०० दरम्यानच्या ऑलिंपिक स्पर्धेसाठी तयारी करणारे क्रीडापटू दाखवले आहेत. डावीकडचा इसम लांब उडीच्या वेळी वापरायची वजने हाताळतोय. मधला भालाफेक करतोय. उजवीकडचा थाळीफेक करतोय.

त्यांच्या उत्सवात आणि सण-समारंभांमध्ये 'खेळ' हा एक आवश्यक भाग बनला. ग्रीक शिक्षण पद्धतीचंही खेळ हे एक अविभाज्य अंग होतं. होमरच्या इलियडमध्ये खेळांच्या स्पर्धांचं रसभरित वर्णन आहेच, पण इतरही ग्रीक पुराणकथांमधून क्रीडा-स्पर्धांची वर्णनं आहेत. आजच्या क्रीडास्पर्धांमधली व्यापारी वृत्ती सोडली तर प्राचीन ग्रीकमधल्या क्रीडस्पर्धेमध्येही असाच अमाप उत्साह आणि अलोट गर्दी लोटत

होती. त्या काळातले सर्वोत्कृष्ट खेळाडूही रुबाबात आणि थाटात हिंडत. ॲथलीटना समाजात मानाचं स्थान असे. तत्त्ववेत्त्यांना आणि राजकारण्यांनासुद्धा या खेळांडूएवढा मान मिळत नव्हता, लोकप्रियता तर नव्हतीच.

खेळाडूंच्या शरीरस्वास्थ्याबाबत आज जेवढं संशोधन चालू आहे, त्या मानानं खेळांच्या इतिहासाबद्दल फारसं संशोधन झालेलं नाही. पण खेळाचा इतिहास हा खूप मनोरंजक आणि बोधप्रद ठरतो. त्या काळातल्या क्रीडापटुत्वाबद्दलचे ठोस पुरावे आज उपलब्ध नाहीत. कुठला विजेता किती वेळात काय करत असे, याच्या नोंदीही कुठे मिळत नाहीत, हे लक्षात ठेवायला हवं.

अगदी आपल्याच पुराणातले उल्लेख घेऊ या. रावणानं कैलास पर्वत हलवला असा रामायणात उल्लेख आहे. हनुमानाच्या शक्तीचे अनेक उल्लेख आहेत; पण हे क्रीडाप्रकार पर्वत हलवणे, टेकडी उचलून आणणे, राक्षसाला फेकून देणे वगैरे, हे ऑलिंपिक समितीची मान्यता असलेले क्रीडाप्रकार नाहीत. भीम कुस्ती खेळायचा. श्रीकृष्णानं कंसाच्या दरबारात कुस्त्या जिंकल्याच पण कुस्तीगीरांना यमसदनास पाठवले, त्यामुळेच आजही चाणूर आणि मुष्टिक ही नावे आपल्याला ठाऊक आहेत. नावावरून आणि वर्णनावरून मुष्टिक हा मुष्टियोद्धा असावा, असं दिसतं.

त्या काळात अश्वविद्या होती. चपळ घोड्यांची स्पर्धा असे. पण भारतात रथांची स्पर्धा असल्याचं दिसत नाही. मात्र धनुर्विद्येच्या अनेक स्पर्धा असत. हे महाभारतातील हकिकतींवरून लक्षात येतं. गदायुद्ध हाही एक स्पर्धेचा प्रकार त्या काळात असावा.

ग्रीकांमध्ये क्रीडास्पर्धांचा संबंध सुरुवातीस जत्रा आणि धार्मिक सण-समारंभांशी जोडलेला होता. आजही बऱ्याच देशात कुठल्या तरी देवाशी किंवा उत्सवाशी स्थानिक पातळीवरील स्पर्धांची सांगड घातलेली दिसून येते; त्याचं मूळ किमान तीन-साडेतीन हजार वर्षे जुनं आहे. शारीरिक बळाची आणि कौशल्याची ही परीक्षा असे. यामुळे तरुणांमध्ये नवचैतन्य निर्माण होते. त्यांना देव प्रसन्न होतात आणि त्यांच्या पितरांना काही प्रमाणात मुक्तीचा मार्ग मोकळा होतो, असं मानलं जात होतं. ही मुक्ती आणि आपल्याकडचा मोक्ष यात फरक आहे, हे इथं लक्षात ठेवायला हवं. आपल्याकडं जेव्हा आपण मुक्ती मिळाली असं म्हणतो, तेव्हा त्या व्यक्तीची जन्म-मृत्यूच्या चक्रातून सुटका झाली, असं मानलं जातं. त्यांच्याकडं मुक्ती म्हणजे मृत्यूनंतरच्या अवस्थेत सुधारणा होणं, असं गृहीत धरलं जात होतं. कयामतची कल्पना पुढं ज्यूंनी दृढ केली.

प्राचीन ग्रीक संस्कृतीत मृतांना क्वचितप्रसंगी जाळलंही जात असे. एखाद्या व्यक्तीच्या मृत्यूप्रसंगी त्याचं शरीर पुरलं किंवा जाळलं जाईपर्यंत त्याच्यावर धार्मिक संस्कार होत या धार्मिक संस्कारांचा एक भाग म्हणजे मरणोत्तर जीवन सुसह्य व्हावं, याकरिता अशा क्रीडास्पर्धेचं आयोजन हा त्या धार्मिक संस्कारांचाच एक भाग होता.

हळूहळू या खेळांना तर्कशुद्ध पार्श्वभूमी दिली गेली. शारीरिक स्वास्थ्य, योद्ध्यांची मानसिक तयारी यासाठी खेळ आवश्यक मानले जाऊ लागले. सुंदर शरीर म्हणजे सौष्ठवपूर्ण शरीर असं समीकरणच ग्रीकांनी मांडलं. शरीरसौष्ठव आणि मनाचं सौंदर्य हे हातात हात घालून चालतात, असं ग्रीक तत्त्वज्ञान सांगतं. 'हेल्दी माइंड इन हेल्दी बॉडी' हे तत्त्वज्ञान मुळात ग्रीसमध्ये इ.स.पू. हजार वर्षे रूढ होतं. यामुळे ग्रीसमध्ये जिम्नॅस्टिक्स आणि ॲथलेटिक्स हे विषय शिक्षणात आवश्यक मानले जात. किंबहुना हे क्रीडाप्रकार मध्य कल्पूनच मग इतर अभ्यासक्रमाची रचना ग्रीक लोक करीत असत. यामुळेच ग्रीक वीरांमध्ये विजिगीषु वृत्ती बालपणीच रुजवली जात असे. याशिवाय या क्रीडास्पर्धांमुळे आपापसातल्या मारामाऱ्या टळत असत. आक्रमक खुमखुमीस या क्रीडास्पर्धांमध्ये वाव मिळून आपापसात लढण्याची ऊर्मी जिरत असे.

ग्रीकांना सर्व गोष्टीत पूर्णत्व अपेक्षित होतं. मग ते भूमितीतलं वर्तुळ असो अथवा सौष्ठवपूर्ण शरीर असो. ते आदर्शाशी तंतोतंत जुळायला हवं हा त्यांचा कटाक्ष होता. यामुळेच विजयी वीर महत्त्वाचा ठरत होता. याचं विकृतीकरण म्हणजे प्रेमात आणि युद्धात सर्व काही क्षम्य असतं, विजय महत्त्वाचा. त्यामुळे विजयासाठी अवैधतेचा वापर क्षम्य आहे हे तत्त्वज्ञान ग्रीकांनी वेळोवेळी आचरणात आणलं.

इलियडच्या तेराव्या भागात ग्रीक खेळ कशा पद्धतीनं खेळले जात त्याचं वर्णन वाचायला मिळतं. पॅट्रोक्लसचा तरुणवयात युद्धात मृत्यू ओढवल्यावर त्याला श्रद्धांजली म्हणून एचिलिसनं ट्रॉयच्या तटबंदीबाहेरील मैदानात क्रीडास्पर्धेचं आयोजन केलं होतं. यात भाग घेणारे आणि प्रेक्षक हे सर्व सैनिकच होते. स्पर्धेतल्या विजेत्यांसाठी आकर्षक बक्षिसेही होती. रथांची शर्यत हे स्पर्धेचं मुख्य आकर्षण होतं. विजेत्याला एक कलानिपुण स्त्री आणि कला असलेला एक मद्यचषक बक्षीस म्हणून मिळणार होता. उपविजेत्यास एक गर्भवती घोडी तर इतर क्रमांकांना रोख रक्कम म्हणून देण्यात येणार होती.

या प्रकरणाची सुरुवात नेस्टर त्याचा पुत्र ॲंटिलोकसला एक भाषण देऊन या स्पर्धेत भाग घेताना कोणती काळजी घ्यावी हे सांगतो, अशी होते. क्रीडास्पर्धेतही केवळ शारीरिक सामर्थ्य असून चालत नाही, बुद्धिमत्ता महत्त्वाची असते, असं नेस्टर ॲंटिलोकसला बजावतो. रथाची शर्यत जिंकायची तर केवळ वेगवान घोडे असलेली व्यक्ती ही शर्यत जिंकेल,असं नाही तर तो कुशलतेनं आणि विचारपूर्वक घोडे हाताळेल, बुद्धिचातुर्याचा वापर करून रथ पळवेल, तोच ही शर्यत जिंकेल; असंही नेस्टर बजावतो. मग घोडे कसे हाताळावे, रथ केव्हा कसा मागे ठेवावा आणि केव्हा तो पुढे हाकारावा, कोणते डावपेच वापरावे, हेही नेस्टर आपल्या मुलाला समजावून देतो. केवळ ताकदीपेक्षा कौशल्य वापरून झाड तोडणं महत्त्वाचं,

वादळात जहाज हाकारताना खलाशांच्या संख्येपेक्षा कुशल कर्णधार महत्त्वाचा, त्याचप्रमाणे घोड्यांच्या ताकदीपेक्षा त्यांना कुशलतेनं हाताळणारा सारथी महत्त्वाचा असं तो सांगतो.

एखाद्या माणसाकडं उत्तम रथ असेल, उत्कृष्ट घोड्यांची जोडी असेल त्यामुळे तो एवढ्यावरच निर्भर राहील तर त्याचे घोडे वळण घेताना रथाची काळजी घेतीलच याची खात्री देता येत नाही. दुसरा एखादा कुशल सारथी त्याच्या सामान्य घोड्यांना वळणावर रोखून कमी वेगात वळण घ्यायला लावील आणि वळण पूर्ण होताना घोड्यांना वेग देईल तर तो दीर्घ वर्तुळात फिरणाऱ्या रथाच्या सहजच पुढे जाईल. समोरच्या रथावर सतत लक्ष ठेवणे, आपल्या घोड्यांवर लगामाच्या साहाय्यानं नियंत्रण ठेवणे हे महत्त्वाचं. या सूचना देताना नेस्टर कुठेही खिलाडू वृत्तीचा उच्चार करीत नाही, उलट इतर रथ अडचणीमध्ये येतील तेव्हा त्या परिस्थितीचा फायदा उठवावा, असं तो सांगतो.

पुढं त्या शर्यतीच्या वर्णनातही खिलाडू वृत्तीपेक्षाही विजयालाच जास्त महत्त्व दिलेलं दिसून येतं. होमरनं या शर्यतीचं आजच्या कुठल्याही गाजलेल्या वार्ताहराला लाजवील असं वर्णन केलेलं आढळलं.

# ३४

# होमरच्या इलियडमधले खेळ

होमरनं रथांच्या शर्यतीचं जे वर्णन केलं आहे, त्यावरून अनेक गोष्टी स्पष्ट होतात. त्याचप्रमाणे अथेन्समधल्या अनेक साठवणींच्या भांड्यांवर अशा खेळ आणि खेळाडूंची जी चित्रं आहेत, त्यावरूनही त्या खेळांची आणि खेळाडूंच्या शरीरसौष्ठवाची कल्पना येते. आजकाल ऑलिंपिक खेळात सहभागी होणारे स्त्री-पुरुष खेळाडू आणि क्रीडापटू कमीत कमी कपडे वापरताना दिसतात. मूळ ग्रीसमध्ये जेव्हा या मैदानी खेळांची सुरुवात झाली तेव्हा हे खेळाडू कपडेच घालत नसत. असं या खेळांच्या वर्णनांवरून आणि चित्रांवरून दिसून येतं.

रथाच्या शर्यतीचं इलियडमधलं वर्णन आधी पाहून मग आपण इतर क्रीडा प्रकारांचा मागोवा घेऊया. पाच-पाच रथांच्या तुकड्या या शर्यतीत उतरत असत. स्पर्धक त्यांच्या युद्धरथात बसून प्रारंभरेषेजवळ येऊन उभे राहत असत. राजाने, राणीने किंवा अशाच मान्यवर व्यक्तीने शर्यत सुरू होण्याची खूण करताच त्यांचे रथ दौडू लागत असत. ते रथ वेगानं दौडत समोर दूरवर असलेल्या एखाद्या वळणाकडे जात. तिथून वळून ते परत येत.

तलवार स्पर्धेचं भित्तीचित्र

या शर्यतीच्या घोड्यांचं वर्णन होमरनं भरभरून केलं आहे. हे घोडे जणू काही वीरपुरुष असावेत, असा होमरचं वर्णन वाचून त्यांच्याबद्दल ग्रह होतो. होमर

प्रेक्षकांनाही विसरत नाही. तो रथ हाकणाऱ्या सारथ्याप्रमाणंच घोड्यांनाही पराभवाची भीती वाटत असावी, असं होमरचं वर्णन वाचताना वाटतं. अँटिलोकस रथ हाकताना सतत त्याच्या घोड्यांशी संवाद साधत असतो. ''अरे माझं जरा ऐकता का, ते बघा दुसरे रथ वेगात दौडत पुढं निघालेत. आपण हरलो तर नेस्टर आपल्याला प्रेमानं वागवेल, हे शक्य तरी आहे का? तो तुमचे गळे कापील आणि माझी निर्भर्त्सना करेल. आपल्याला पहिलं बक्षीस मिळवणं भागच आहे रे बाबांनो! किरकोळ बक्षिसानं नेस्टरचं समाधान होणार नाही. चला, पाय उचला!'' हे ऐकल्यावर ते घोडे भीतीनं शहारले. त्यांच्या धन्याच्या आवाजात राग आणि करुणा यांचं विचित्र मिश्रण होतं. त्यामुळे या घोड्यांनी त्यांचे पाय नेकीनं भराभरा उचलायला सुरुवात केली.

जिंकण्याच्या तीव्र इच्छेनं रथ हाकारणाऱ्या अँटिलोकसनं पुढच्या रथाच्या अगदी जवळून रथ नेला तेव्हा दचकलेल्या त्या सारथ्यानं त्याचा रथ एकदम बाजूला गेला तेव्हा तो रथ मागं पडला. मेनेलॉसनं शर्यतीनंतर या कृत्याची निर्भर्त्सनाही केली, पण होमरनं अशा गोष्टी घडतातच, अखेरीस ती शर्यत आहे. ही वाक्यं प्रेक्षकांच्या तोंडी घालून या घटनेबद्दल अँटिलोकसला दोष घ्यायचं टाळलंय; मात्र मेनेलॉसनं केलेल्या निर्भर्त्सनेतही त्यानं कुठं कमतरता ठेवलेली नाही. आजच्या शर्यतीत अँटिलोकसला ताबडतोब बाद ठरवून त्याच्यावर काही काळ बंदी घालण्यात आली असती.

इथं जे प्रेक्षक होते ते सगळे सैनिकच होते. त्या प्रेक्षकांनीही रथ चालविण्याचं कौशल्य आत्मसात केलेलं होतं. त्यामुळे ते जाणकार प्रेक्षक होते, त्यांना शर्यतीमधले बारकावे लक्षात येत होते. त्यांचे मित्र किंवा त्यांच्याशी बरेवाईट संबंध असलेले सैनिक शर्यतीत भाग घेत असल्यामुळे या प्रेक्षकांची त्या शर्यतीमध्ये भावनात्मक गुंतवणूक होती. त्यामुळे प्रेक्षकांत आपापसात गट पडावेत, भांडणं व्हावीत एवढंच नव्हे तर हमरीतुमरीवर येऊन द्वंद्वाची आव्हानं दिली जाणं, हा नेहमीचाच प्रकार होता. अशाच एका भांडणाचं वर्णनही होमरनं केलं आहे.

अॅजॅक्स हा काहीसा उतावळा आणि तापट असा तरुण योद्धा आहे, तर आयडोमेनिअस हा क्रीटचा राजा वयस्क आणि विचारी आहे. त्या काळात दुर्बिणी नव्हत्या, रथ खूप धूळ उडवत असत. त्यामुळे अँटिलोकसचा रडीचा डाव किंवा मॅचफिक्सिंग सर्वच प्रेक्षकांच्या लक्षात येत नसे. युमेलस ही स्पर्धा जिंकणार असं अॅजॅक्सचं मत होतं; तर डायोमिडीस जिंकणार असं आयडोमेनिअस म्हणत होता. या स्पर्धेचा निकाल देवांनी ठरवला. ग्रीक देवांचाही खिलाडूवृत्तीवर फारसा विश्वास नसावा. म्हणजे ही शर्यत मॅचफिक्सिंगचा आद्य नमुना असावा.

महाभारतात कर्णाला स्पर्धांमध्ये भाग घ्यायला बंदी करून पांडवांकडे यशाचं

माप वेळोवेळी झुकविण्यात आलं होतंच. एकलव्याची कथा तर जगप्रसिद्धच आहे. पण ग्रीकांचे देवही याबाबतीत मागे नव्हते. युमेलस जिंकावा असं अपोलोला वाटत होतं. त्यामुळे अपोलोनं दैवी शक्तीचा उपयोग करून डायोमिडीसचा चाबूकच गायब केला होता. पण डायोमिडीसच्या बाजूला अथेना ही देवता होती (हिनं अथेन्स वसवलं). अपोलोची ही दुष्टता पाहून अथेनाही या फिक्सिंगमध्ये उतरली, तिनं डायोमिडीसच्या घोड्यांना अधिक (अश्व?) शक्ती पुरवलीच पण युमेलसच्या घोड्यांच्या मानेवरचं जोखडही मोडलं. त्यामुळे ते सैरावैरा धावू लागले. जोखड जमिनीवर पडलं आणि युमेलस रथातून फेकला गेला, तर डायमिडीस विजयी ठरला. होमरच्या या वर्णनात प्रेक्षक आणि देव हे शर्यतीमध्ये किती समरसून जात असत ते स्पष्ट होते.

रोमन साम्राज्यामध्ये खेळाडू खऱ्या अर्थाने धंदेवाईक बनले होते, तर प्रेक्षक खेळांकडे केवळ करमणूक म्हणून पाहू लागले होते. सुखवस्तू रोमन नागरिक काही तरी वेगळं म्हणून खेळ बघायला येत. माणसं मारण्याचा एक प्रकार, असंच रोमन खेळांचं स्वरूप बनलं होतं. रोमनांचे खेळ ग्रीक खेळांप्रमाणे केवळ स्पर्धात्मक नव्हते. सिंहापुढे गुलाम सोडणे, दोन गुलामांच्या लढाया या एकाचा मृत्यू घडेपर्यंत चालणे, अशा प्रकारे क्रौर्यानं या क्षेत्रात रोमन काळात प्रवेश केला होता.

होमरनं ग्रीकांच्या इतर खेळांचंही वर्णन केलं आहे. एचिलीसनं आयोजित केलेल्या या क्रीडास्पर्धांमध्ये मुष्टियुद्ध, कुस्ती, पळणे, धनुर्विद्या आणि वेगवेगळ्या शस्त्रांच्या साहाय्याने द्वंद्वयुद्धे यांचा समावेश होता. मुष्टियुद्धातील विजेत्यांना एचिलीसनं दोन बक्षिसं ठेवली होती. जिंकणाऱ्याला एक खेचर तर हरणाऱ्याला एक कान असलेला मग, ही ती बक्षिसं होती. या स्पर्धेत भाग घ्यायला स्वयंसेवकांनी स्वत:हून पुढं यावं असं तो आवाहन करतो. तेव्हा एपेइयस हा कसलेला आणि बऱ्याच स्पर्धा जिंकलेला मुष्टियोद्धा पुढे येतो. त्याचं आव्हान युरिऑलस स्वीकारतो. आजचे जागतिक ख्यातीचे मुष्टियोद्धे आणि त्या काळातले मुष्टियोद्धे यात फारसा फरक नाही. युरिऑलस लढण्यासाठी पुढे येऊ लागताच एपेइयस गरजतो, 'एकाच जबरदस्त ठोशात मी याला लोळवीन तेव्हा त्याचं चामडं सोलून लोंबू लागेल. त्याच्या मृत्यूनंतर शवपेटी करणाऱ्यांना तयार राहायला सांगा. तो मेल्यावर त्याला कसा उचलून न्यायचा तेही आताच ठरवा!'' त्याची ही वल्गना खोटी नव्हती. प्राचीन काळचं मुष्टियुद्ध फार घातकी प्रकारे खेळलं जात होतं. बहुधा दोघांपैकी एका मुष्टियोद्ध्याचं मरण त्यात निश्चित ठरलेलं असे; तर दुसराही विजेता असला तरी बऱ्यापैकी जखमी झालेला असे. ग्रीक मुष्टियोद्धे हाताला बैलाचं कातडं गुंडाळत. पुढे रोमनांनी हातमोज्यांमध्ये शिसं किंवा लोखंडी तुकडे ठेवायला सुरुवात केली आणि मुष्टियुद्ध फारच घातक बनलं. ग्रीक मुष्टियुद्ध त्या मानानं सौम्य वाटलं तरी

बहुतांशी ते घातकच होतं.

त्या काळात कुणीही कुणाशी लढायचं. प्रतिस्पर्ध्यांच्या खांद्याखाली वार करायचा नाही, असा संकेत होता. उंचीनं कमी आणि फाटकी माणसं या स्पर्धेपासून दूर राहत. प्रतिस्पर्ध्यांच्या वजनवार तुकड्या पाडण्यात येत नसत. एक जण आव्हान द्यायचा आणि कुणीतरी ते स्वीकारीपर्यंत ललकारत असायचा. त्या काळातले मुष्टियोद्धे बलदंड असत. उंच आणि धिप्पाड अशा या मुष्टियोद्ध्यांच्या लढतीला कालमर्यादा नसे. एकच अथक फेरी असे. जो आधी दमेल तो पराभव मान्य करायचा किंवा मग दोघांपैकी एक बेशुद्ध पडला किंवा मेला की लढत संपायची. हे मुष्टियोद्धे खूप व्यायाम करायचे आणि खूप खायचे. त्यामुळे ते वजनदार असत; पण त्यांच्यात चापल्याची वानवा असे.

■

# ग्रीक खेळांचे प्रकार

ग्रीसमधील उत्खननामध्ये प्राचीन थाळ्यांवर आणि भांड्यांवर जी चित्रं आढळतात त्यावरून ग्रीसमध्ये थाळीफेक आणि भालाफेक हे सर्वांत लोकप्रिय मैदानी खेळ असावेत असं दिसून येतं. यामुळेच अजूनही या दोन खेळांना प्राचीन मैदानी खेळांबरोबरच आधुनिक मैदानी खेळांचे प्रतिनिधित्व बहाल करण्यात येतं. प्राचीन ग्रीसमध्ये थाळीफेक स्पर्धेतील थाळी ही आजच्या थाळीपेक्षा जड असे. आजची थाळी दोन किलोग्रॅमपर्यंत असते. आज थाळीफेक ही गोलातून केली जाते. प्राचीन काळी भालाफेकीप्रमाणेच एका रेघेमागून थाळीफेक करण्यात येत असे. थाळी

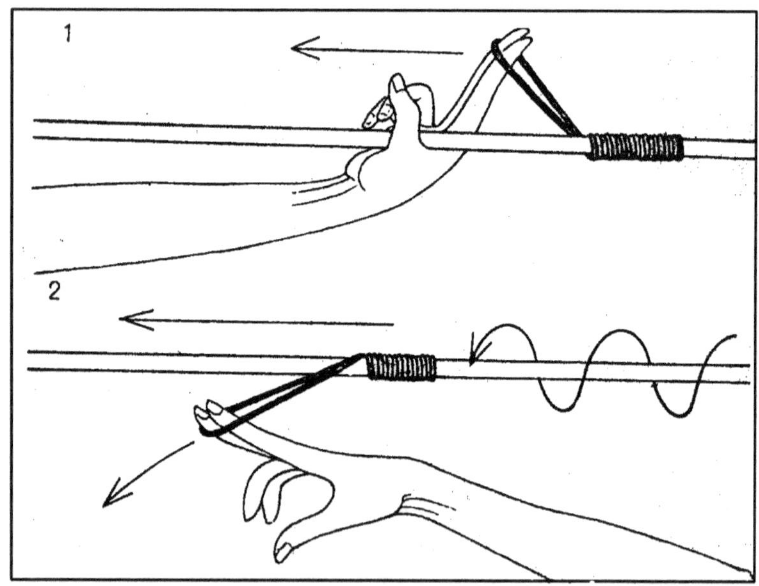


१. त्या काळातला भाला (जॅवलीन) चामड्याच्या वादीच्या साहाय्याने असा फेकला जायचा.
२. त्यामुळे तो स्वतःभोवती कसा गरगरत जायचा ते खालच्या चित्रात दाखवले आहे.

फेकण्याची तत्कालीन पद्धत ही आजच्या स्वत:भोवती गोल फिरून थाळी फेकण्याच्या पद्धतीपेक्षा खूप वेगळी होती. प्राचीन ग्रीक थाळीफेक्या थाळी दोन्ही हातात धरून डोक्यावर नेत असे. मग उजव्या हातात थाळी घेऊन उजव्या बाजूस झुकत असे आणि पुढे झुकता झुकता थाळी फेकत असे. (चित्रांमध्ये डावखुऱ्या व्यक्ती दाखविलेल्या नाहीत. त्यामुळे अशा व्यक्ती काय करीत हे सांगणं अवघड आहे. बहुधा त्यांना स्पर्धेत भाग घ्यायला बंदी असावी.) यामुळेच अशा चित्रांमध्ये आणि थाळीफेक्यांच्या पुतळ्यामध्ये उजव्या बाजूचे कमरेवरचे पोट आणि बरगडीजवळचे स्नायू हे पुष्ट दिसतात.

भालाफेकीची स्पर्धा ही केवळ शक्तीप्रदर्शनाची स्पर्धा नसून कौशल्य आणि अचूकता यांचीही स्पर्धा होती. केवळ दुसऱ्यापेक्षा दूर अंतरावर भाला फेकणं हे महत्त्वाचं नसून दूरवरच्या आखलेल्या लक्ष्याचा भेद करणं हे महत्त्वाचं मानलं जात होतं. हे लक्ष्य जमिनीवर चितारलेलं असे. भाला साधारणपणे माणसाच्या उंचीचा असे. हा भाला अंगठ्याच्या जाडीचा असून वजनानं हलका असे. त्याला 'स्पिअर' म्हणत. या भाल्याला एक ते दीड फुटाची वादी गुंडाळलेली असे. या वादीत बोटं अडकवून भाला फेकणारा भाला फेकीत असे. यामुळे हा भाला हवेतून जाताना स्वत:भोवती फिरत फिरत जायचा. यामुळे तो अधिक दूर जायचाच पण कुशल व्यक्तीच्या हाती त्याचा नेम अचूक साधला जात असे.

भालाफेक करणाऱ्या व्यक्तीला कौशल्याबरोबर अतिशय बळकट आणि तयार बोटांची आवश्यकता असे. यासाठी सराव महत्त्वाचा ठरत असे. एकिलीसनं ट्रॉयच्या चौपाटीवर भरवलेल्या खेळांमध्ये त्या काळात अतिशय लोकप्रिय अशा भालाफेकीच्या स्पर्धेत समावेश केला नव्हता. एकिलीसचा प्रतिस्पर्धी ग्रीक योद्धा मीसेनीचा राजा ऑगामेम्नॉन हा भालाफेकीत अतिशय प्रवीण होता. त्याला बक्षीस घ्यायला लागू नये म्हणून एकिलीसनं स्पर्धेतून हा क्रीडाप्रकार वगळूनच टाकलं.

प्राचीन ऑलिंपिक स्पर्धांमध्ये उडी मारण्याचा एकच प्रकार होता. तो म्हणजे स्पर्धा पाचुंद्यात- पेंटॅथेलॉनमधल्या पाच प्रकारांपैकी लांब उडीची स्पर्धा. ही लांब उडी बहुधा आजकालच्या 'ट्रिपल जंप' सारखी असावी. या उडीचं वर्णन किंवा चित्र कुठंही आढळत नाही. मात्र हे उडी मारणारे स्पर्धक हातात १ ते ५ किलो वजनाच्या डंबेलसारखी जड वस्तू हातात धरून ही उडी मारत असावेत असं दिसतं. ही वजनं दोन्ही हातात एक याप्रमाणे धरून ही उडी मारली जात असे. पुढं मागं हात केल्यानं उडीत जास्त अंतर काटलं जात असावं, असा अंदाज आहे. ही उडी जागेवरून किंवा लांबून पळत येऊन मारली जात होती. हे स्पर्धक ५० ते ६० फूट लांब उडी मारत, असं वर्णन आहे. त्यावरून ही हॉप्-स्टेप- जंप किंवा ट्रिपल् जंप असावी, असा अंदाज केला जातो. त्या काळात अशा पाच उड्यांचं अंतर मोजलं जात

असावं, असंही म्हणतात, पण त्याला ठोस पुरावा नाही. पॅनक्रेटियम नावाचा जो खेळ ग्रीक ऑलिंपिक खेळात समाविष्ट करण्यात येत असे तो आजकालच्या डब्ल्यूडब्ल्यूएफ् कुस्त्यांसारखाच रानवट प्रकार होता. हातपाय वापरून मारामारी करणं आणि जिंकणं, असं या खेळाचं स्वरूप होतं. प्रतिस्पर्ध्याचे डोळे, नाक, तोंड आणि कान यांमध्ये बोटं खुपसण्यास मात्र या खेळात बंदी होती. ही कुस्ती सुरू झाली, की दोघांपैकी एकानं पराभव मान्य करेपर्यंत ती चालू राहत असे.

**उत्खननात सापडलेल्या एका थाळीवरचे खेळांचे चित्र**

ऑलिंपिक खेळांची सुरुवात इ.स.पू. ७७६ मध्ये झाली हे आपण बघितलंच. इ.स.३९३ पर्यंत म्हणजे जवळजवळ बारा शतकं हे खेळ दर चार वर्षांनी एकदा ऑलिंपस गिरिशिखरांच्या परिसरात भरत होते. ग्रीसच्या वैभवसंपन्न काळामध्ये यात धंदेवाईक खेळाडूंना वाव नव्हता. हौशी ग्रीक नागरिक या खेळांमध्ये भाग घेत आणि बक्षीसं मिळवीत. यांची किंमत पैशात होत नसे; तर ती मानचिन्ह म्हणून मिरवली जात. विजेत्यांच्या डोक्यावर ऑलिव्हच्या पानांचा मुकुट तुतारीच्या निनादात समारंभपूर्वक ठेवण्यात येत असे. ही पानं हायपरबोरिअनांच्या देशातून हक्र्युलसनं जे झाड आणलं होतं त्या झाडाची असत. हक्र्युलस म्हणजे आपल्या पुराणातील हनुमान किंवा भीमासारखा शक्तिमान लोहपुरुष. यानं दूर देशात प्रवास केला आणि बरीच साहसं केली. (हायपर म्हणजे वरती. बोरिअन्स म्हणजे वृक्षात राहणारे) हायपर बोरिअनांच्या देशातून आणलेल्या ऑलिव्ह वृक्षाची फांदी हक्र्युलसनं ऑलिंपियाजवळ लावली होती.

हक्र्युलस जेव्हा त्यांच्या साहसावरून परतला तेव्हा ऑलिंपियाच्या नागरिकांनी तटबंदीची भिंत पाडून त्याला या नव्या रस्त्यानं शहरात घेतलं. यापूर्वी इथल्या कुठल्याही नागरिकानं न तुडवलेला असा अनाघ्रात रस्ता ही भिंत पाडून तयार करण्यात आला होता. पुढं ऑलिंपियात विजेत्या खेळाडूंना स्वखर्चानं स्वतःचा

पुतळा या ऑलिव्हच्या परिसरात उभारता येऊ लागलाच; पण काही धंदेवाईक कवी या पराक्रमी पुरुषांच्या क्रीडापटुत्वावर पैसे घेऊन कविताही करून देऊ लागले. पिंडार नावाचा एक कवी अशा काव्यरचनेबद्दल खूप प्रसिद्ध होता. त्याचा मेहेनतानासुद्धा इतर कवींच्या मानानं जास्त होता. एका कवितेत पिंडार म्हणतो – ''जेव्हा एखादा क्रीडापटू या अत्यंत दिव्य महत्त्वाकांक्षेनं पछाडला जातो तेव्हा तो खर्चाची किंवा परिश्रमांची पर्वा करीत नसतो. अशा तऱ्हेने क्रीडेतील कौशल्याला वाहून घेणाऱ्यांना आपण सर्वोच्च मान द्यायला हवा. त्यात हेवा वाटायचं कारण नाही; तर मनापासून त्यांचा सन्मान करायला हवा. मेंढपाळ, कामगार, मजूर, शिकारी, कोळी श्रम करतात तेव्हा ते मोबदल्याची अपेक्षा ठेवतात. पोटाला चिमटा बसू नये, यासाठी प्रत्येक जण धडपडतो. पण युद्धात आणि खेळात जे भाग घेतात त्यांना नागरिकांनी केलेल्या स्तुतीचे शब्द हेच मानधन म्हणून अपेक्षित असतात.''

ग्रीक ऑलिंपिक खेळांची परंपरा आणि पद्धत एट्रुस्कन संस्कृतीनंही आपलीशी केली होती. ग्रीक संस्कृतीच्या प्रभावास ओहोटी लागल्यावर हळूहळू या खेळांचं महत्त्व कमी कमी होत गेलं. रोमन साम्राज्यात त्यांनी मूळ आत्माच गमावला. इथं तो एक करमणुकीचा विकृत प्रकार बनला. इ.स.३९३ नंतर हे खेळ गायब झाले. इ.स.१८९६ मध्ये त्यांचं पुनरुत्थान झालं. पिएर द कुबरतँ यांच्या पुढाकारानं आधुनिक ऑलिंपिक खेळ अथेन्समध्ये भरवले गेले; पण गेल्या शंभर वर्षांत त्यात बदल होत होत आता हे खेळ हौशी खेळाडूंचे राहिले नसून त्यांचं पूर्ण व्यापारीकरण झालं आहे.

■

## ३६

# ग्रीक मॅच फिक्सिंग

होमरनं एपेईयस आणि युरिऑलस यांच्यामधील मुष्टियुद्धाचं पुढीलप्रमाणे वर्णन केलं आहे. "त्यांनी आपापले कमरपट्टे आवळले आणि ते दोन्ही मुष्टियोद्धे रिंगणात उतरले. ते एकमेकांसमोर उभे राहिले आणि त्यांनी हात उंचावून लढाईस तयार असल्याचे सुचवले. मग ते त्वेषानं एकमेकांवर तुटून पडले. त्यांचे जबरदस्त बाहू एकमेकांवर आपटले. ते त्वेषानं दात रगडत होते. थोड्याच वेळात त्यांच्या अंगातून घामाच्या धारा वाहू लागल्या. एपेईयस प्रतिस्पर्ध्याच्या अंगावर धावून गेला. युरिऑलसच्या चेहऱ्यावर पराभवाची छाया पसरली."

एपेईयसचा ठोसा प्रतिस्पर्ध्याच्या जबड्यावर आदळतो. त्यानंतरच्या प्रसंगाचं वर्णन करताना होमर लिहितो, "एखाद्या प्रचंड लाटेनं गारद झालेला मासा किनाऱ्यावर यावा आणि परतणाऱ्या लाटेनं त्यावर शेवाळ पसरून त्याला खेचत न्यावं, तसा युरिऑलस आदळला आणि गडाबडा लोळत अखेरीस निपचित पडला. एपेईयसनं त्याच्याजवळ जाऊन त्याला उचलला आणि पुन्हा उभा केला. युरिऑलसचे मित्र धावत रिंगणात आले. त्यांनी युरिऑलसला रिंगणातून बाहेर नेलं तेव्हा त्याचे पाय फरफटत होते, तोंडातून रक्त वाहत होतं. मित्रांनी युरिऑलस आणि त्याचा मग (बक्षीस) नेला तेव्हा स्वतः युरिऑलस काही समजण्याच्या पलीकडे गेला होता."

यानंतर होमर ऑजॅक्स (एथस) आणि युलिसस (ओडिल्युस) या दोन बलाढ्य योद्ध्यांमधील कुस्तीच्या सामन्याचं वर्णन करतो, ते धावत्या समालोचनासारखं आहे. ग्रीसमध्ये कुस्ती अतिशय लोकप्रिय क्रीडाप्रकार होता. शालेय शिक्षणात गुरुकुलात कुस्तीला महत्त्व होतं. ग्रीक भाषेला कुस्तीनं अनेक विशेषणं आणि उपमा पुरवल्या. हक्र्युलिस आणि थिसिअस हे ग्रीक हिरो कुस्ती कौशल्यामुळे गाजलेले होते. कुस्तीत मुष्टियुद्धाच्या मानानं कमी क्रौर्य होतं. कुस्तीच्या सामन्यात खेळाडूची ताकद, सहनशक्ती, तोल सांभाळण्याची क्षमता, चापल्य, कौशल्य आणि परिस्थिती विषयक आकलनशक्ती यांची परीक्षा असे. प्रतिस्पर्ध्यापैकी एखादा जमिनीवर पडताच कुस्ती थांबवून नव्यानं सुरू केली जात असे. जो स्पर्धक दुसऱ्या स्पर्धकास आधी तीन वेळा खाली पाडेल तो विजेता घोषित केला जात असे. ऑजॅक्स आणि युलिसस हे तुल्यबळ असल्यानं तो सामना एकिलीसनं अनिर्णित म्हणून घोषित केला.

एकिलीसच्या मैदानी सामन्यात आणखीन एक स्पर्धा होती. या स्पर्धेत युलिसस, अॅजॅक्स आणि अॅंटिलोकस यांनी भाग घेतला होता. पेट्रोक्लिसच्या चितेपासून पळायला सुरुवात करून दूरवर रोवलेल्या एका खांबाला वळसा घालून परत चितेपर्यंत पळत यायची ही स्पर्धा अॅंटिलोकस जिंकणं शक्यच नव्हतं. ती स्पर्धा खऱ्या अर्थानं युलिसस आणि अॅजॅक्समध्येच होते. स्पर्धेतही देवांनी मॅचफिक्सिंग केल्याचं दिसून येतं. 'अॅजॅक्स पुढं आहे. युलिसस त्याच्या काकणभर मागे आहे. अॅजॅक्सच्या पायांनं उडालेली धूळ आणि युलिससच्या पायांनं उडालेली धूळ यात फरक करणं अवघड आहे.' अशी या स्पर्धेची परिस्थिती असताना युलिसस मनोमन त्याच्या संरक्षक देवतेची अथेनाची प्रार्थना करतो. 'देवी, माझी प्रार्थना ऐक, माझ्यावर दया कर. माझ्या पायांना पंख फुटू देत.' ही प्रार्थना ऐकून अथेनानं युलिससला नवं बळ दिलंच शिवाय अॅजॅक्सला चाट घालून पाडलं. त्या चितेपासून काही अंतरावर एकिलिसनं पेट्रोक्लिसच्या सन्मानार्थ बळी दिलेल्या पशूंचं शेण पडलं होतं. अॅजॅक्स शेणात जाऊन पडला. त्यामुळे युलिसस ही शर्यत सहज जिंकू शकला.

पुढे ग्रीकांनी धावपळीच्या, उड्या मारायच्या अशा वैयक्तिक सामर्थ्याच्या शर्यतींसाठी खास व्यवस्था निर्माण केली, याला ते 'स्टॅडिऑन' असं म्हणत. त्याचंच युरोपी भाषांमध्ये 'स्टेडियम' बनलं. हे स्टेडियम साधारणपणे समांतरभुज चौकोनाच्या आकाराचं असे. त्याचे चारी कोन मात्र वर्तुळाच्या चापासारखे असत. त्याच्या लांब बाजू १८० मीटर (सुमारे ६०० फूट) असत, तर छोट्या बाजू १० मीटर (सुमारे ३२ फूट) एवढ्या असत. आजही डेल्फीच्या मंदिराजवळील पठारावर असं एक स्टेडियम पाहायला मिळतं. यात एकाच धावपट्टीवर धावणे, पूर्ण धावपट्टी पार करणे, किंवा स्टेडियमच्या ७,१२,२०, २४ फेऱ्या पूर्ण करणे या शर्यती होत. त्या काळात वेळ मोजायचं साधन मात्र उपलब्ध नव्हतं.

एकिलीसच्या क्रीडास्पर्धेत अखेरीस काही महायोद्ध्यांची द्वंद्वयुद्धे ठेवण्यात आली होती. यात अॅजॅक्स आणि डायोमीडीस यांचं ढाल आणि भाला घेऊन द्वंद्व झडलं. जो आधी जखमी होईल तो हरला, असं या द्वंद्वाचं स्वरूप होतं, हे द्वंद्व खूप रंगलं पण कुणीच जखमी झालं नव्हतं. शेवटी आपलेच हे दोन महावीर जखमी होतील आणि त्याचा ट्रॉयच्या युद्धावर परिणाम होईल म्हणून हे युद्ध थोपविण्यात आलं. पुढं मात्र हळूहळू ग्रीकांनी अशी जीवावर बेतणारी द्वंद्वयुद्धे क्रीडा स्पर्धांमधून बाद ठरवली. मात्र रोमन काळात परत अशा सशस्त्र जीवघेण्या स्पर्धांची परंपरा पुनरुज्जीवित करण्यात आली.

पॅनहेलेनिक क्रीडा स्पर्धांमध्ये ग्रीक साम्राज्यातील सर्वच क्रीडापटूंना आमंत्रित करण्यात येत असे. सर्व ग्रीक नगरराज्यांमध्ये या स्पर्धा जिंकण्याबाबत अहमहमिका

दिसून येत असे. या स्पर्धा एखाद्या पवित्र मंदिराच्या आवारात भरविण्यात येत असत. डेल्फी, कॉरिंथचं भूशीर, अरगोलिसजवळचं नेमिआ यापेक्षाही पश्चिम ग्रीसमधील द्वीपकल्पीय भागातून वाहणाऱ्या अल्फिअस नदीच्या काठच्या ऑलिंपिया या ठिकाणच्या क्रीडास्पर्धा सर्वांत महत्त्वाच्या मानल्या जात असत. माऊंट ऑलिंपसचे प्रमुख दैवत झिअस आणि त्याची पत्नी हेरा यांच्या सन्मानार्थ हे सामने खेळले जात. या सामन्यांची सुरुवात आणि अखेर धार्मिक विधीनं होत असे. या स्पर्धेच्यावेळी नृत्य, गायन आणि कवितावाचनाचे कार्यक्रम होत असत; पण प्रमुख कार्यक्रम अर्थातच क्रीडास्पर्धा हाच असे.

त्या काळात देश ही संकल्पना अजून अस्तित्वात नव्हती. ग्रीसमध्ये अनेक नगरराज्ये अस्तित्वात होती. त्या सर्वांमध्ये स्पर्धा असे. या सर्व नगरराज्यांची भाषा एकच होती, संस्कृतीही तीच होती. तेव्हा या क्रीडास्पर्धांमुळे त्यांच्यात आपापसातील रक्तपाताचा धोका टळत असे. एवढेच नव्हे तर त्यामुळे दोन नगरराज्यांमध्ये वैचारिक आदानप्रदान होत असे.

या खेळांची घोषणा करणारं पवित्र पथक देवांची ज्योत घेऊन राज्या राज्यातून फिरायचं. मग शत्रुत्व विसरून सर्व ग्रीक या क्रीडास्पर्धांच्या ठिकाणी लोटत असत. प्रेक्षकांमध्ये गुलाम, मालक, परका, बर्बर किंवा इजिप्ती असा भेद केला जात नसे. त्या खेळांच्या काळात सर्व प्रेक्षक समान असत. मात्र या खेळांच्या वेळी विवाहित स्त्रीला खेळ पाहायला बंदी असे. ही बंदी कोणत्या कारणांमुळे घातली होती, याचा स्पष्ट उल्लेख उपलब्ध नाही.

क्रीडापटू मात्र स्वतंत्र ग्रीक असत. गुलामांना किंवा ग्रीक नसलेल्या व्यक्तीला तसेच स्त्रियांना या खेळांमध्ये भाग घेता येत नसे. या स्पर्धांत भाग घेणारे क्रीडापटू एक महिना आधीपासून सराव सुरू करीत असत. मुलांसाठीही विविध प्रकारच्या

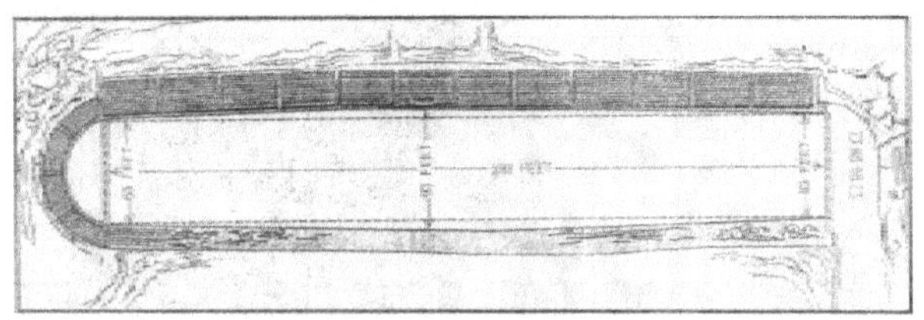

डेल्फी येथील अवशिष्ट स्टेडियमची आकृती. हा स्टेडियम ख्रिस्तोत्तर दुसऱ्या शतकात पुन्हा बांधला गेला. बैठकांचे थरावर थर प्रेक्षकांसाठी मुद्दाम बांधले गेले. पूर्वीच्या ऑलिम्पिआ येथील सगळ्या स्टेडिअममध्ये प्रेक्षक मैदानाभोवतालच्या टेकड्यांच्या उतारावर बसत. शर्यतींच्या प्रारंभीची व शेवटची जागा दगडी फरशीने दाखवलेल्या असत.

स्पर्धा घेतल्या जात. प्रौढांच्या स्पर्धांत घोड्यावर बसून किंवा रथांच्या शर्यती, या उघड्या मैदानात घेतल्या जात; तर स्टेडियममध्ये मुष्टियुद्ध, कुस्ती आणि धावण्याच्या शर्यती होत असत. पॅनक्रेटियम हा फ्रीस्टाईल शारीरिक लढतीचा प्रकार आणि पेंटथेलॉन या स्पर्धाही स्टेडियममध्ये होत असत. पेंटथेलॉनमध्ये धावण्याची शर्यत, लांब उडी, कुस्ती, थाळीफेक आणि भालाफेक यांचा समावेश असे.

ग्रीक हे चांगले दर्यावर्दी होते. तसेच त्यांच्या महालातून पोहण्याचे तलाव असत. तरीही त्यांच्या या ऑलिंपिक स्पर्धांत पोहणे किंवा नौकानयन यांचा समावेश नव्हता.

# चष्मानिर्मितीचं रहस्य

मध्ययुगीन काळात मानवी दागिन्यात एका महत्त्वाच्या दागिन्याची भर पडली. हा दागिना म्हणजे चष्मा. एकेकाळी स्वतःचा खास चष्मा हे श्रीमंतीचं आणि प्रतिष्ठेचं लक्षण मानण्यात येत असे. इटालीमधील ट्रेव्हॉसो इथल्या चर्चमध्ये टोमास्सो द मोडेना यानं इ.स.१३५२ मध्ये एक भित्तीचित्र चितारलं. त्यात एक म्हातारा पाद्री काही पोथ्या चाळतोय असं दृश्य आहे. या पाद्र्याच्या डोळ्यावर चक्क चष्मा आहे. हे चित्र हा दोन भिंगाच्या नाकावर बसणाऱ्या चष्म्याचा आद्य पुरावा मानण्यात येतो. या चित्राच्या आधी कधीतरी द्विनेत्री चष्म्यांचा शोध लागला असणार हे उघडच आहे.

इ.स. १३५२ मधील चष्मा लावलेल्या म्हाताऱ्या धर्मगुरुचं चित्र

चष्म्याचा शोध नक्की कुणी लावला, हे सांगणं मात्र अवघड आहे. किंबहुना विज्ञानेतिहासातील तो वादाचा एक ज्वलंत प्रश्न आहे. इटली, बेल्जियम, जर्मनी, ब्रिटन आणि चीन अशा निरनिराळ्या देशातील ज्ञान अथवा अज्ञान शास्त्रज्ञांना वेळोवेळी चष्मानिर्मितीचं श्रेय देण्यात येतं. असं असलं तरी इटालियन अभ्यासकांच्या म्हणण्यात बरंच तथ्य असावं, असं दिसतं. त्यांचा पुरावा ठोस नाही. तो बराचसा परिस्थितिजन्यच आहे. त्यातून प्रमुख धागा शोधणं, हे त्या क्षेत्रातल्या तज्ज्ञ व्यक्तींनाही अवघड जातं.

या गुंतागुंतीचं एक कारण म्हणजे सतराव्या शतकामध्ये काही विद्वानांनी चष्म्याच्या निर्मितीचा इतिहास मुद्दाम गोंधळ निर्माण करून चुकीच्या मार्गावर नेला. चष्म्याच्या शोधाची हकिकत 'द इन्व्हेन्शन ऑफ आयग्लास, एन्शंट ऑर नॉट' या अर्थाच्या लॅटिन शीर्षकाखाली कार्लो रॉबर्ट दाती (१६१९ ते १६७६) यानं सर्वप्रथम नोंदवली. या हकिकतीमध्ये त्यानं चष्म्याच्या शोधाचं श्रेय एका धर्मगुरू शास्त्रज्ञाला दिलं. या शास्त्रज्ञाचं नाव अलेस्सांड्रो स्पिना. तो पिसाजवळच्या एका मठात मरेपर्यंत राहत होता.

दातीच्या म्हणण्यानुसार चष्म्याचा शोध एका अज्ञात मठवासीयानं लावला होता पण त्या अज्ञात व्यक्तीला या शोधाशी आपलं नाव जोडलं जावं, असं वाटत नव्हतं. स्पिना विद्वान होताच पण त्याची स्मरणशक्तीही अफाट होती. त्यानं एकदा ऐकलेली गोष्ट किंवा एकदा पाहिलेली कृती तो विसरत नसे. यामुळे मग स्पिनानं स्वत:च चष्मा बनवून पाहायचं ठरवलं आणि त्यात तो यशस्वी झाला.

ही हकिकत इथंच संपली असती. स्पिनानं चष्म्याचा शोध लावला, या गोष्टीवर जगानं विश्वासही ठेवला असता. १९५६ पर्यंत स्पिनालाच चष्म्याच्या निर्मितीचं श्रेय देण्यात येत होतं. १९५६ मध्ये न्यूयॉर्कच्या सिटी कॉलेजमधले विज्ञानेतिहासकार एडवर्ड रोझेन यांच्या हाती दातीचे कागदपत्र आणि पत्रव्यवहार लागला आणि या प्रकरणाने वेगळंच वळण घेतलं.

चष्म्यानं का कोण जाणे बऱ्याच संशोधकांना वेड लावलं. चष्म्याच्या इतिहासात संशोधक जितके खोलवर शिरले तितक्या खोलात जाऊन इतर कुठल्याही गोष्टीबाबत संशोधन झालेलं आढळून येत नाही. तरीही चष्मा मूळ कुठला, हे अजूनही निश्चित झालेलं नाही. बरीच वर्षे चष्म्याचे आद्यनिर्मिते हा मान चिनी लोकांना दिला जात असे. पुढं सखोल संशोधनाद्वारे हा दावा फोल ठरविण्यात आला. चीनमध्ये चष्म्याचा शोध लागला, असं गृहीत धरण्यामागेही एक कारण होतं. 'तिथ थिएन छिंगलू' (चमत्कारिक वस्तूंबाबतचे स्पष्टीकरण) हा चाव झि-कूब याच्या तेराव्या शतकामधील ग्रंथातला मजकूर या चिनी दाव्याचा जनक मानला जात होता. 'ऐ-ताई (डोळ्यांवरचे आवरण) हे मोठ्या नाण्यांसारखे असतात. त्यांचा रंग अभ्रकासारखा

असतो. म्हाताऱ्या व्यक्तींचे डोळे जेव्हा जड होतात आणि त्यांची दृष्टी मंदावते; तेव्हा त्या व्यक्ती बारीक अक्षरे वाचू शकत नाहीत, अशा वेळी 'ऐ-ताई' त्यांच्या मदतीस येतात. ऐ-ताई पश्चिमेकडच्या मलाक्कातून इकडे येतात.'

'चाव झि-कू'चा हा ग्रंथ इ.स.१२४० मध्ये लिहिला गेलेला होता; म्हणजे इटलीतील चष्म्याच्या आधी सुमारे पन्नास वर्षे आधीच हा मजकूर असल्यामुळे चीनमध्ये चष्म्यांचा शोध लागला, हे गृहीत धरण्यात येत असे. १९७० नंतर जे संशोधन झालं त्यावेळी चष्म्यासंबंधीचा परिच्छेद मूळ ग्रंथात नव्हता तर तो काही काळानं या ग्रंथात घुसवडण्यात आला असं सिद्ध झालं. किंबहुना तो केव्हा घुसडण्यात आला त्याचा काळही निश्चित करण्यात आला. हा परिच्छेद मिंग सम्राटांच्या काळात म्हणजे इ.स.१३६८ नंतर या ग्रंथात आला. या परिच्छेदात जो मलाक्काचा उल्लेख आहे, त्यावरून या कालनिश्चितीस मदत झाली. मलेशियाच्या द्वीपकल्पात मलाक्का राज्य होतं. इ.स.१४१० मध्ये मलाक्काच्या राजानं चीनच्या सम्राटांना नजराणा म्हणून दहा चष्मे भेटीदाखल पाठविले होते. या काळात मलाक्कामध्ये अरब आणि इराणी जहाजं कायम व्यापाराच्या निमित्तानं ये-जा करीत असत. त्यांना व्यापाराची परवानगी मिळविण्यासाठी मलाक्काच्या राजास नजराणे द्यावे लागत. त्याच अरब आणि इराणी व्यापाऱ्यांचा व्यापाराच्या निमित्तानं युरोपशी संबंध होता. ते घड्याळ, क्रिस्टल, ग्लास अशा वस्तू युरोपातून पूर्वेकडे नेत. त्या

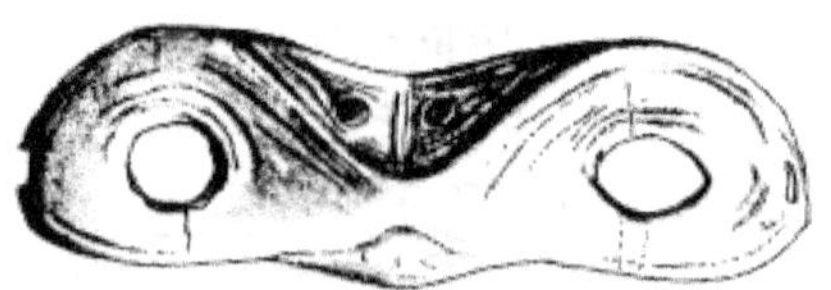

इसवी सन १०० ते ८०० च्या दरम्यान हस्तिदंतात कोरलेले एस्किमो लोकांचे गॉगल्स.

बदल्यात मसाल्याचे पदार्थ पश्चिमेकडे नेत असत. त्यातच या ऐ-ताईंचा समावेश असावा.

असं असलं तरी गॉगल्स किंवा रंगीत चष्म्यांच्या निर्मितीचा मान निस्संशय चीनकडं जातो. लिऊ छी नावाच्या एका चिन्याने 'सुट्टीच्या आनंददायी दिवसांच्या नोंदी' असं एक पुस्तक लिहिलेलं आहे. बाराव्या शतकाच्या पूर्वार्धात लिहिलेल्या या नोंदीमध्ये धुरकट क्वार्ट्झच्या स्फटिकांपासून बनवलेली 'नेत्रावरणं' त्या काळात वापरली जात होती, हे स्पष्ट होतं. ही रंगीत नेत्रावरणं कशासाठी वापरली जात असावीत, या प्रश्नाचं उत्तर ऐकलं की आपण थक्क होतो. ती नेत्रावरणं उन्हापासून संरक्षणासाठी वापरली जात नव्हती. चिनी न्यायालयातील न्यायाधीश त्यांच्या भावना आणि डोळ्यांच्या हालचाली त्यांच्यासमोर खटला चालविणाऱ्या आरोपी आणि फिर्यादींना कळू नयेत यासाठी हे काळे चष्मे वापरत असत. त्यामुळे न्यायदान नि:पक्षपाती होत असे.

अशाच एका वेगळ्या प्रकारचे चष्मे एका वेगळ्याच कारणासाठी सुमारे दोन हजार वर्षांपूर्वीपासून एस्किमो लोक उत्तरध्रुवीय प्रदेशात वापरत आलेले आहेत. बर्फावर बराच काळ वावरलं की बर्फावरून परावर्तित होणाऱ्या प्रकाशांमुळे दृष्टी जाते. याला हिमअंधत्व म्हणतात. असा हिमांधळेपणा येऊ नये म्हणून आजकाल वेगवेगळ्या प्रकारचे चष्मे वापरले जातात. एस्किमोंच्या पूर्वजांनी सुमारे दोन हजार वर्षांपूर्वी लाकडी नेत्रावरणं तयार केली होती. हिमनगांवर शिकारीस जाताना ते लाकडाची जाड आवरणं डोळ्यावर बसवायचे. काही वेळा ही आच्छादनं वॉलरसच्या दातांपासूनही बनवली जात असत. या आवरणांना मध्ये बारीक फट असायची. त्यामुळे समोरचं दृश्य स्पष्ट पाहता येत असे. पण बर्फावरून परावर्तित होणारा उजेड मात्र डोळ्यांच्या थेट संपर्कात येत नसे.

या प्राचीन गॉगलमध्ये काच वापरली जात नव्हती. काचेची भिंगं तयार करून त्याचे चष्मे करायच्या तंत्राच्या वादाची सुरुवात आपण बघितली आहेच. एडवर्ड रोझेन, या न्यूयॉर्कच्या प्राध्यापकाच्या हाती १९५६ मध्ये कार्लो रॉबर्टो दाती या फ्लॉरेन्सच्या चष्म्याविषयक संशोधकाचा मूळ पत्रव्यवहार पडला. दातीनं पहिला चष्मा बनविण्याचं श्रेय पिसा इथल्या अलेस्सांड्रो स्पिना याला दिलं होतं. स्पिना इ.स. १३१३ मध्ये वारला. ही माहिती दातीला फ्रान्सेस्की रेडी नावाच्या सहकाऱ्यानं पुरवली होती. हा रेडी टस्कनीच्या ग्रँडड्यूकचा राजवैद्य म्हणून काम करीत होता. दातीला पत्र लिहून रेडीनं स्पिनाच्या संशोधनाची माहिती ज्या पत्राद्वारे दिली, ते मूळ पत्र आजही उपलब्ध आहे. या पत्रात रेडीनं 'एन्शंट क्रॉनिकल्स ऑफ द डॉमिनिकन मोनॅस्टरी ऑफ सेंट कॅथरीन ऑफ पिसा' चा संदर्भ दिला आहे. 'एखादी गोष्ट एकदा बघितली किंवा ती गोष्ट घडविल्याचं कानावर पडलं की तो हुबेहूब तशीच गोष्ट बनवू शके.' मूळ क्रॉनिकलमधला मजकूर रोझेननी तपासला तेव्हा रेडीनं मूळ मजकुरात बदल केला असल्याचं रोझेनना दिसून आलं. मूळ मजकूर असा, 'नव्यानं

तयार झालेली एखादी वस्तू त्यानं बघितली की तो तशीच वस्तू पुन्हा बनवू शकत असे.' रेडीनं मूळ वाक्य बदलून स्पिनानं चष्मा बघितला असावा किंवा त्याबद्दल ऐकलं असावं, असा अर्थ ध्वनित होईल, अशी वाक्यरचना केली होती.

सतराव्या शतकातील इतरही अनेक विद्वान चष्म्याच्या निर्मितीचं श्रेय स्पिनला देण्यात सहभागी झाले होते. चष्म्याच्या अज्ञात संशोधकाचं श्रेय हिरावून घेण्याचा हा एक सार्वजनिक कट असावा, असंही रोझेन म्हणतात. असा कट या मंडळींनी का करावा, याचं कारणही रोझेन यांनी शोधून काढलं आहे. स्पिनाला श्रेय देण्याच्या कटात सहभागी झालेले सर्व विद्वान महान शास्त्रज्ञ गॅलिलिओ गॅलिलीचे (१५६४ ते १६४२) सहकारी किंवा चाहते होते. गॅलिलिओनं दूरदर्शीचा शोध लावला, असं म्हटलं जातं. प्रत्यक्षात बेल्जियम चष्मेवाला योहाना लिप्परशी यानं दूरदर्शी बनवली होती. ती पाहून गॅलिलिओनं तशीच दूरदर्शी बनवली. पुढे या दूरदर्शीमध्ये त्यानं सुधारणा केल्या. त्या दूरदर्शीतून आकाशनिरीक्षण करून त्यानं आपले शोध लावले, असं त्या काळात म्हटलं जात होतं. आपण लिप्परशीच्या दूरदर्शीबद्दल ऐकलं होतं पण ती बघितली नव्हती, असं गॅलिलिओचं म्हणणं होतं. त्या दूरदर्शीबद्दल ऐकल्यानंतर प्रकाशाच्या वक्रीभवनाच्या सिद्धांताचा अभ्यास करून दूरदर्शी तयार केली, असंही गॅलिलिओ म्हणत असे.

गॅलिलिओचे मित्र, अनुयायी आणि चाहते गॅलिलिओच्या म्हणण्याला पुष्टी देण्याची एकही संधी वाया जाऊ देत नसत. इ.स.१६७८ मध्ये चष्म्याच्या निर्मितीसंबंधी एक पत्र रेडीनं प्रसिद्ध केलं होतं. या पत्रात तो म्हणतो, 'फ्रायर अलेस्सांड्रो स्पिना जर चष्म्याचा पहिला संशोधक नसेल तर हे मान्य करायला हवं की कुठल्याही मदतीशिवाय किंवा लेखी सूचनांच्या मदतीविना त्यानं चष्मानिर्मितीची पद्धत पुन्हा नव्यानं शोधून काढली. दैवयोगानं आपल्या सुप्रसिद्ध गॅलिलिओ गॅलिलीच्या बाबतीतही नेमकं असंच घडलं असं म्हणावं लागतं. एका फ्लेमिश संशोधकानं लांब नळीची दूरदर्शी शोधल्याचं त्यानं ऐकलं आणि त्यानंही तशीच दूरदर्शी परावर्तन सिद्धांताच्या अभ्यासानं मूळ दूरदर्शी न पाहता बनवली.'

अशा तऱ्हेनं गॅलिलिओवर संशोधनचौर्याचा आरोप येऊ नये म्हणू स्पिनाला स्वतंत्रपणे चष्म्याच्या निर्मितीचं श्रेय बहाल करण्याचा खटाटोप त्याच्या चाहत्यांनी चालवला होता, असं रोझेन म्हणतात. गॅलिलिओच्या संशोधनाचा प्रश्न बाजूला ठेवला तरी चष्म्याचा मूळ संशोधक कोण, हा प्रश्न शिल्लक राहतोच. त्या माणसाचं कर्तृत्व स्पिनाला ठाऊक होतंच त्या अर्थी त्या व्यक्तीचं नावही स्पिनाला ठाऊक असावं. त्या व्यक्तीनं पहिला चष्मा इ.स.१२८५ च्या आसपास बनवला असावा, असं समजायलाही वाव आहे. गिओर्डोनो दा रिव्हाल्टो या धर्मगुरूनं इ.स.१३०५ मध्ये केलेल्या (आणि लिहून ठेवलेल्या) एका प्रवचनात या संबंधीचा

उल्लेख आढळतो. 'आज आपण जो चष्मा वापरतो तो केवळ वीस वर्षांपूर्वी अस्तित्वात आला. या चष्म्यानं लिहिणं-वाचणं सोपं झालं. चष्मा बनवणं ही उपयुक्त कला केवळ वीस वर्षांपूर्वी अस्तित्वात आली, यावर आज विश्वास बसत नाही. आजच्या जगातील ती एका गरजेची आणि अत्यावश्यक अशी सर्वोत्कृष्ट कला आहे. ज्यानं हा पहिला चष्मा बनवला आणि तयार केला त्याला मी ओळखतो. मी त्याच्याशी चर्चाही केलेली आहे.'

खिस्ती धर्मगुरू त्यांची महत्त्वाची प्रवचनं (सर्मन) लिहून ठेवत आणि ती चर्चमधून जपून ठेवली जात असत. त्यामुळे हा पुरावा आज उपलब्ध आहे. चष्म्याच्या या अज्ञात शोधकाचं नाव उपलब्ध होणं आज अवघड आहे पण तो पिसा या गावी राहत होता एवढं मात्र सांगता येतं. एकदा चष्म्याचा शोध लागल्यावर ती कला युरोपमध्ये झपाट्यानं पसरली. व्हेनिस हे चष्म्याचं माहेरघर समजलं जाऊ लागलं. इ.स.१३०० नंतर चष्म्याचा उल्लेख वारंवार येऊ लागला. या भिंगाच्या निर्मितीसंबंधीचे नियमही तयार झाले. त्या अज्ञात संशोधकाला त्याच्या संशोधनाचा आर्थिक फायदा झाला का, हा प्रश्न मात्र आजही अनुत्तरितच आहे.

# युरोपला मिळालेल्या देणग्या छत्र्या आणि तंबाखू

पावसाळ्याचे दिवस आले की जागोजाग छत्र्या विक्रीसाठी उपलब्ध होतात. घरातल्या छत्र्यांवरची धूळ झटकली जाते. 'छत्रे रिप्यारऽऽवाले' ओरडू लागतात. प्राचीन काळी छत्र्या अश्या घरोघरी आढळत नसत. मोजक्या प्रतिष्ठित आणि दरबारी व्यक्तींनाच छत्र्या बाळगणं परवडत असे. छत्रचामर ही राजाची आणि मनसबदारांची निशाणी होती. छत्रीचा पहिला पुरावा इ.स.पू. २४०० पर्यंत मागे जातो. इराकमधल्या अक्काड साम्राज्याच्या सारगोन या राजाच्या जयस्तंभावर ही आद्यछत्री किंवा छत्र पाहावयास मिळते. विजयी सैन्याचं नेतृत्व करणाऱ्या सारगोनच्या डोक्यावर एका हुज्र्याने उन्हापासून रक्षण करणारे घुमटाकृती छत्र धरलेय, असे हे दृश्य त्या विजयस्तंभावर कोरण्यात आले आहे.

इराकमधून छत्राची ही कल्पना पश्चिमेकडे गेली. भूमध्य सागराभोवतालच्या प्रदेशात आता राजे-महाराजांच्या डोक्यावर मोठमोठी छत्रं दिसू लागली. मायसिनियातील

इजिप्तमधील थीब येथील थडग्यातील चित्र. रथावर छत्र.
काळ इ. स. पू. १५५० ते १०७०

आणि सायप्रसमधील भांड्यांवर इ.स.पू. १५०० मध्ये छत्रधारी राजे आढळतात. इ.स.पू. १०७० मध्ये इजिप्तचा राजदूत वेनामुन लेबनॉनमध्ये गेला होता. त्याची ही मोहीम अयशस्वी ठरली. झाकार बाल हा त्यावेळी बिब्लॉसचा राजा होता. वेनामुन आणि झाकार बाल यांची बोलणी चालू असताना एका हुजऱ्यानं झाकार बाल याच्या डोक्यावर छत्र धरलं होतं. त्या छत्राची सावली वेनामुनवर पडली. 'तुझ्या फाराहोंनी तुला जे दिलं नाही ते माझ्या राजामुळे तुला मिळाले' असे उद्गार त्या हुजऱ्यानं काढले. इजिप्तचे फाराहो स्वत:ला सूर्यपुत्र म्हणवून घेत असत. परंपरेनं इजिप्तमध्ये छत्रं वापरायचा मान फक्त या सूर्यपुत्रांना होता. बालच्या हुजऱ्याने केलेल्या चेष्टेमुळे वेनामुन दुखावला गेला.

इराकमधून असिरियामार्गे छत्रे पूर्वेकडेही पसरली. असिरियाचे राजे तसेच भारतातल्या बौद्ध लेण्यातील गौतमबुद्ध यांच्या डोक्यावर छत्र आढळते. छत्री १६०० वर्षे तरी केवळ राजघराण्यांमध्ये आणि दरबारी लोकांपुरतीच मर्यादित होती. छत्री खऱ्या अर्थाने जनसामान्यांची बनली ती रोमन साम्राज्यात. लाकडी घुमटावर ताणून बसवलेले कापड या स्वरूपातली ही छत्री रोमन साम्राज्यात सर्वत्र दिसू लागली. आधुनिक छत्रीचा हा खरा पूर्वज म्हटला जातो.

अंब्रा म्हणजे छाया, यावरून या छायादात्रीला अंब्राक्युलम म्हणण्यात येऊ लागलं. यावरून पुढे अंब्रेला हा शब्द आला. या छत्र्या फक्त सावली देण्याच्या उपयोगाच्या होत्या. अशा छत्र्यांना आजही इंग्रजीत पॅरासोल (सूर्यापासून बचाव करणारी) म्हणण्यात येतं. यांचा पावसाळ्यात उपयोग नसतो. अशा छत्र्या रोममध्ये सर्वसामान्यांच्या हाती मोठ्या प्रमाणावर दिसू लागल्या. ओव्हिड या कवीनं 'स्त्रियांनी छत्र्यांविना घराबाहेर वावरणं हे सूर्याच्या कोपास आमंत्रण ठरतं.' असं म्हटलं आहे.

रोमनांची अंब्राक्युलम ही ऊननिवारक छत्री होती. पाऊस आणि ऊन या दोहोंपासून संरक्षण करणारी छत्री चीनमध्ये सर्वप्रथम निर्माण करण्यात आली. चीनमध्ये चौ घराण्याच्या काळात (इ.स.पू. १००० ते २२१) ऊननिवारक छत्र्या अस्तित्वात आल्या. या छत्र्या रेशमापासून बनविण्यात आल्या होत्या. अचानक आलेल्या पावसापासून यांच्यामुळे संरक्षण मिळत असे हे खरं; पण प्रामुख्याने त्या दरबारी लोकांचे उन्हापासून संरक्षण करण्यासाठी वापरल्या जात असत.

पावसापासून संरक्षण देणारी, आपल्या दृष्टीनं खरी छत्री, ही वै घराण्याच्या काळात (इ.स. ३८६ ते ५३५) अस्तित्वात आली. मलबेरीच्या पानांपासून बनविलेल्या कागदावर तेल आणि नैसर्गिक पाझरातून बाहेर पडलेलं डांबर फासून या छत्र्या बनविण्यात येत असत. स्वत: सम्राट तांबड्या आणि पिवळ्या रंगाची छत्री वापरत. इतरांना फक्त निळ्या रंगाचीच छत्री वापरता येत असे. चौदाव्या शतकात भक्कम रेशमी छत्र्यांची निर्मिती होऊ लागली होती. इ.स.१३६८ मध्ये एका फतव्यानुसार

अशा प्रकारच्या छत्र्या फक्त राजघराण्यातील व्यक्तींच्या उपयोगात येऊ लागल्या.

चीनमधून भारतात फार पूर्वीपासून छत्र्या येत होत्या. ह्यू एनत्सांग, फाहही येन वगैरेंची ओळख त्यांच्या छत्र्यांवरून लगेच पटते. इ.स. १३४० मध्ये पोपचा दूत खुष्कीच्या मार्गानं भारतात आला. त्याचं नाव मारिन्योलीचा जॉन. त्यांन पोपला लिहिलेल्या पत्रात छत्रीचा उल्लेख आढळतो. 'बहुतेक भारतीय नग्नावस्थेत हिंडतात; पण बांबूच्या काठीवर तंबूच्या आकाराची वस्तू बरोबर घेऊन ते हिंडतात. ही वस्तू ते मनात येईल तेव्हा उघडू शकतात किंवा मिटू शकतात. मी अशा या चमत्कारिक वस्तूचा एक नमुना माझ्याबरोबर फ्लॉरेन्सला आणला आहे.' ही वस्तू फ्लॉरेन्सवासीयांनी झिडकारली. तिचे अजिबात कौतुक झाले नाही. यामुळे जॉन फार निराश झाला. अठराव्या शतकातल्या व्यापाऱ्यांनी चीनमधून आणलेल्या कागदी छत्र्यांना मात्र युरोपमध्ये खूप मागणी आली आणि मगच छत्र्यांचा व्यवसाय भरभराटीस आला.

छत्री जशी युरोपमध्ये आशियातून आली त्याचप्रमाणे युरोपमध्ये एक लोकप्रिय व्यसन दक्षिण अमेरिकेतून आले आणि मग युरोपातून गोऱ्या माणसानं ते उत्तर अमेरिकेत नेले. हा पदार्थ म्हणजे तंबाखू. कोलंबस अमेरिकेत गेल्यामुळे अनेक उलथापालथी

दोन हजार वर्षांपूर्वी असे शोभिवंत पाईप अमेरिकेतले होपवेल इंडियन लोक वापरत. हा पाईप चार इंच लांब आहे. बेडकाच्या पाठीत तंबाखू भरायची जागा आहे.

झाल्या हे खरे पण त्यामुळेच जगाला तंबाखूचे व्यसन माहीत झालं हेही नाकारता येत नाही. कोलंबसानं १२ ऑक्टोबर १४९२ या दिवशी नव्या जगाला स्पर्श केला. त्याला भारताबद्दल त्याने जे ऐकले होते तसे इथे काहीच दिसेना. मसाल्याचे पदार्थ मिळण्याऐवजी इथले स्थानिक लोक त्याला एका वनस्पतीची वाळकी पाने देत होते. या पानांचे काय करावे हेही त्याला कळेना. या पानांचे काय करतात हे कळायला कोलंबसाच्या कर्मचाऱ्यांना दोन आठवडे वाट बघावी लागली. बार्टोलोमे

द ला कासास याच्या 'हिस्तोरिया द लास इंडिआज्'मध्ये युरोपीय व्यक्तींना तंबाखूचा पहिला हिसका कसा बसला याची नोंद आहे. या दोघांची नावंही उपलब्ध आहेत.

लुई द टोरेस आणि रॉड्रिगो द जेरेझ हे गावात फेरफटका मारायला किनाऱ्यावर उतरले.

'या दोन चांगल्या ख्रिश्चनांना रस्त्यात अनेक स्त्री-पुरुष दिसले. पुरुषांच्या हातात कायम ठिणग्या उडविणाऱ्या नळ्या असत. काही वाळलेल्या पानांमध्ये

**माया संस्कृतीच्या धूम्रपानवेडाची ही खूण. या पाईपमध्ये तंबाखू भरण्यापूर्वी गवताची गोळी त्यात दाबली जाई. ती 'फिल्टर'चे काम करी.**

दुसऱ्या वनस्पतींची वाळलेली पानं भरून, मस्केट (ठासणीची बंदूक) प्रमाणे ही नळी पुढून पेटवण्यात येई. मग त्या नळीचा धूर ओढून घेण्यात येत असे. दुसरी तोंडात धरलेली बाजू चघळून धूर ओढून आणि रस यांचं सेवन केल्यामुळे यांना थकवा जाणवत नाही. या बंदुकीच्या नळ्यांना ते 'टोबाकोस' असं म्हणतात.'

सवय नसल्यास ठसका लागून उभं राहणं असह्य झाल्याचे टोरेस आणि जेरेझचे म्हणणे पाहता बिडीचा पहिला अनुभव फारसा चांगला नसूनही ती कोलंबसाच्या खलाशांनी युरोपात नेली, ही गोष्ट कौतुकास्पद म्हणायला हवी. मेक्सिकोतील माया संस्कृतीमध्ये तंबाखू ही सर्व रोगांवर अक्सीर इलाज म्हणून वापरली जात होती. दमा, नाक चोंदणे, सायनसचा त्रास, अर्धशिशी, अपचन, दातदुखी, गळवं, सर्पदंश आणि अडलेल्या स्त्रीस आराम मिळवून देण्याचे काम तंबाखू करतो, असे माया संस्कृतीत मानले जात होते. उत्तरेकडे ऑझ्टेक संस्कृतीत तंबाखूमध्ये कोळशाची भुकटी मिसळली जात असे. मग त्यात सुगंधी फुलांच्या पाकळ्या भरण्यात येत असत. हे मिश्रण पानात गुंडाळून त्याच्या बिड्या गरीब लोक ओढत असत. श्रीमंतांची धूम्रपानाची पद्धत वेगळी होती. ते चांदीच्या किंवा लाकूड कोरून बनवलेल्या, नाही तर कासवांच्या पाठीपासून बनवलेल्या नळ्यांमधून हुक्का तयार करून तंबाखूचा धूर फुप्फुसात घेत. मॉंटेझुमा हा अखेरचा ऑझ्टेक सम्राट

(१५०२-१५२०) धूम्रपान केल्याशिवाय झोपत नसे.

स्पॅनिश लोक अमेरिकेत येण्यापूर्वी उत्तर आणि दक्षिण अमेरिकेत तंबाखूचे सेवन किमान दोन हजार वर्षे चालू होते. ॲमेझॉन नदीच्या मुखाशी असलेल्या माराजो बेटांवर आणि लुईझिआनातल्या पॉव्हर्टी पॉइंट इथे इ.स.पू. १००० च्या सुमारास धूम्रपानाचे साहित्य वापरले जात होते असे पुरावे मिळाले आहेत. होपवेल संस्कृतीत (इ.स.पू. १०० ते इ.स.७००) धूम्रपानासाठी वेगवेगळ्या प्रकारचे नळ तयार करण्यात येत असत. हे पाईप खूप दुर्मिळ अशा अर्धमूल्यवान रत्नांमधून कोरून काढण्यात येत असत. हे पाईप आजच्या पाइपांपेक्षा थोडे वेगळे असत. मुख्य पाईपाच्या मध्यभागी, माणूस, पक्षी, अस्वल, बेडूक, नग्न स्त्री किंवा इतर प्राण्यांची पोकळ मूर्ती असे. या मूर्तीत तंबाखू भरला जात असे. हे कोरीव काम अप्रतिम कौशल्याचा नमुना मानण्यात येते. असे कोरीव काम युरोपात अठराव्या शतकापर्यंत होत नव्हते.

# भारत आणि आफ्रिका प्राचीन संबंध

मध्यंतरी 'मार्मिक' मध्ये शनिमाहात्म्य ग्रंथाबद्दलचा मजकूर प्रसिद्ध झाला होता. 'मार्मिक'चे कार्यकारी संपादक श्री. पंढरीनाथ सावंत यांनी तो लिहिला होता. हा ग्रंथ मराठीत आणताना तो मुळात गुजराती भाषेत आहे, असं म्हटलं आहे; पण मुळात गुजराती भाषेत हा ग्रंथ नाही, असं पंढरीनाथ सावंतांनी त्यांच्या लेखात

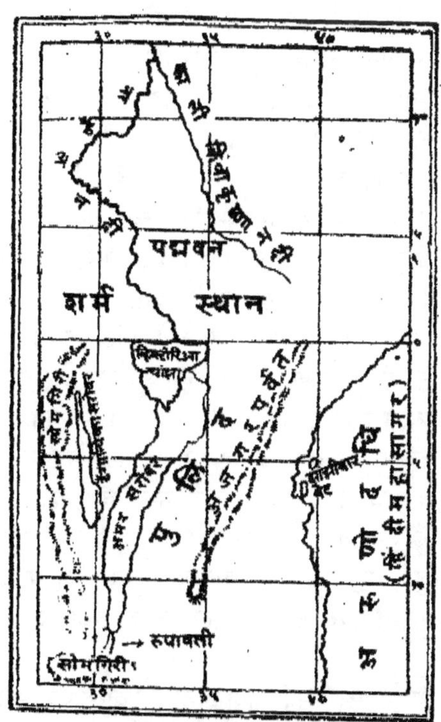


काली किंवा महान कृष्ण नदीच्या कुशद्वीप आणि शंखद्वीपमधून जाणाऱ्या पात्राचा लेफ्टनंट फ्रान्सिस विल्फर्ड यांनी पुराणांच्या आधारे तयार केलेला नकाशा.
(सह्याद्री एप्रिल १९६३ वरून)

म्हटलं होतं. गुजरातीत जरी हा ग्रंथ नसला तरी हा ग्रंथ गुजरातेतून आला असावा, असा परिस्थितिजन्य पुरावा आहे. हा पुरावा बघण्यासाठी आपल्याला हिंदुस्थानचा किनारा सोडून आफ्रिकेत जाणं भाग पडतं.

या लेखमालेचे संदर्भ शोधताना ज्याप्रमाणे अनेक इंग्रजी ग्रंथांचा मला उपयोग झाला, त्याचप्रमाणे मी जुन्या मराठी मासिकांचाही शोध घेतला. 'विविध ज्ञान विस्तारात' वेदातील धूमकेतूंबद्दलची माहिती असलेला एक लेख मला सापडला. प्राचीन बॅबिलोनियन आणि भारतीय खगोलशास्त्रावर तर गेल्या शतकापासून अनेक वेळा लिहिलं गेलंय. या शोधातच सह्याद्रीच्या एप्रिल १९३७ च्या अंकातला पहिलाच लेखही मला उपयुक्त वाटला. त्या लेखाचा विषय आहे 'आफ्रिकेतील प्राचीन हिंदू लोक.' या लेखाची आणि लेखातील माहिती घेऊन झाली की मग आपण शनिमाहात्म्याच्या मुळाकडे वळू या.

व्यापारी वाऱ्यांचा फायदा घेऊन हिंदुस्थानच्या पश्चिम किनाऱ्यावरून मालानं भरलेली गलबते आफ्रिकेकडे जात. आफ्रिकेच्या पूर्व किनाऱ्यास पोहोचायला त्यांना दोन-अडीच महिने लागत असत. पुढे तीन-चार महिने माल विकणे, खरेदी करणे या गोष्टी चालत. हस्तिदंत, कातडी आणि डबल नारळ घेऊन मार्च महिन्यात हे व्यापारी आफ्रिकेकडून भारताकडे यावयास निघत असत, हे 'डबल नारळ' भारतात धार्मिक महत्त्वाचे मानले जात असत. 'अ शॉर्ट हिस्टरी ऑफ ईस्ट कोस्ट ऑफ आफ्रिका' नावाचा एक ग्रंथ हॉलिंग्जवर्थ नावाच्या ब्रिटिश अभ्यासकानं लिहिला आहे. त्यानुसार 'हिंदू लोकांचे आफ्रिकेशी निव्वळ व्यापारी दळणवळण नव्हते, तर ते पूर्व किनाऱ्यावर वसाहतीही करून राहत होते.'

'पेरिप्लस ऑफ द एरिथ्रियन सी' म्हणजे 'हिंदी महासागराचा वाटाड्या' या ग्रीक ग्रंथात पेरिप्लसनं इसवी सनाच्या पहिल्या शतकात केलेल्या प्रवासाची माहिती आपल्याला वाचायला मिळते. पूर्व आफ्रिकेमध्ये तो मोंबासा इथं पोहोचला होता. मोंबासा बंदरात त्याला अनेक हिंदू व्यापारी दिसले होते. तो म्हणतो, ''इथे हिंदू व्यापाऱ्यांचं मोठंच प्रस्थ आहे. ते हिंदुस्थानातून लोखंड, कापड, गहू, तांदूळ, तूप आणि साखर इकडे आणतात.'' म्हणजे भारतात दोन हजार वर्षांपूर्वी साखर तयार होत होती. (किंबहुना शुगरकॅंडी या शब्दाची व्युत्पत्ती शर्कराखंड या शब्दावरून झाल्याचंही भाषाशास्त्रज्ञ मान्य करतात.) साखरेचा हा सर्वांत जुना उल्लेख असल्याचं मानण्यात येतं.

इ.स.९१५ मध्ये अल् मसुदी नावाचा अरब प्रवासी पूर्व आफ्रिकेत आला होता. आफ्रिकेतून बरेच हस्तिदंत ओमान, हिंदुस्थानमार्गे चीनपर्यंत जात असं त्याने लिहून ठेवले आहे. इ.स.१२६० मध्ये मार्कोपोलोनं मोंबासाच्या भरभराटीस हिंदू व्यापाऱ्यांचा फार मोठा हातभार लागल्याचं नमूद केलं आहे; तर इ.स.१५१२ मध्ये ड्युआर्ट

# 'स्वाहिली'चे संस्कृताशी साम्य

आफ्रिकेच्या किनाऱ्यापासून हजारो मैल आतील गिरि-गव्हरातील भागाची इत्थंभूत माहिती मिळविण्यासाठी प्राचीन हिंदूंनी तेथे बराच काल वास्तव्य केले असले पाहिजे आणि त्यांचा संबंध तद्देशीयांच्या भाषेवर परिणाम होण्याइतका जवळचा आला असावा, या अनुमानाला भाषेचा पुरावा मिळण्यासारखा आहे. पूर्व आफ्रिकेतील मुख्य भाषा जी स्वाहिली त्या भाषेतील शब्दांचे संस्कृत भाषेतील शब्दांशी आश्चर्यकारक साम्य दिसून येते असे काही शब्द खाली दिले आहेत;

| स्वाहिली शब्द | त्याचा अर्थ | संस्कृत शब्द |
|---|---|---|
| कुसुम | पोपट | शुक |
| बेगु | बी | बीज |
| सीटा | सहा | षट् |
| साबा | सात | सप्त |
| सींबा | सिंह | सिंह |
| गोंबे | गाय | गौ |
| टुंडु | भोक, तोंड | तुंड |
| टुंबो | पोट | तुंद |
| कुकु | कोंबडा | कुक्कुट |
| गोमा | ढोल, ड्रम | गोमुखा |
| कराणी | कारकून (कोकणीत 'कारणी') | कारणिक |
| टांबू | विडा, पानपट्टी | तांबूल |
| मुडोमो | तोंड (गुजराथीत 'म्होढुं') | मुख |
| मशाले | बाण | शल्य |
| न्योका | सर्प | नाग |
| म्केंडे | अंड,वृषण | अंड |
| कूटु | कीट, गंज | किट्ट |
| मोशी | धूर, मशेरी | मस |
| चूपा | कुपी, कुपा, बाटली | कुतुप |
| किओ | काच | काच |
| जीपू | गळ, फोड | पूय |
| सुकारी | साखर | शर्करा |
| म्कोनो | हात | कर |

बार्बोझानं मोंबासात हिंदू व्यापारी फार मोठ्या प्रमाणावर दिसून येतात असं म्हटलंय. एकोणिसाव्या शतकात १८७५ पर्यंत झांझीबारमधली सर्व दुकाने आणि सर्व व्यापार हिंदू व्यापाऱ्यांच्या हाती होता.

ज्या युरोपियन अभ्यासकांनी पुराणांचा अभ्यास करून त्यातील विज्ञान आणि भूगोलावर लक्ष केंद्रित केलं, त्यांना भारतीय पुराणांमध्ये आफ्रिका खंडाचे अनेक पुरावे आढळले. १९२२ ते २५ च्या सुमारास ब्रिटिश सरकारने हिल्टन यंग नावाची चौकशी समिती नेमून तिला पूर्व आफ्रिकेचा अभ्यास करण्यास सांगितले होते. या समितीचा अहवाल म्हणतो, 'हिंदुस्थान व पूर्व आफ्रिकेचा संबंध अतिशय प्राचीन आहे. पुराणातील उल्लेखांवरून प्राचीन हिंदू लोकांना या भूप्रदेशाची आणि त्यात राहणाऱ्या लोकांची बिनचूक माहिती होते, हे स्पष्ट होते.'

गोखले यांच्या सह्याद्रीच्या लेखात आणखीही एक माहिती आहे. ते म्हणतात, ''विशेष नवलाची गोष्ट म्हणून उल्लेख करावीशी वाटते ती ही की नाईल नदीच्या उगमाचा शोध लावणाऱ्या स्पेके नावाच्या संशोधकाने आपल्या सफरीची तयारी करताना जी पौराणिक माहिती मिळवली, तीवरून नाईल नदीचा उगम एका विशाल सरोवरापासून होत आहे, असे त्याच्या ध्यानात आले. शिवाय झांझीबार, टांगानिका सरोवर व सोमगिरी इत्यादींचीही वर्णने पुराणांनी केलेली त्याला दिसून आली. तो एके ठिकाणी स्पष्टच म्हणतो, या भागातील (पूर्व आफ्रिका) नद्या, तळी इत्यादी जलाशयांसंबधींचे आपले पूर्वीचे सर्व ज्ञान प्राचीन हिंदूंकडून प्राप्त झाले होते आणि इजिप्शियन लोकांना परमपवित्र असलेल्या या नाईल नदीच्या उगमासंबंधी त्यांच्या (इजिप्शियनांच्या) समजुती म्हणजे काल्पनिक थापेबाजी होती. स्पेक आपल्या 'जर्नल ऑफ द डिस्कव्हरी ऑफ नाईल' या पुस्तकात पान ३५ वर लिहितो – '.. प्राचीन हिंदू लोकांच्या पुराणांमधील माहितीच्या आधारे लेफ्टनंट विल्फोर्ड याने लिहिलेला अत्यंत चित्तवेधक असा एक लेख कर्नल रिग्बी याने मला दिला. त्याला एक नकाशा जोडलेला असून सोमगिरी व नाईल नदी यांविषयी त्यात माहिती होती...' ''

विशेष ध्यानात ठेवण्यासारखी गोष्ट म्हणजे हिंदूंनी नाईल नदीच्या उगमाच्या भागाला अमर असे नाव ठेवले होते. हा भाग व्हिक्टोरिया न्यान्झाच्या ईशान्य कोपऱ्यातील प्रदेश होय. त्यावरून हे स्पष्ट दिसून येईल, की प्राचीन हिंदू लोकांचा व्हिक्टोरिया न्यान्झाच्या उत्तर व दक्षिण टोकांशी संबंध आला असला पाहिजे. सदरहू नकाशात विल्फर्ड याने हिंदी महासागराला अरुणोदधी (म्हणजे लाल समुद्र) असे पुराणातील वर्णनावरून नाव दिलेले आढळले. पेरिप्लसच्या एरिथ्रियन सी (एरिथ्रॉस म्हणजे तांबडा) याचा अर्थही तोच. प्राचीन काळी हिंदी महासागरासाठी तांबडा समुद्र ही संज्ञा वापरली जात असे. यानंतर गोखले स्वाहिली भाषेतील बऱ्याच संज्ञा

संस्कृतोद्भव कशा आहेत हे स्पष्ट करतात.

हे सर्व वाचताना भारतीय पूर्वजांचा आफ्रिकेशी संबंध होता हे स्पष्ट होतेच. अलेक्झांड्रियामार्गे भारतीयांचा रोमशी व्यापार होता हेही आपण बघितले. सुमारे तीन हजार वर्षांपूर्वी मोझेसनं ज्यूंना इजिप्त-गुलामगिरीतून सोडवलं. सुमारे २५०० वर्षांपूर्वी ज्यू जगभर विखुरले गेले. त्यांनी त्यांच्या दंतकथा, कहाण्या जगभर नेल्या. सॉलोमन हा राजा आणि त्याचं सिंहासन, तसेच विक्रमादित्याचं सिंहासन यांच्या दंतकथेवत बरंच साम्य आहे. सॉलोमनला सैतानानं निळी अंगठी दिली होती. सॉलोमन माजला. विक्रमालाही गर्व झाला होता. सॉलोमनच्या हातून अंगठी हरवली तो देशोधडीला लागला. विक्रम एका व्यापाऱ्याचा घोडा खरेदी करताना देशोधडीला लागला. दोघांवरही चोरीचा आळ आला. सॉलोमनला अंगठी सापडली. निळ्या खड्याच्या प्रभावानं तो शापमुक्त झाला. निळा रंग आवडणाऱ्या शनिकृपेनं विक्रमादित्य शापमुक्त झाला. हे कथेतलं साम्य पण त्याही पुढे जाऊन आपण आणखी काही गोष्टींचा विचार केला की शनिमाहात्म्य ही आपण भर घालून केलेली सॉलोमनची कथा आहे, हे स्पष्ट होईल.

शनिमाहात्म्यात शनि हा जातीचा तेली आहे असं पंडित सांगतात. ज्यूंचा पारंपरिक व्यवसाय ऑलिव्हचं तेल तयार करणे आणि लोखंडी सामान विकणे हा होता. ज्यूंच्या टोराह या धर्मग्रंथानुसार परमेश्वरानं सहा दिवस खपून सृष्टी तयार केली आणि सातव्या दिवशी विश्रांती घेतली. मुसलमान हा सगळ्यांत अलीकडे स्थापन झालेला मध्यपूर्वेतील धर्म, त्यानुसार परमेश्वरानं शुक्रवारी विश्रांती घेतली, ख्रिश्चन हा त्याच्या आधी स्थापन झालेला धर्म, त्यांच्यानुसार परमेश्वरानं रविवारी विश्रांती घेतली तर ज्यूंच्या धर्मग्रंथानुसार परमेश्वरानं शनिवारी विश्रांती घेतली.

भारतात दोन हजार वर्षांपूर्वी ज्यू आले. ते खंबायत ते केरळपर्यंत भारताच्या पश्चिम किनाऱ्यावर पसरले. हे लोक मुळात कष्टाळू होते, त्यांना तेल गाळणं जमत होतं. लोखंड घडविण्याची विद्या त्यांना अवगत होती. त्यांनी साहजिकच हे आपले पारंपरिक उद्योग सुरू केले असणार. ते ऑलिव्हऐवजी शेंगदाणे आणि खोबऱ्याचं तेल त्यांच्या घाणीतून काढू लागले. घोड्याचे नाल, नांगराचे फाळ बनवणे त्यांनी सुरू केले. शनिवारी ज्यू सब्बाथ पाळतात. त्या दिवशी त्यांची पूर्ण सुट्टी असते. त्यामुळे शनिवारी तेल खरेदी-विक्री आणि लोखंड मालाची दुकानं बंद असत. शनिवारी हे पदार्थ मिळतच नसल्यानं पुढे शनिवारी – नकत्याच्या वारी – तेल आणि लोखंड खरेदी करू नये ही समजूत आपल्याकड रूढ झाली. सॉलोमनची गोष्ट विक्रमादित्याची (सॉलोमन हा सूर्य (आदित्य) पुत्र) कथा बनून आपल्याकड आली. ती बहुधा गुजरातेत राहिलेल्या ज्यूंमार्फत सोपाऱ्याच्या मार्गे मराठीत आली म्हणून बहुतेक गुजरात भाषेची कथा. या ज्यूंना कोकणात शनितेली म्हणत.

हे सर्व तर्कट माझं आहे. कदाचित याला यापेक्षा चांगलं असं दुसरं स्पष्टीकरण असूही शकेल; पण ही कथा मूळ सॉलोमनची का वाटावी याला आणखीही एक कारण आहे. ते म्हणजे वैश्यकन्येचं. ही वैश्यकन्या विक्रम राजाची परीक्षा घेण्याचं ठरवते. त्यासाठी त्याच्याबरोबर शय्यागृहात झोपते आणि सकाळी वडिलांना म्हणते, 'हा कसला नपुंसक पुरुष आणलात!' ही प्रथा भारतातून फार पूर्वीच नाहीशी झाली होती; पण मध्यपूर्वेत ती बराच काळ रूढ होती. शीबा राणीला सॉलोमन भेटायला जाणार असं ठरलं तेव्हा या भेटीसाठी शीबानं अनावश्यक असे गुह्यांगावरचे केस काढून टाकावेत, अशी अट सॉलोमननं घातली होती. तेव्हा शीबानं काखेतले आणि जननेंद्रियावरचे केस काढून टाकले होते. पुढे क्लिओपात्रानं सीझरचीही अशीच भेट घेतली होती. मला वाटतं शनिमाहात्म्य मध्यपूर्वेतून वसाहती करून राहिलेल्या ज्यूंकडून भारतात आलं, हे सिद्ध करायला हा पुरावा महत्त्वाचा ठरेल.

■

# भारतीय विज्ञान चीनमध्ये

इंग्रजी-अमेरिकन विज्ञान नियतकालिकांमधून आपल्या पूर्वजांबाबतच्या संशोधनास भरपूर प्रसिद्धी मिळते आणि त्यासाठी खास जागा राखून ठेवलेली असते. भारतात अशा तऱ्हेची खात्रीशीर माहिती देणारी विज्ञान नियतकालिकंच नाहीत. भांडारकर प्राच्यविद्या संस्थेच्या वार्षिकामधून अशी माहिती कधीकधी प्रसिद्ध होते; या वार्षिकाच्या १९९१-९२ या दोन वर्षांचा एक एकत्रित खंड आहे. या खंडात लेख आहे.

भारतीय ज्ञानाच्या मौखिक परंपरेमुळे मुघलपूर्व काळातील घटनांचे खात्रीशीर पुरावे, विशेषत: शास्त्रीय संशोधनाचे पुरावे उपलब्ध नाहीत असं या लेखात म्हटलं आहे. विशेषत: गुप्तता राखून आपली विद्या ही ज्येष्ठ पुत्राला किंवा पट्टशिष्याला द्यायची या प्रथेत बरीच विद्या नष्ट झाली असावी, असं मला वाटतं.

देशपांडे यांच्या लेखाचं शीर्षक आहे 'चायनीज सोर्सेस फॉर हिस्टरी ऑफ इंडियन सायन्स'. या लेखात देशपांडे म्हणतात की बरंच भारतीय प्राचीन ज्ञान चीनमध्ये पोहोचलं होतं. बुद्धधर्माच्या प्रचारकांनी इसवीसनाच्या पहिल्या दुसऱ्या शतकापासून बरंच भारतीय ज्ञान चीनमध्ये नेल्याचे उल्लेख आढळतात.

या लेखमालेच्या सुरुवातीसच भारतीय वैज्ञानिक प्रगतीचे पुरावे मिळवणे किती अवघड आहे ते मी स्पष्ट केलं होतं. मुंबईचे ख्यातनाम संस्कृत पंडित श्रीराम भिकाजी वेलणकर हे माझे मामा. त्यांच्याशी मी बरेचदा या विषयावर चर्चा करीत असे. त्यांची प्राचीन भारतीय विज्ञान आणि प्राचीन भारतीय भौतिक विज्ञान ही पुस्तके भारतीय परंपरांवर आणि वैज्ञानिक प्रगतीवर बराच प्रकाश टाकतात. विशेषत: समरांगणसूत्रधार आणि गोलाध्याय या ग्रंथाबद्दल त्यांना आत्मीयता होती.

एकदा प्राचीन विमानविद्येबद्दलचा एक ग्रंथ मी त्यांच्याकडे घेऊन गेलो होतो. तेव्हा ते म्हणाले होते. 'याप्रमाणे विमान उडणं शक्य आहे का, हे तूच मला सांग!'' नंतर त्या ग्रंथातील अनेक श्लोकांमध्ये दोन ते तीन अर्थ त्यांनी मला उलगडून दाखवले होते. यामुळेच भारतीय विज्ञानाबद्दलचे जे ग्रंथ आज उपलब्ध आहेत त्यातली संदिग्धता माझ्या लक्षात आली.

देशपांडे यांचा लेख त्यादृष्टीनं मला महत्त्वाचा वाटतो. त्यात अनेक चिनी ग्रंथांच्या भारतीय उगमाचा पत्ता लागतो. त्यावरून प्राचीन काळातल्या भारतीय

वैज्ञानिक प्रगतीची कल्पना आपल्याला येऊ शकते. सिव्हिन नावाच्या अमेरिकन अभ्यासकांनं चिनी प्राकृसायनशास्त्र विषयक ग्रंथांचा अभ्यास केला. 'तान चुंग याव चुए' या सुन-झु-मो लिखित सातव्या शतकातील ग्रंथाबद्दल तो म्हणतो, 'या ग्रंथामध्ये सर्वत्र बौद्ध वाक्प्रचार आढळतात.' 'तान चुंग याव चुए' चा अर्थ 'रसायन-शास्त्रीय प्राचीन ग्रंथातील महत्त्वाची सूत्रे' असा होतो.

सुन-झु-मोनं चिएन चिन आय फांग (हजार औषधी संग्रह) नावाचा ग्रंथही लिहिला. यात भारतीय भाषेतले मंत्र आढळतात. सुन बौद्ध होता. त्यानं बौद्ध तत्त्वज्ञानावरही लिखाण केलेलं होतं. चीनमध्ये प्राचीन काळात बौद्धधर्म, तत्त्वज्ञान यांच्याबरोबरच साहित्य, कला, प्राकृसायनशास्त्र, धातुशास्त्र, वैद्यक आणि खगोल-शास्त्र हेही ज्ञान गेलं होतं. गणिती ज्ञान तर भारतातूनच जगभर पोहोचलं होतं.

चिनी खगोलशास्त्रावर डॉ. एफ. रिचर्ड स्टीव्हन्सन यांनी बरंच संशोधन केलंय. इसवीसनाच्या दुसऱ्या शतकानंतर चिनी खगोलशास्त्रात जो फरक पडला त्याला चीनवर भारतीय ज्ञानाचा पडलेला प्रभाव कारणीभूत होता असं ते म्हणतात.

किशोशी योबुती हा प्राचीन खगोलशास्त्राचा अभ्यासकही चिनी खगोलशास्त्राचा अभ्यासक आहे. तो त्या अभ्यासात भारतीय खगोलशास्त्राचा चिनी खगोलशास्त्रावरच जो प्रभाव पडला होता त्याबद्दल म्हणतो की चिनी खगोलशास्त्रज्ञ पगारी होते. त्यांनी कितीही शोध लावले तरी त्यांचा पगार वाढणार नव्हता. मात्र भारतातून आलेल्या खगोल शास्त्रज्ञांनी तांग सम्राटांच्या पदरी राहून खगोल शास्त्राची प्रगती केली.

या खगोल शास्त्रज्ञांच्या पुस्तकांना 'पो-लो मेन' म्हणजे ब्राह्मणांची पुस्तकं किंवा ब्राह्मणी ग्रंथ असं म्हणण्यात येत असे. सुई घराण्याच्या काळात (इ.स.५८९-६१८) बरेच ब्राह्मणी ग्रंथ चीनमध्ये भाषांतरित झाले. चिनी भाषेत ब्राह्मणांना 'चिनी स्यिंगचे' म्हणत. 'शुद्ध ज्ञानाच्या मार्गाचे अनुयायी' असा याचा अर्थ होतो. या चिंग स्यिंगच्या ग्रंथांना ना पो-लो मेन असंही म्हणण्यात येत असे; याचा अर्थ 'ज्ञानवाहक' असा आहे. हे पो-लो मेन ग्रंथ गणित, खगोलशास्त्र, सूक्ष्म जंतूचा अभ्यास, औषधींची माहिती आणि सुगंधी द्रव्याची निर्मिती या संबंधीच्या माहितीनं भरलेले होते.

देशपांडे यांच्या लेखात अशा बारा ग्रंथांची यादी आहे. अमृत आणि परिसाचा शोध घेताना भारतीय रसायनशास्त्र बरंच प्रगत झालं होतं, असा अंदाज करायला वाव आहे, असं इतर काही ग्रंथांवरून स्पष्ट होतं. चीनमध्ये पहिल्या शतकात बुद्धधर्म पोहोचला. इ.स.६१ मध्ये मिंग-ती या सम्राटांनं हिंदुस्थानात त्याचे दूत बौद्धधर्मीय पुस्तकं आणि शिक्षक आणण्यासाठी पाठवले. तेव्हा कश्यप मातंग हा मध्य आशियाई भिख्खू चीनमध्ये गेला. त्यानं प्रथम बौद्ध सूत्रे चिनी भाषेत अनुवादित स्वरूपात सादर केली. यानंतर चीन आणि भारतात सांस्कृतिक आदान-

प्रदानाची परंपरा सुरू झाली. अनेक संस्कृत, प्राकृत आणि पालीतील ग्रंथांची चिनी भाषेत भाषांतरं होऊ लागली.

संस्कृत ज्ञानभांडार चिनी लोकांना अवगत व्हावं यासाठी हे ज्ञान ज्यात सामावलंय ती संस्कृत भाषा आणि इतर भारतीय तत्कालीन महत्त्वाच्या भाषा शिकण्यासाठी फा ही येन (इ.स.३९९-४१४) सारखे विद्वान भारतात येऊन संस्कृत भाषेचा अभ्यास करू लागले. त्यांनी संस्कृत शब्दांचं लिप्यांतर केलं. यासाठी चिनी चित्रलिपीत नव्या चित्राक्षरांची निर्मिती केली. शब्दकोशांच्या निर्मितीला त्यांनी अग्रस्थान दिलं होतं. नवव्या शतकात संस्कृत-तिबेटी-चिनी कोश 'महाव्युत्पत्ती' या नावानं अस्तित्वात आला.

चिनी रसायनशास्त्रावर सर्वाधिक प्रभाव असणारा भारतीय ऋषी (ऋषी हा शब्द त्याकाळी ज्ञानार्जनास वाहून घेतलेला या अर्थाने वापरण्यात येत होता) म्हणजे नागार्जुन. बौद्धतत्त्वज्ञान, प्राक्‌रसायन (म्हणजे अल्केमी) आणि आयुर्वेदात नागार्जुनाचं ज्ञान अद्वितीय समजण्यात येत असे. नागार्जुनाचा नक्की काळ ठरवणं अवघड आहे. त्याबद्दल अनेक मतमतांतरे आहेत. किंबहुना नागार्जुन किती, हा प्रश्नही अनुत्तरित आहे. कक्षपुटीतंत्र, योगशतक, लोहशास्त्र आणि आरोग्यमंजिरी हे नागार्जुनाचे गाजलेले ग्रंथ. रसायनविषयक अनेक प्राचीन ग्रंथांमधून नागार्जुनाचा हवाला (आधुनिक भाषेत संदर्भ) देऊन रासायनिक प्रयोगाचं वर्णन केलेलं आढळतं.

चिनी भाषेत नागार्जुनास 'लुंग-मु' (लुंग-नाग, मु-लाकूड) 'लुंग-शु' (शु-वृक्ष) असं अनुवादित नाव दिलेलं दिसून येतं. अर्जुन वृक्षाशी नागार्जुनाचा काय संबंध ते मात्र स्पष्ट नाही. नागार्जुनानं अनेक वैद्यकशास्त्रीय पुस्तकं लिहिली. त्यातला नेत्र-विकारावरचा ग्रंथ १६ व्या शतकापर्यंत चीनमध्ये पाठ्यपुस्तक म्हणून वापरण्यात येत होता. चिनी वैद्यकीय ग्रंथातून देशपांडे यांना नागार्जुनाच्या नऊ वैद्यकीय पुस्तकांची यादी मिळाली. यातले बरेच ग्रंथ अजूनही चीनमध्ये उपलब्ध आहेत. देशपांडे म्हणतात, त्याप्रमाणे त्यांच्या अभ्यासाची आजही गरज आहे. मात्र हे काम कोण करणार, हा प्रश्नच आहे. हे ग्रंथ प्राचीन चिनी भाषेत आहेत.

# अमेरिकेत सर्वप्रथम कोण पोहोचले?

१९७५ च्या सुमारास बॅरी फेल या सागरी जीवशास्त्रज्ञानं पॅसिफिक महासागरातील बेटं आणि इरियन जाया (न्यूगिनी बेटाचा पश्चिम भाग) या इंडोनेशियातील प्रांताचा दौरा केला. तिथल्या शिलालेखांचं कोडं त्यानं या दौऱ्यात सोडवलं. या शिलालेखातील लिपी आणि भाषा ही प्राचीन इजिप्तच्या पश्चिम भागात आणि लिबियात त्या काळात रूढ असलेली म्हणजे दोन-सव्वादोन हजार वर्षांपूर्वीची भाषा होती. पॉलिनेशिया द्वीपसमूह आणि न्यूझीलंडमधल्या माओरी संस्कृतीची बोलीभाषा आणि लिबियातील

| अक्षर | न्यूझीलंड | फिजी टोंगा | हवाई | पश्चिम इरियन | पिटकेर्न | जावातील पिरॅमिड | लिबिया | चिले |
|---|---|---|---|---|---|---|---|---|
| a | ⋈ | ⋈ | ⋈ | ∝,⋈ | ⋈ | ⋈ | ⋈,⋈ | ꞇꞇꞃ |
| b | · | ⊟ | · | ⊟ | · | ◈ | ⊡ ⊙ | ⊡,C |
| t | X,+ | X,+ | + | X,+ | X | X | X,+ | X,+ |
| l | ∩∧ | ∩▢ | · | ∧,∏ | · | ◠ | ▣ | · |
| l (h) | ◉ | · | · | ◠,∩ | · | · | · | · |
| d | · | ∧ | · | Δ | · | ∏ | ∏,⊏ | ⊓ |
| k | ↯,⋀ | ↓,↧ | ↓ | ↧,↑ | ⇊ | ⇒,⇊ | ↑,⇐ | ⊥ |
| k | · | ⊥ | · | · | · | ⫶ | ⊥,⫶ | ⊥,⫶ |
| g | · | Ϸ,Ρ | · | Γ | · | V | ⊂,∧ | ∧,⌐ |
| r | ⌡,⊃ | O,▢ | O | O,▢ | ◉ | O | O,▢ | ⊙,O |
| l | · | = | V | V | ⫶ | > | ‖ | · |
| m | ⊔,⊏ | · | ⌣ | ∪,⊔ | & | ⊔ | ⊔,⊐ | ⊔ |
| n, (ng) | ∤ | ∤ | ∣ | ∣ | ∣ | ل | ∤ | / |
| s | · | Ꝺ | · | Ꝺ | · | · | ⵝ | · |
| v | · | W | · | W | · | ⇘ | ⇘,W | ⋀ |
| f | · | ⊏ | · | ⊏ | · | · | ⊏ | · |
| z, (d) | · | ▬ | ▬ | ▬ | , | · | ▬ | ▬ |
| h | ⁂,Ⅲ,ⱶ | ꝛ | ⋈ | ⋈,N | · | N | Ⅲ,N | ⋀⋀,⋀⋀⋀ |
| ʻ | ‖,= | · | ⌐,= | ⌐,=,⋀N | · | ५ | ‖,= | V,= |

लिबिया, पॉलिनेशिया, चिले अशा दूरदूरच्या भागात आढळणारी माओरी लिपी.

प्राचीन इजिप्ती भाषा यांचा संबंध फेलनी लावला, ही एक क्रांतिकारक घटना मानण्यात येते. या भागातील सर्वांत जुन्या शिलालेखाचा आधुनिक पद्धतीनं काढलेला काळ इसवीसनपूर्व २३२ मध्ये हे शिलालेख कोरले गेल्याचं सांगतो. हे सर्वांत जुने शिलालेख इरियन जायामध्ये 'दर्यावर्दींची गुहा' म्हणून प्रसिद्ध असलेल्या गुहेत सापडले आहेत.

बॉरी फेल हे जन्मानं न्यूझीलंडवासी. १९७० नंतर ते हार्वर्ड विद्यापीठाच्या तौलानिक प्राणिशास्त्र संग्रहालयात अभ्यासासाठी दाखल झाले. इथं ते सागरतळा- वरच्या प्राण्यांचा अभ्यास करण्यासाठी आले होते. दरम्यान छंद म्हणून ते प्राचीन लिपी- शास्त्राचा अभ्यास करू लागले. हार्वर्ड विद्यापीठाचा प्राचीन भाषाशास्त्र विभाग हा संदर्भाबाबत अतिशय संपन्न ग्रंथालय असलेला विभाग म्हणून प्रसिद्ध आहे. इथं फेलनी हवाई बेटांपासून न्यूझीलंडपर्यंत सापडणाऱ्या अनेक शिलालेखांचं गूढ सोडवायचा प्रयत्न केला. त्या काळात त्यांचा मूळ अभ्यास बाजूलाच राहिला होता. हार्वर्ड विद्यापीठाच्या विडेनर ग्रंथालयातले सर्व संदर्भ त्यांनी कसून अभ्यासले. पॉलिनेशियातील वेगवेगळ्या बेटांवर मोठमोठ्या खडकांवर ज्या खुणा होत्या, त्या निरर्थक नसाव्यात असं त्यांना सुरुवातीपासून वाटत आलं होतं. या खुणा म्हणजे पॉलिनेशियातील लोकांची लिपी असावी, असं फेल मानत होते. या भाषेत आणि लिपीत फेलना रस निर्माण व्हायचं एक वेगळंच कारण होतं. पॅसिफिक सागरात ज्ञात जगापासून खूप दूरवर असलेल्या या बेटांवर भाज्या आणि बागेत लावतात ती झाडं तसंच वनस्पती पिकं कुणी नेली, हा प्रश्न फेलना नेहमीच सतावत आला होता. (ऑस्ट्रेलियातली डिंगो कुत्रा हा त्या भागातला एकमेव सस्तन प्राणी आहे. बाकी सगळे प्राणी पोटाला पिशवी असलेले शिशुधानी प्राणी आहेत. अलीकडे डीएनए तपासणीवरून हा कुत्रा दक्षिण भारतातील दर्यावर्दींबरोबर बारा हजार वर्षांपूर्वी ऑस्ट्रेलियात पोहोचला, असं दिसून आलंय.) फेलना पाळीव प्राणी आणि पिकं इतक्या दूर केव्हा आणि कशी पोहोचली, हे कोडं पडलं, तेव्हा डीएनए चाचण्या सहज होत नसत.

ज्यावेळी खडकांवर आणि गुहांतून कोरलेल्या त्या निरर्थक समजल्या जाणाऱ्या खुणा फेलनी बघितल्या तेव्हा फेलना आपलं कोडं सोडवायचा मार्ग दिसला. या खुणा निरर्थक नसतील. त्यांना अर्थ असेल, ती जर एखादी अज्ञात लिपी असेल तर या भागातल्या लोकांच्या पूर्वजांनी त्यात अर्थपूर्ण मजकूर लिहिला असावा, असंही फेलना वाटलं. या लिपीचं कोडं सुटलं तर या भागात पिकं, भाजीपाला आणि पाळीव प्राणी आले कसे याचाही पत्ता लागू शकेल, असं त्यांच्या मनानं घेतलं.

फेलनी वेळोवेळी संशोधनाच्या निमित्तानं पॅसिफिक महासागरामधील अनेक

बेटांना भेटी दिल्या होत्या. ही बेटं एकमेकांपासून हजारो मैल दूर असली तरी त्यांच्या वरील खुणांमध्ये विलक्षण साम्य होतं. त्यामुळे या खुणा निरर्थक नसून हे शिलालेख असावेत असंही फेलना वाटू लागलं होतं. दरम्यान प्राणिशास्त्राचं पदव्युत्तर शिक्षण घेत असताना नुकतेच मध्यपूर्वेत जाऊन आलेले प्राध्यापक त्यांना भूमध्य सागरातील प्राणी हा विषय शिकवायला नेमण्यात आले. ते मूळचे न्यूझीलंडचे रहिवासी होते. त्यांचा माओरी भाषेशी परिचय होता. एक दिवस त्यांचे भूमध्य सागरी भागातले अनुभव कथन करताना तिथल्या स्थानिक भाषा आणि माओरी भाषा यांतील शब्दात खूप साम्य आहे, असं या प्राध्यापकांनी त्यांच्या विद्यार्थ्यांना सांगितलं. फेलनी मग याविषयी त्यांच्या प्राध्यापकांशी चर्चाही केली.

फेलना अनेक भाषांत गती होती. कुठलीही भाषा बोलायला ते झटकन शिकतात. हा गुण त्यांच्यात उपजतच आहे. (त्यांना इंग्रजी, माओरी, प्राचीन ग्रीक, लॅटिन आणि अरेबिक भाषा येतात.) त्यांनी मग जिथं जिथं हे शिलालेख आढळतात, तिथं तिथं जाऊन त्यांची छायाचित्रं घ्यायला सुरुवात केली. सागरी प्राणी गोळा करण्यासाठी नाहीतरी त्यांना विविध बेटांना भेटी द्याव्या लागत होत्याच.

फेल यांच्या अथक परिश्रमास अखेरीस यश आले. या शिलालेखांमध्ये ज्या खुणा आहेत, त्यात साम्य असल्याचं प्रथम स्पष्ट झालं. मग या खुणांच्या एकत्रित असण्याचा एक क्रम स्पष्ट झाला. हार्वर्ड विद्यापीठातील अनेक व्यक्तींनी फेलना या कामात मदत केली. काही खुणा सर्वत्र विशिष्ट क्रमानेच येतात, हे एकदा स्पष्ट झाल्यावर ते शब्द असावेत, त्यांना विशिष्ट अर्थ असावा, हे साहजिकच होतं. या माओरी शिलालेखांचा काळ जितका जास्त पुरातन तेवढं त्यांचं प्राचीन ग्रीक आणि इजिप्ती लिपीशी जास्त प्रमाणात साधर्म्य, हेही कळून आलं. ही लिपी सिकंदरानं इजिप्तवर जे आक्रमण केलं, त्या काळातील लिपीशी मिळतीजुळती होती. सर्वांत जुना शिलालेख प्राचीन लिबियामध्ये वापरण्यात येणाऱ्या इजिप्ती लिपीसारखा होता. लिबियातले प्राचीन मच्छीमार ही भाषा बोलत, ही लिपी वापरत. हे गहू वर्णाचे असून ग्रीक लोक त्यांना 'माडरी' असं म्हणत असत. हे प्राचीन ग्रंथांमधून स्पष्ट होत होतं.

आतापर्यंत पॅसिफिक परिसरात अशा एकूण १५०० शिलालेखांचा शोध घेण्यात आला आहे. यातल्या काही शिलालेखांमध्ये लॅटिन किंवा प्युनिक भाषेची तत्कालीन लिपीसुद्धा आढळली आहे. प्युनिक लिपी अल्जीरिया आणि ट्युनिशियामध्ये कबरीवरचा मजकूर लिहिण्यासाठी वापरली जात असे. त्यामुळे या पॅसिफिक क्षेत्रातील लिपीचं कोडं सुटण्यात मदत झाली. या प्राचीन भाषांत हिब्रूप्रमाणंच लिखित स्वरूपात स्वर वापरले जात नसत. यामध्ये फक्त व्यंजनंच आढळतात. फेलना या खुणांच्या अभ्यासात काही मूळ शब्द आणि काही धातू आढळले. ते

प्राचीन इजिप्ती आणि आधुनिक माओरी भाषातील शब्दांशी साधर्म्य असलेले होते. यामुळे या शिलालेखांचा अर्थ लावणं फेलना शक्य झालं.

फेलनी केवळ माओरी भाषेचं मूळ शोधलं, असं नाही. त्यांनी दक्षिण अमेरिकेतील कोलंबसपूर्व भाषांचाही अभ्यास केला. या अभ्यासातून तीन ग्रंथ निर्माण झाले. यातलं सर्वोत्कृष्ट पुस्तक म्हणजे अमेरिका बी.सी. या ग्रंथानं पारंपरिक पुरातत्त्व शास्त्राला हादरे दिले; भाषाशास्त्रज्ञ डिवचले गेले आणि अमेरिकेच्या इतिहासाच्या अभ्यासाला नवी दिशा मिळाली असं म्हटलं जातं. पारंपरिक विचारसरणीविरुद्ध वागण्याची शिक्षाही फेलला सहन करावी लागली.

एकदा परंपरेचे बांध फुटल्यावर इतरही अनेक संशोधक फेलचे सहप्रवासी बनले. १९७३ मध्ये फेलनी पॉलिनेशियन एपिग्राफिक सोसायटीची स्थापना केली. या संस्थेनं या भागात संशोधन करणाऱ्या इतर लिपीशास्त्रज्ञांचं, भूगोलविदांचं, पुरातत्त्वज्ञांचं संशोधन प्रसिद्ध केलं. वेगवेगळ्या पॉलिनेशियन बेटांमधूनच नव्हे तर इतर पॅसिफिक द्वीपांमधूनही या संस्थेकडे शिलालेखांची माहिती आणि चित्रं जमा झाली.

फेलनी अमेरिकन इंडियन लिपीवर केलेले काम गाजलं, त्यामानानं त्यांचं माओरी लिपीवरचं काम जगाच्या पुढे यायला वेळ लागला. शिवाय ते बरीच वर्षे दुर्लक्षितही राहिलं. जसजशी फेलच्या संस्थेकडं वेगवेगळ्या ठिकाणांहून निरनिराळ्या शिलालेखांची माहिती येऊ लागली; तसतसा फेलचा ही माहिती गोळा करून तिचं पृथक्करण करण्यामध्ये अधिकाधिक वेळ जाऊ लागला. इरियन जाया बेटावर मॅक्क्लुअर बे भागातील सोसोरा या ठिकाणी 'दर्यावर्दींची गुहा' या नावानं प्रसिद्ध असलेली एक गुहा आहे. हवाईमधील रुथ के. हॅनर या स्त्रीनं या गुहेची माहिती व छायाचित्रे फेलना पाठवली. ही अक्षरं इजिप्ती लिपीतील अक्षरांशी मिळतीजुळती होती.

मुळात हा शिलालेख जर्मनीमधील फ्रँकफर्ट विद्यापीठातील फ्रोबेनियस संस्थेच्या जोसेफ रोडर यांच्या मोहिमेनं १९३७-३८ मध्ये उजेडात आणला होता. स्थानिक लोकांच्या धार्मिक चालीरीतींमध्ये या गुहेला 'पूर्वजांचं वसतिस्थान' म्हणून महत्त्व होतं. रोडरनी या गुहेतील मजकुराची आणि चित्रांची छायाचित्रं घेतली होती, पण या लिपीचा अर्थ लावण्यात ते अयशस्वी ठरले होते.

सोसोराच्या गुहेत चित्रं, रंगीत चित्रं (रेखाचित्रं आणि केव्ह पेंटिंग्ज), खगोलशास्त्रीय आणि दर्यावर्दी दिशादेशनपर (मरीन नॅव्हिगेशन) खुणा आहेत. आकृत्या आहेत आणि गणिती उतारेपण आहेत. रंगीत नैसर्गिक खडू आणि कोळशाच्या साहाय्यानं हे सर्व लिखाण केलेलं आहे. यावर नैसर्गिकरीत्याच एक कॅल्शिअम कार्बोनेटचा पातळ थर जमा झाला आहे. या चित्रांमध्ये जहाजं, मासेमारीची साधनं, खगोलशास्त्रीय

माहिती व घटना, त्यासाठी लागणारी साधनं ही स्पष्ट कळून येतात. याशिवाय करकटक, वर्तुळं काढायचा कंपास आणि ग्रीस व इजिप्तमधल्या देवताही या चित्रांमध्ये आढळतात. इरॅटोस्थेनिसनं पृथ्वी गोल आहे, हे सिद्ध करण्यासाठी सायेन आणि अलेक्झांड्रिया इथं केलेला सावलीचा प्रयोग आकृतीसह इथं दिसतो. हा शिलालेख माउइनं लिहिला असून तो स्वत:ला खगोलशास्त्र आणि जहाजाचा सुकाणू धरणारा दिशादेशक म्हणवून घेत असे. त्यांच्या सहा जहाजांच्या काफिल्याचा प्रमुख 'राता' नावाचा कर्णधार होता. ही मोहीम इ.स.पू. २३२ मध्ये तिसऱ्या टॉलेमीच्या काळात निघाली. पृथ्वीला प्रदक्षिणा घालून परत येणं हा या मोहिमेचा उद्देश होता.

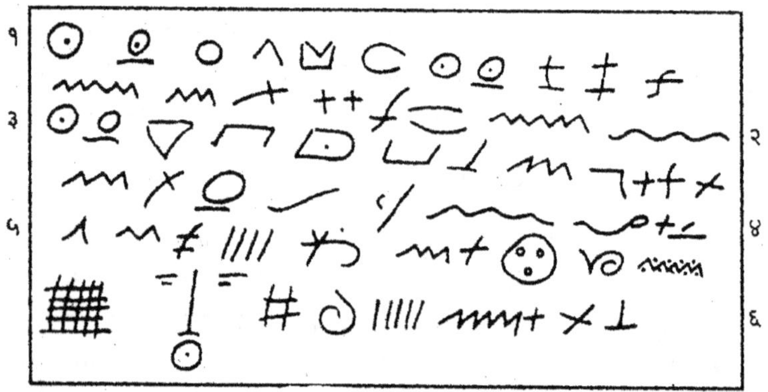

चिलेमधील सॅन्टियाजवळील गुहेतून कार्ल स्टोल्पने १८८५ मध्ये उतरवून काढलेला शिलालेख. ही लिबियन लिपी असून इजिप्तच्या पश्चिम भागात बोलली जाणारी ही प्राचीन माओरी भाषा आहे. वरील लेखनाचे वैशिष्ट्य म्हणजे पहिली ओळ डावीकडून उजवीकडे; तर दुसरी ओळ उजवीकडून डावीकडे वाचायची असते.

या दर्यावर्दींच्या गुहेतल्या लेखनाचा काळ शास्त्रीय पद्धतीनं काढण्यात आला आहे. इ.स.पूर्व २५० ते २०० दरम्यान ही अक्षरं कोरली गेलेली असावीत. याशिवाय माउइनं कोरलेल्या मजकुरातलं सूर्यग्रहण आणि धूमकेतू हेही त्या काळाला पुष्टी देणारेच आहेत. हे सूर्यग्रहण फाराहोच्या राज्यारोहणानंतर पंधरा वर्षांनी झालं. १९ नोव्हेंबर इ.स.पूर्व २३२ मध्ये असं एक सूर्यग्रहण झालं होतं. त्यावेळी धूमकेतूही दिसत होता. माउइच्या मजकुरात पुढील मजकूरही आढळतो. इरॅटोस्थेनसनं हा विशिष्ट सिद्धांत माउइला सांगितला. इरॅटोस्थेनस ज्योतिषी नाईलच्या खोऱ्यात सखल भागातल्या इजिप्तमधला.

फेलच्या म्हणण्यानुसार तिसऱ्या टॉलेमीनं ही मोहीम सोन्याच्या शोधासाठी

आणि इरॅटोस्थेनीसच्या नव्या सिद्धांताचा पुरावा शोधण्यासाठी पाठवली असावी. राता आणि माऊई यांच्या नेतृत्वाखाली गेलेली ही मोहीम इरॅटोस्थेनीसनं आखलेली असावी. ती पृथ्वी प्रदक्षिणा करून परत येईल अशीही त्याची अपेक्षा असावी. यामुळेच अशा तऱ्हेचे शिलालेख साधारणपणे या काळानंतर वर्षा-दोन वर्षांमध्येच म्हणजे इ.स.पूर्व २३० च्या आसपासच्या द. अमेरिकेच्या पश्चिम किनाऱ्यावर कोरले गेले असावेत. पॅसिफिक महासागरातील प्रवाहांनी या जहाज काफिल्याला मेक्सिकोच्या पश्चिम किनाऱ्यावर म्हणजे बाजा कॅलिफोर्नियाच्या जवळपास किंवा पनामाच्या पश्चिम किनाऱ्यावर ढकललं असण्याची शक्यता आहे. मग या जहाजांनी उत्तरेस किंवा दक्षिणेस किनाऱ्या-किनाऱ्याने प्रवास केला असावा.

फेलच्या संशोधनाची माहिती जॉर्ज एफ. कार्टर या टेक्सासमधील ए अँड एम विद्यापीठातील भूगोलाच्या प्राध्यापकाच्या वाचनात आली. कार्टर यांनी उत्तर आणि दक्षिण अमेरिकन खंडांमध्ये पाषाणयुगात संस्कृतीच्या बऱ्याच स्थानांचा पत्ता लावला आहे. १९५२ च्या सुमारास जॉन हापकिन्स विद्यापीठाच्या बाल्टिमोर येथील ग्रंथालयात एक वैज्ञानिक शोधनिबंध प्रसिद्ध करणारं नियतकालिक बघितलं होतं, असं कार्टरना आठवलं. त्यावेळी कार्टर व्याख्याते होते. त्या नियतकालिकामध्ये सॅंटिऑगोजवळच्या चिलीमधील एका गुहेतील शिलालेख प्रसिद्ध झाला होता. कार्टरनी मग त्याची नक्कल मिळवली. मुळात या शिलालेखाची नक्कल कार्ल स्टोल्प या जर्मन शास्त्रज्ञानं १८८५ मध्ये केलेली होती. (हे नियतकालिक आणि स्टोल्पचं वर्णन आजही जॉन हॉपकिन्सच्या ग्रंथालयात बघायला मिळतं.)

कार्टरना फेलनं प्रसिद्ध केलेल्या ग्रंथातील पॉलिनेशियन अक्षरं आणि स्टोल्पनं नकलून काढलेली अक्षरं यात साम्य जाणवलं. त्यामुळे त्यांनी ती नक्कल फेलकडे अवलोकनार्थ पाठवली. फेलनं त्या नकलेचा अनुवाद केला. हा शिलालेख फाराहोच्या राज्याभिषेकानंतर १६ व्या वर्षातला म्हणजे इ.स.पूर्व २३१ मधला होता. यातही माउईचं नाव होतं. त्या प्रदेशावर इजिप्तचं स्वामित्व प्रस्थापित केल्याचं माउईनं जाहीर केलं होतं. उंच उंच डोंगर-कडे असलेल्या या प्रदेशाचं भौगोलिक वर्णनही त्या शिलालेखात होतं.

ही मोहीम इजिप्तला परतलीच नाही. त्यांना ही आडवी आलेली भूमी कुठे संपते ते कळलं नाही. त्यामुळे ते आल्या वाटेनं परत फिरले आणि पुढे पॉलीनेशियात वादळात सापडले. त्यांनीच पॉलिनेशियन संस्कृतीची स्थापना केली. पिटकेर्न बेटांवर वादळात सापडून जहाज बुडालं, असा उल्लेख आढळतो; त्यावरून फेलनी हा अंदाज बांधला आहे.

इजिप्ती लोक हे महान दर्यावर्दी होते. इ.स.पूर्व २८९० पासून ते दूरदूरच्या सागरी मोहिमा हाती घेत होते. त्यांनी आफ्रिकेचा किनारा ओलांडून दक्षिणध्रुवीय

प्रदेशापर्यंत प्रवास केला होता. हिंदी महासागरातून ते सोन्याच्या शोधात दूर दूर जात होते. त्यांची जहाजं ६७ मीटर (सुमारे २०० फूट) लांबीची होती. इरॅटोस्थेनिसच्या गणिताप्रमाणं पृथ्वीचा परिघ ४५ हजार कि.मी. येत होता. इ.स.पूर्व तिसऱ्या शतकात इजिप्ती दिशारेखन, ताऱ्यांच्या साहाय्यानं बरंच अचूकपणे करता येत असे. त्यावरून आणि इजिप्ती आख्यायिका आणि मजकुरांवरून इरॅटोस्थेनीसच्या काळात जी मोहीम सागरानं गिळली असं मानलं जातं, ती प्रत्यक्षात अमेरिकेस पोहोचली असावी, असं फेल म्हणतात. फेलच्या म्हणण्याला बऱ्याच विद्वानांनी आक्षेप घेतला आहे; पण अजूनही दरवर्षी नवनवे पुरावे पुढं येत आहेत. फेलचं म्हणणं सर्वांना मान्य होईल असा ठोस पुरावा पुढं आला, तर अमेरिकेत सर्वप्रथम कोण पोहोचला, हा प्रश्न कायमचा सुटेल.

■

# पुरातत्वशास्त्र आणि योगायोग

आपल्या पूर्वजांचे विज्ञान हे पुस्तक लिहिताना जे अनेक संदर्भ बघायला मिळाले; त्यात बहुतेक ठिकाणी अतिप्राचीन संदर्भांमध्ये चीनच्या संस्कृतीचे संदर्भ फार भक्कम स्वरूपात होते. तिथं शंकेला वाव नव्हता. खणखणीत लेखी पुरावे, शब्दांचे निःसंदिग्ध अर्थ, त्यामुळे त्या ठिकाणी जे लिहून ठेवलंय त्याला फाटे फोडायला वाव नव्हता. चीन आणि इजिप्तमध्ये जेवढे आणि जसे लिखित पुरावे

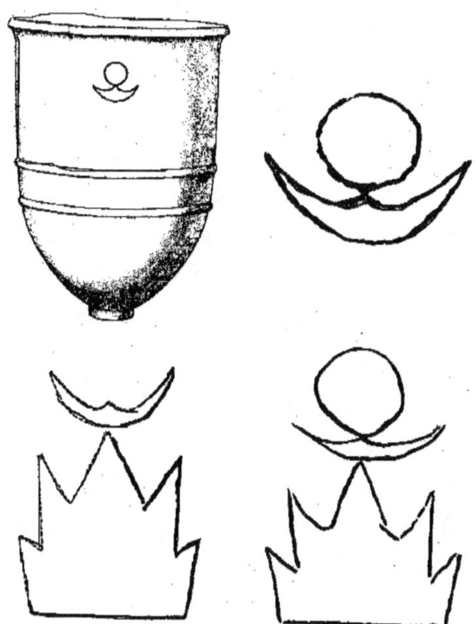

चीनच्या शानतुंग प्रांतात सापडलेल्या इसवी सनापूर्वींच्या मातीच्या भांड्यांवर चिनी चित्रलिपीतील सर्वांत प्राचीन मुळाक्षरे आढळली. (अ) एका चित्रावरील वर्तुळ हे सूर्यवाचक असून खालील चंद्रकोरीसारखा आकार अग्निवाचक आहे. (आ) या चित्रात अग्नी पर्वताच्या वर दाखवला आहे. (इ) या चित्रात पर्वतावर अग्नी, त्यावर सूर्य असा क्रम आहे. यातून 'प्रखर उष्णता' असा अर्थ निघतो.

उपलब्ध आहेत तसे लेखी पुरावे जगात इतरत्र क्वचितच आढळतात. रेड इंडियनांनी एवढी प्रचंड बांधकामं केली, पण त्या संस्कृतींची इतर माहिती हाती येत नाही. भारतात मौखिक परंपरा होती, पण एकाच कथेची भिन्न भिन्न रूपे आढळतात. शब्दांचे अर्थही पिंजून काढता येतात. त्यामुळे या पुराव्यांवर किती विश्वास ठेवायचा, हा प्रश्न उरतोच. प्रत्येक कथानकात कालमानपरत्वे नवनवे चमत्कार घुसडल्याचेही दिसून येतं. चीनमध्ये मात्र असं घडलेलं दिसत नाही.

चीनमध्ये ठोस पुरावे आढळण्याची दोन प्रमुख कारणं आहेत. तेथे सर्व बारकाव्यांसह एखादी घटना लिहून ठेवायची परंपरा ६००० वर्षे म्हणजे इ.स.पू. ४००० पासून आढळते. ही परंपरा अखंडित टिकून राहिली याचं कारण चिनी लोकांची त्यांच्या पूर्वजांवरील श्रद्धा आणि भूतकाळ पवित्र मानून जतन करण्याची पद्धत. चीनमधल्या पहिल्या साम्राज्याच्या किंवा घराणेशाहीच्या उदयापासून ही परंपरा अस्तित्वात आली आणि टिकून राहिली.

पहिलं चिनी घराणं शांग घराणं म्हणून ओळखलं जातं. हे घराणं अस्तित्वात आलं आणि शासन करू लागलं, तेव्हा चीनमध्ये लिहिण्याची कला आधीपासूनच अस्तित्वात होती. अगदी सुरुवातीस हे लेखन धार्मिक कारणासाठी करण्यात येत असे. अतिमानवी शक्तींचा संकटकाळी सल्ला घेण्यासाठी या लेखनाचा उपयोग करण्यात येत असे. शांग घराण्याच्या काळातील सल्ला घेण्याच्या या पद्धतीत हाडाचे किंवा शिंपल्यांचे तुकडे फाशांप्रमाणे वापरले जात असत. या फाशांना 'भविष्यदर्शी हाडे' असं म्हणण्यात येई. हे फासे करण्यासाठी बरेचदा बैलाच्या फऱ्याचं हाड किंवा कासवाच्या कवचाचा पोटाकडचा सपाट भाग अथवा सपाट शिंपला वापरण्यात येत असे. मग या सपाट पृष्ठभागावर मांत्रिक मंडळी त्यांचा प्रश्न लिहीत असत. त्यानंतर मंत्र म्हणत. हे हाड निखाऱ्यांवर तापवलं जात असे. या तापविण्यामुळे त्या हाडाला चिरा पडत. मग या चिरांचा अर्थ लावून मांत्रिक त्या प्रश्नाचं उत्तर शोधून काढत असत.

गमतीची गोष्ट अशी की ही पद्धत पुढं कालौघात नाहीशी झाली. ती १८९९ पर्यंत चिनी लोकांनाही ठाऊक नव्हती. इ.स. १८९९ मध्ये वांग नावाचा पुरातन चिनी भाषेचा एक तज्ज्ञ आजारी पडला होता. त्याचा प्राचीन चिनी वैद्यकावर खूप विश्वास होता. चीनमध्ये जी पारंपरिक औषधं वापरली जातात त्यामध्ये 'ड्रॅगनची हाडं' हा महत्त्वाचा घटक असतो. प्राचीन काळातली ही हाडं उत्खननाद्वारे काढली जातात. यातली बरीच हाडं लक्षावधी वर्षांपूर्वी अस्तित्वात असलेल्या आणि नाहीशा झालेल्या प्राण्यांचे अश्मीभूत अवशेष या स्वरूपात असतात. या सर्व औषधी हाडांचा एक सार्वत्रिक घटक म्हणजे कॅल्शियम. कॅल्शियमची भुकटी रक्ताची गुठळी बनविण्यास उपयुक्त ठरते. यामुळे ही ड्रॅगनच्या हाडांची भुकटी

जखमांवर लेप स्वरूपात लावली जाते. भारतात खेड्यांमधून आजही चुना व गूळ यांच्या मिश्रणाचा लेप जखमांवर दिला जातो. त्याचाच हा चिनी अवतार असं म्हटलं तरी चालू शकेल.

वांगच्या व्याधीवर उपचार करणाऱ्या चिनी वैदूनं जी औषधं सांगितली त्यात ड्रॅगनच्या हाडांचा समावेश होता. वांगनं त्या वैदूनं दिलेली औषधांची यादी घेऊन आपल्या नोकराला पारंपरिक औषध विक्रेत्याकडं पाठवलं. तो नोकर त्यानुसार



औषधं घेऊन आला. त्यात हाडांचे काही तुकडे होते. वांगनं औषधं यादीबरोबर ताडून पाहावयास सुरुवात केली. ती हाडं तपासून पाहताना त्याला आश्चर्याचा धक्का बसला. त्या हाडांवर अतिप्राचीन चिनी लिपीतील मजकूर कोरण्यात आलेला होता. वांगनं लगेचच त्याच्या नोकराला त्या दुकानदाराकडं परत पाठवलं आणि त्या दुकानदाराकडं जेवढी ड्रॅगनची हाडं असतील ती सर्वच्या सर्व विकत आणायची आज्ञा दिली. अशा प्रकारे त्या औषधी हाडांमधून शांग साम्राज्यातील भविष्यदर्शी हाडांचा पुन्हा एकदा शोध लागला.

या हाडांचा पुन्हा एकदा शोध लागला असं म्हणायलाही कारण आहे. चिनी लोकांना शांग साम्राज्यामध्ये अशी भविष्यदर्शी हाडं वापरली जातात याची कल्पना होती; पण वांगनं ही हाडं शोधून काढेपर्यंत या हाडांना दंतकथाच समजण्यात येत होतं. वांगनं लावलेल्या शोधाची बातमी पसरताच चीनभर ही हाडं गोळा करायची लाटच आली. सर्व वैदूंकडची आणि पारंपरिक औषधी विकणाऱ्या दुकानांमधली हाडं लवकरच विकली गेली. ती अर्थातच चिनी प्राचीन वस्तुसंग्राहकांनी विकत घेतली होती. तात्काळ अशी बनावट हाडंही बाजारात आली. बऱ्याच ठिकाणी अवैध उत्खननांद्वारे या प्रकारच्या हाडांची लूट व्हायला लागली. शांग साम्राज्याच्या भूमीत म्हणजे होनान प्रांतामध्ये असलेल्या आन्यांग भागात बीजिंगच्या दक्षिणेस ८०० कि.मी दूर असलेल्या भूमीत शांग साम्राज्य होतं, तिथं मिळेल ती जागा खणून काढली जाऊ लागली. हे लक्षात येताच चिनी शासनानं अशा उत्खननावर बंदी जाहीर केली.

ॲकॅडेमिया सिनिका, या चिनी संस्थेच्या पुरातत्त्वशास्त्रज्ञांनी इथं पद्धतशीर उत्खनन हाती घेतलं. १९२८ ते १९३७ दरम्यान सुमारे दहा वर्षे हे उत्खनन करण्यात आलं. या उत्खननामधून सुमारे २० हजार भविष्यदर्शी हाडे उकरून काढण्यात आली. या हाडांचा दुसऱ्या महायुद्धानंतर पद्धतशीर अभ्यास सुरू झाला. दरम्यान मधली दहा-पंधरा वर्षे म्हणजे चीनवरील जपानी आक्रमण आणि साम्यवादी क्रांतीमुळे ही हाडं डबाबंद अवस्थेत पडून होती.

या हाडांना एवढं महत्त्व यायचं कारण काय, असा एक प्रश्न आपल्याला पडेल. जेव्हा या हाडांची बातमी पसरली तेव्हा अमेरिका, कॅनडा, इंग्लंड, जर्मनी, रशिया आणि जपानमधले पुरातत्त्वज्ञ इथं पोहोचले. त्यांनी ही हाडं त्यांच्या त्यांच्या देशात नेली. या हाडांचा जसा तिथं अभ्यास झाला, त्याचप्रमाणे चीनमध्येही खूप कसून अभ्यास झाला. या अभ्यासातून सुमारे दोन हजार शोधनिबंध आणि अनेक ग्रंथांची निर्मिती झाली. याचं कारण या हाडांवर जे प्रश्न होते त्यावरून शांग साम्राज्यातल्या अनेक घटनांवर प्रकाश पडत होता. त्यामुळेच या हाडांना खूप महत्त्व प्राप्त झालेलं होतं. चिनी संस्कृतीच्या आद्यकाळातली ही माहिती या हाडांमुळेच आज जगापुढे आली आहे.

# उमर खय्याम एक प्राचीन खगोलशास्त्रज्ञ

उमर खय्याम हा आपल्याला कवी म्हणून माहीत आहे. त्याच्या रुबायांची भाषांतरे अनेक भाषांमधून प्रसिद्ध झाली आहेत. 'या इथे तरुतळी सुरई एक सुरेची, खावया भाकरी आणिक वही कवितेची,' या त्याच्या रुबाईनं तर अनेकांना सुखाची परमावधी समजावून दिली.

हा उमर खय्याम खरं तर शाही खगोलशास्त्रज्ञ होता. तो जसा कवी म्हणून महान होता तसाच तो थोर खगोलशास्त्रज्ञही होता.

उमर खय्यामचा जन्म पर्शिया (आताचं इराण) या देशातील खुरासान प्रांतातल्या नईशापूर या ठिकाणी अकराव्या शतकाच्या उत्तरार्धात झाला. तो बाराव्या शतकाच्या

उमर खय्याम

पूर्वार्धात मरण पावला. म्हणजे तो जेमतेम ५० वर्षांच्या आसपास जगला. नईशापूर इथला इमाम मुवाफ्फक हा उमर खय्यामचा गुरू. इमाम मुवाफ्फककडे दूरदूरहून विद्यार्थी शिक्षणाकरिता येत असत. या ठिकाणी उमर खय्यामबरोबर शिकणारा निझाम-उल-मुल्क सेल्युकियन घराण्याचा वझीर बनला. त्याच्यामुळेच उमर खय्यामचं चरित्र खरं तर जगापुढे आलं. उमर, निझाम आणि बेन साबाह हे खास मित्र होते. त्यांनी विद्यार्थिदशेत असताना एक करार केला. तो असा – आपल्यापैकी जो कोणी श्रीमंत बनेल त्यानं त्याच्या संपत्तीत इतर दोघांना समान वाटा द्यायचा. पुढे निझाम

सम्राटाचा वजीर बनल्यावर त्याचे हे दोन मित्र त्याच्याकडे आले. अलसाबाहनं संपत्ती आणि दरबारात मानाची जागा मागितली. पुढे त्यानेच निजाम-उल-मुल्कचा खून केला. उमर खय्यामनं मात्र वेगळीच मागणी केली. तो म्हणाला, ''मला इथं रात्री निवाऱ्याला जागा दे आणि माझी दोन वेळ खाण्या-पिण्याची सोय कर; म्हणजे मी इथं राहून शास्त्रांचा प्रसार करीन आणि तू दीर्घकाळ जगावंस, अशी अल्लाजवळ प्रार्थना करीन.'' वझीरानं त्याला सुभेदारी देऊ केली, जहागिरी देऊ केली, पण उमरनं सर्व वैभव नाकारलं. तेव्हा वझीरानं त्याला एक घर आणि वर्षाला १२०० सुवर्ण मोहरांचं अनुदान दिलं.

यानंतर आयुष्यभर उमर खय्याम तत्कालीन शास्त्रांचा अभ्यास करीत होता. हिंदुस्थानी विद्या-माहिती करून घेण्यासाठी तो झटला. विशेषत: बीजगणित आणि खगोलशास्त्राचा त्यानं सखोल अभ्यास केला. मलिक शाह या सुलतानानं उमरला त्याच्या दरबारामध्ये मानाचं स्थान दिलं. यामुळे उमर खय्याम खोरासानहून मर्व या सुलतानाच्या राजधानीच्या ठिकाणी गेला. तिथं सुलतानानं उमरवर पंचांग बनवायची जबाबदारी सोपवली. त्यावेळी पर्शियावर जलाउद्दीन हा सम्राट सत्ता गाजवीत असे. उमरनं जे पंचांग बनवलं त्याला या सुलतानाच्या नावावरून जलिली पंचांग म्हणण्यात येऊ लागलं. गिबन या प्रसिद्ध इतिहासकारानं या पंचांगाला 'अतुलनीय' असं म्हटलं आहे, हे पंचांग ग्रेगोरियन कॅलेंडरच्या तुलनेत कुठंही कमी पडत नाही. उलट ते त्याआधी निर्माण केलेले असूनही तितकेच अचूक आहे.

उमर खय्यामनं झिजी मलिकशाही नावाच्या खगोलशास्त्रीय माहिती देणाऱ्या ग्रंथांचा रचनाकार म्हणूनही नाव मिळवलं. उमर खय्यामच्या बीजगणितावरील ग्रंथाचा फ्रेंचमध्ये अनुवाद झाल्यावर एक उत्तम गणिती म्हणून युरोपला त्याचा परिचय  झाला.

खय्याम हे त्याचं टोपणनाव होतं. या नावाचा अर्थ तंबू बनविणारा असा होतो. राजाश्रय मिळण्यापूर्वी उमर तंबू शिवून विकत असे. त्याबद्दल उमर खय्याम म्हणतो–

'ज्या खय्यामनं विज्ञानाचे तंबू शिवले तो तंबूवाला दु:खाच्या खाईत जळून त्याची राख झाली.'

हे उमर खय्यामनं म्हणायला एक कारण होतं. खय्यामचा देवावर विश्वास नव्हता. सुफी पंथीयांच्या अंधश्रद्धेची तो टिंगलटवाळी करायचा. सुंदर स्त्री, उत्तम प्रतीचं मद्य, आकाशाचं निरीक्षण आणि गणिती कोड्याचं निराकरण करीत कविता करणं यासाठी आपलं जीवन आहे. कोण केव्हा जन्माला येणार आणि केव्हा, कसा आणि कुठे मरणार हे कुणालाच सांगता येत नाही; हे त्याचं म्हणणं कुराणविरोधी होतं. त्यानं केलेली विधानं केवळ राजश्रयामुळेच त्याला अडचणीत आणू शकली नाहीत. पण हफीझ (हा त्याचा समकालीन कवी) आणि इतर सुफी पंथीयांनी

खय्यामच्या रचना सुफी पंथात सामावून घ्यायला सुरुवात केल्यावर खय्यामला आपला पराभव झालाय असं वाटलं. हिजरी शक ५१७ (इ.स. ११२३) मध्ये उमर खय्यामचा नईशापूर इथं देहान्त झाला.

## ४४

# अल–बिरुनी

'किताब फी तहकीक मा लैल हिंद मिन् मकाला मक्बोला फी अल अक्ल अव मरधुला' या नावाच्या ग्रंथाला 'किताब-ई-हिंद' असं म्हणण्यात येतं. भारताविषयी सर्व प्रकारच्या माहितीनं भरलेला हा ग्रंथ अबु रईहान मुहम्मद इब्न अहमद या लेखकानं लिहिला. या लेखकाला अल्-बिरुनी म्हणून जग ओळखतं. उमर खय्याम जसा एडवर्ड फिट्झेराल्डमुळं जगाला ठाऊक झाला. त्याचप्रमाणे इराणचा 'लिओनार्दो-दा-विंची' म्हणविल्या जाणाऱ्या अल्-बिरुनीची ओळख मध्यपूर्वेच्या बाहेर झाली ती डॉ. एडवर्ड साचाऊ यांच्यामुळे.

अल्-बिरुनीचा जन्म इ.स. ९७३ मध्ये खवारीझ परिसरात झाला. तो शहरात जन्माला आला नाही म्हणून अल्-बिरुनी हे नाव त्यानं धारण केलं. (ख्वारीझच्या) शहराबाहेरचा हा माणूस अतिशय ज्ञानपिपासू होता. त्याच्या बालपणाबद्दल आणि सुरुवातीच्या काळाबद्दल कोणतीच माहिती उपलब्ध नाही; पण लहानपणातच त्याला शिक्षणाची संधी प्राप्त झाली आणि त्या संधीचं त्यानं सोनं केलं, असं

अल्-बिरुनी

आपण म्हणू शकतो. त्याला वाचनाचं व्यसन होतं. गणित हा त्याचा आवडता विषय. मृत्युशय्येवर असतानासुद्धा तो गणिताचं ज्ञान मिळवायचा प्रयत्न करीत होता असं म्हटलं जातं.

अल्-बिरुनीला अनेक भाषा अवगत होत्या. तो बहुप्रसव लेखक होता. त्यानं सुमारे १८० ग्रंथ लिहिले. ख्वारिझ्मी ही त्याची मातृभाषा सोडून त्याला पारसी, हिब्रू, सिरिऑक आणि संस्कृत भाषांचं चांगलं ज्ञान हेतं. अरेबिकमधूनही तो लिहू व बोलू शकत होता, ग्रीक ग्रंथांची त्याला माहिती होती. त्यानं सर्व ग्रंथरचना अरेबिक आणि फारसीमध्ये केली. याचं कारण त्या काळातील जगाची संपर्क भाषा अरेबिक होती.

गझनीच्या महमुदानं पर्शिया जिंकला तेव्हा त्यानं जी लूट गझनीला नेली त्यात अल्-बिरुनीचाही समावेश होता. गझनीच्या महमुदाबरोबर अल्-बिरुनी भारतात आला. त्यानं भारताचा सखोल, सामाजिक, सांस्कृतिक अभ्यास केलाय, पण भारतातील चालीरीतींची आणि जातीयव्यवस्थेची बारकाव्यांसहित नोंद केली, तो चांगला भौगोलिक तज्ज्ञही होता.

अल्-बिरुनीनं तीन विश्वकोशात्मक ग्रंथ रचले. किताबल असार अल-बाकिया म्हणजे प्राचीन राष्ट्रांमधील घटनाक्रम. या ग्रंथात ग्रीक, मागी, अरब, ज्यू, ख्रिस्ती आणि मुस्लिमांचे पवित्र दिवस, उपवासाचे दिवस, सणवार, पंचांगांचे विविध प्रकार, दिवस-रात्र कसे निर्माण झाले याबद्दलच्या समजुती, वेगवेगळी युगं आणि राज्यकर्ते यांची माहिती आली आहे. या ग्रंथात अनेक शास्त्रशाखांतील विविध प्रश्नांचा ऊहापोह करण्यात आला आहे. त्यात प्रामुख्याने खगोलशास्त्र, हवामानशास्त्र आणि गणित यांचा समावेश असून अल-ख्वारिझीनं पृथ्वीचा व्यास मोजण्यासाठी केलेल्या प्रयत्नांची माहिती आहे.

अल्-बिरुनीच्या भारतविषयक ग्रंथामध्ये भारतीय खगोलशास्त्राची सविस्तर माहिती आहेच, पण भारतातील इतर प्रगत शास्त्रांचाही तो लेखी इतिहास आहे. याशिवाय या ग्रंथाला आद्य मानवशास्त्रीय ग्रंथ म्हणता येईल, अशाही नोंदी त्यात आहेत. भारतीय तत्कालीन समाजजीवनाची अल्-बिरुनीनं फार अभ्यासपूर्ण निरीक्षणं नोंदवलेली असल्यानं भारताचा अभ्यास करायला येणाऱ्या पाश्चात्त्य विद्वानांच्या दृष्टीनं या ग्रंथास फार महत्त्व प्राप्त झालं.

तिसरा ग्रंथ वैज्ञानिक असून त्याचं नाव अल-कनुनुल मसउदी असं आहे. हा विश्वविषयक ग्रंथ प्राचीन विज्ञानाचा अभ्यास करणाऱ्यांच्या दृष्टीनं फार महत्त्वाचा आहे. हा ग्रंथ अल्-बिरुनीनं इ.स. १०३० मध्ये लिहायला सुरुवात केली आणि तो इ.स. १०३५ मध्ये संपवला. यात विश्वाची उत्पत्ती, व्याप्ती आणि निर्मितीबद्दलचे अल्-बिरुनीचे विचार असून पृथ्वी मध्य मानून केलेला आकाशाचा विचार आहे. पंचांगांची निर्मिती, घटनाक्रमांची नोंदणी, ग्रहांची भ्रमण कक्षा, ज्ञात जगाचं वर्णन, पृथ्वीची मोजमापं, अक्षांश-रेखांशाची गणितं, सौरवर्ष मापनाची पद्धत, सूर्य पृथ्वीपासून जास्तीत जास्त दूर जातो त्याची कारणं, सूर्याचं वर्णन, ताऱ्यांचं भ्रमण, चंद्रग्रहणाचं

गणित, सूर्य-चंद्रांचं पृथ्वीपासून अंतर, ताऱ्यांची दीप्ती (तेज) आणि फलज्योतिषावर सटीक भाष्य याशिवाय इतरही अनेक खगोलशास्त्रीय घटनांवरचं भाष्य यांनी हा ग्रंथ भरलेला आहे.

अल्-बिरुनीच्या काळापूर्वी ज्या संस्कृत ग्रंथाचा अरेबिकमध्ये अनुवाद झाला होता, तो तपासून त्यातील चुका दुरुस्त करायचं काम अल्-बिरुनीनं केलं. नवनव्या संस्कृत ग्रंथांच्या पोथ्या मिळवून अल्-बिरुनीनं त्या समजावून घेतल्या. त्यानं पुराणांचा अन्वयार्थ लावायचा प्रयत्न केला, भगवद्गीतेचं पृथ:करण केलं. कपिल मुनींचे सांख्यदर्शन आणि पातंजलीच्या योगसूत्राचा त्यानं अरेबिकमध्ये अनुवाद केला. प्राचीन हिब्रू, रोमन, ग्रीक ग्रंथाचा आणि कुराणाचा अभ्यास करून त्यातील प्रेषितांचा आणि ऐतिहासिक घटनांचा कालक्रम ठरवल्यामुळे त्याला या तीनही धर्मांमधील धर्मगुरूंचा रोष ओढवून घ्यावा लागला. ग्रीक, पर्शियन आणि भारतीय ग्रंथांचा सखोल अभ्यास करून त्यानं विज्ञानाचा अभ्यास करण्याची ग्रीक पद्धत जास्त चांगली असा निष्कर्ष काढला होता.

टॉलेमीला जग बघायची संधी मिळालेली नव्हती. ती स्वतःला मिळाली यामुळे आपण नवनवी शास्त्रं शिकू शकलो, टॉलेमीपेक्षा सुदैवी ठरलो, असं तो म्हणत असे. 'अरबी भाषेत पूर्वसुरींनी केलेल्या अनुवादांचा, तसेच व्यापाऱ्यांनी आणि फिरस्त्यांनी लिहून ठेवलेल्या प्रवासवर्णनांचा फायदा झाल्यामुळे मला लोक विद्वान म्हणतात.' असंही त्यानं लिहून ठेवलं आहे. असं असलं तरी अल्-बिरुनीनं या ज्ञानाचा फायदा घेऊन अनेक नवनवे शोध लावले, हेही तितकंच खरं आहे. विशेषत: अक्षांश-रेखांश ठरविण्याची त्याची पद्धत खूपच बिनचूक होती. त्या काळातील साधनं पाहता, हे त्याचं कार्य खरोखरच श्रेष्ठ दर्जाचं मानलं जातं. त्यानं गोल पृथ्वीचा नकाशा तयार केला होता. असर अल-बकीयहा या त्याच्या ग्रंथामध्ये आकाश आणि पृथ्वीची प्रक्षेपित रेखाकृती (प्रोजेक्शन्स) तयार करण्याच्या विविध पद्धती अल्-बिरुनीनं सांगितल्या आहेत. त्रिमित प्रक्षेपण (स्टिरिओग्राफिक प्रोजेक्शन) पद्धतीचा तो उद्गाता होता. जलदाब अभियांत्रिकीचाही त्यानं पाया घातला. आफ्रिकेला वळसा घालून समुद्रमार्गे पश्चिमेला जाणं शक्य आहे आणि तिकडेही सागरवेष्टित जमीन असायला हवी, असं अल्-बिरुनीनं लिहून ठेवलं आहे. भूगर्भातील हालचालींमुळे भूपृष्ठांचं स्वरूप बदलतं, असे तो म्हणे.

जग खनिज वस्तू, प्राणी आणि वनस्पतींनी समृद्ध आहे, असं म्हणणाऱ्या अल्-बिरुनीनं खनिज शास्त्रावर 'किताब अल-जमाहीर फि मआरिफत अल-जवाहीर' हा ग्रंथ लिहिला. या ग्रंथात माकडाच्या अवस्थेतून माणूस गेला असं तो लिहितो. (मात्र त्याच्या सिद्धांताचं डार्विनच्या उत्क्रांतीवादाशी साम्य नाही.)

त्रिमित आरेखन, भूमिती-विशेषत: वर्तुळ आणि खगोलशास्त्र हे अल्-बिरुनीचे आवडते विषय होते. टॉलेमी आणि हिप्पार्कसना तो गुरुस्थानी मानत असे. अल्-बिरुनीनं अनेक यंत्रेही तयार केली असं म्हटलं जातं. दुर्दैवानं त्याचे बरेच ग्रंथ कालौघात लुप्त झाले.

वयाच्या सत्ताव्या वर्षानंतर त्यानं वैद्यक आणि वैद्यकीय रसायनशास्त्र या विषयावर ग्रंथनिर्मिती केली होती. असा हा शास्त्रज्ञ बहुधा हिजरि सन ४४० मध्ये (इ.स. १०४८-४९) गझनी येथे मरण पावला.

# भविष्यदर्शी हाडे आणि चिनी संस्कृती

गेली जवळजवळ शंभर वर्षे चिनी भविष्यदर्शी हाडांचा अभ्यास चालू आहे. यामुळे या हाडांच्या साहाय्यानं प्राचीनतम चिनी संस्कृतीबद्दल बरीच माहिती शास्त्रज्ञांच्या हाती आली आहे. या संदर्भातील उत्खननामुळे शांग घराण्याच्या आधीपासून चीनमध्ये भविष्यदर्शी हाडांचा वापर करण्यात येई, असंही स्पष्ट झालं आहे. चीनमध्ये नव-अश्मयुगीन कालखंडापासून अशा प्रकारे हाडांचा उपयोग 'उद्या काय घडेल' हे जाणून घेण्यासाठी केला जात होता. इ.स.पू. पाच हजार वर्षांपासून चिनी शेतकरी ही हाडं या कामासाठी वापरत होते. कारण त्या आधीपासून बैलांच्या खांद्याजवळची आणि पुट्ट्यांजवळची हाडं शेतजमीन खणण्यासाठी आणि खडे बाजूला करण्यासाठी फावड्यासारखी वापरण्यात येत होती.

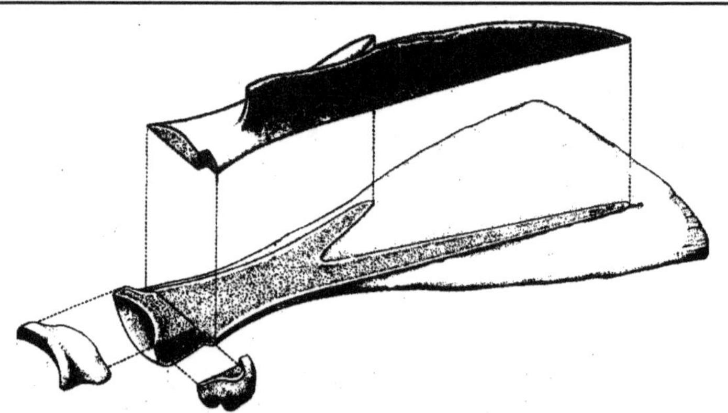

बैलाच्या खांद्याचे पसरट त्रिकोणी हाड हे त्याच्या खाचेजवळ कापून त्याचा भविष्यकथनाचे साधन म्हणून वापर केला जात होता.

नवअश्मयुगीन काळातील मांत्रिक ही हाडं भविष्य जाणून घेण्यासाठी वापरत तेव्हा त्यांच्यावर प्रश्न लिहिलेले नसत. याचं कारण त्या काळात म्हणजे इ.स.पू. ५००० ते ३५०० या काळात नुकतीच चिनी लिपी जन्माला येत होती. त्या काळात चिनी लिपीत १० ते ४० खुणा असाव्यात, असा तर्क केला जातो. या

खुणा आकड्यांसाठी वापरण्यात येत असाव्यात तर काही खुणा घराण्याची माहिती देणाऱ्या असाव्यात, असा तर्क करण्यात येतो. शांटुंग प्रांतातल्या तावेन कुओ इथं या काळातील एक भांडं सापडलंय. यावर तीन अक्षरी खुणा आहेत. त्या वरून खाली लिहिलेल्या असून सूर्य, अग्नी आणि पर्वतशिखरासंबंधी आहेत. याचा आधुनिक शास्त्रज्ञांनी लावलेला अर्थ 'प्रचंड उष्णता' असा आहे. ते बहुधा एखाद्या वणव्याचं वर्णन असावं, असा अंदाज केला जातो. त्याबरोबर त्या काळात चिनी लिपीत मर्यादित अक्षरे होती, असा अंदाजही लावण्यात येतो.

या हाडांनी चीनच्या इतिहासात मोलाची भर टाकली आहे, असं म्हटलं जातं. याचं कारण शांग घराण्याची सत्ता प्रस्थापित होण्यापूर्वी झिया घराणं चीनमध्ये राज्य करीत असे, असं दंतकथांमधून वर्णन येत असे. इ.स.पू. २१ ते इ.स.पू. १६ व्या शतकापर्यंत या घराण्यानं चीनच्या काही भागावर राज्य केलं. ही झिया घराण्याची कारकीर्द ही एक दंतकथा असावी असं मानण्याकडे बऱ्याच तज्ज्ञांचा कल होता; पण भविष्यदर्शी हाडांचा शोध घेता घेता झिया (किंवा शिया) घराण्याबद्दलचे अनेक पुरावे पुरातत्त्वज्ञांच्या हाती आले. या घराण्याच्या काळात भविष्यदर्शी हाडांना खूप महत्त्व प्राप्त झालंच, पण चिनी लिपीही बरीच वाढली, हे या हाडांनी सिद्ध केलं.

शांग घराण्याच्या वेळी ही हाडं पाहून भविष्य सांगणारे विद्वान हाडाच्या एकाच बाजूस लिहू लागले. ते हाडाच्या दुसऱ्या बाजूवर काही प्रक्रिया करीत. त्यामुळे हाड तापविल्यावर तिथे चिरांचं जाळं तयार होई याची खात्री देता येत असे. हळूहळू या भविष्यवेत्त्यांनी या हाडांना पर्याय शोधायला सुरुवात केली. याचं कारण बैलांच्या फऱ्याच्या हाडांवर मजकूर लिहिणं हे तसं अवघड काम होतं. हुंगझियांग झौ या चिनी अमेरिकन पुरातत्त्ववेत्त्यानं या हाडांना सपाट करण्याचे आणि त्यावर मजकूर लिहिण्याचे काही प्रयोग करून बघितले. तेव्हा अगदी आधुनिक भक्कम पोलादी करवती आणि टोकदार पोलादी खिळे वापरूनही हे काम करणं अवघड आहे, हे त्याच्या लक्षात आलं.

बैलाच्या हाडाला पर्याय म्हणजे सपाट पृष्ठभागाचे शिंपले आणि कासवाच्या कठीण कवचाचा पोटाकडचा भाग. यातले शिंपले सापडणं दुर्मिळ, शिवाय ते धगीत फारसा टिकाव धरत नसत. त्यामुळे कासवाच्या कवचाचा पोटाकडचा भाग वापरण्याकडे या प्राचीन भविष्यवेत्त्यांचा कल होऊ लागला. याशिवाय सांबरशिंग, रानम्हशींची शिंगं, शेळ्यामेंढ्यांची हाडं, कासवाच्या कवचाचा पाठीकडला भाग आणि मानवी कवटीची हाडंसुद्धा या भविष्यवेत्त्यांनी वापरलेली आढळतात. मात्र ती सर्व पर्यायी साधनं होती. मूळ साधनं म्हणजे बैलाचा फरा आणि त्यानंतर कासवाच्या कवचाचा पोटाकडचा भाग.

शांग घराण्याची अखेर इ.स.पू. बाराव्या शतकात झाली. हा अखेरचा शांग

अतिशय मद्यप्रेमी होता. त्याच्या अतिरेकी मद्यपानाचा त्याच्या हाताखालच्या सरदारांनी फायदा घेऊन शांग घराण्याविरुद्ध बंड केले आणि शांग घराण्याची सत्ता संपुष्टात येऊन इ.स.पू. तिसऱ्या शतकापर्यंत पूर्व चीनवर झौ घराण्याची सत्ता नांदली. या झौ घराण्याला अन्याय प्रिय होता. सततच्या लढाया, प्रजेवर अत्याचार यामुळे चीनमधला हा ९०० वर्षांचा काळ अस्थैर्य काळ म्हणून ओळखला जातो. आश्चर्याची गोष्ट म्हणजे हा काळ जितका अस्थैर्याचा होत तेवढाच तो तत्त्वज्ञांचाही होता. 'चिनी तत्त्वज्ञानाचा सुवर्णकाळ' म्हणून हा काळ प्रसिद्ध आहे. कन्म्युशियस, मेन्सियस, लाओत्झू, चुआंगत्झू असे नामवंत तत्त्ववेत्ते या काळात चीनमध्ये वावरले.

झौ काळात भविष्यदर्शी हाडांचा उपयोग थांबला असे मानण्यात येत असे; पण तरीही ही हाडं इ.स.पू. १००० पर्यंत वापरात होती, असं नव्या उत्खननात दिसून आलं आहे. यातली बरीच हाडं वैदूंनी कुटली, काही हजार हाडं खाजगी संग्राहकांच्या संग्रहात आहेत. तरीही जी हाडं अभ्यासकांना उपलब्ध झाली आहेत त्यावरून त्या काळातील लोकांपुढच्या अडचणी आणि त्यातून निघणारे मार्ग सहज लक्षात येऊ शकतात.

जेव्हा एखादं हाड भविष्यदर्शनासाठी वापरण्यात येत असे तेव्हा हे भविष्यवेत्ते एक त्यावर 'बो:' हे अक्षर खोदत असत. हाड भाजल्यानंतर त्यावर ज्या खुणा तयार होत त्यांचा या 'बो:' बरोबर होणारा कोन लक्षात घेऊन मग प्रश्नाचं उत्तर होकारार्थी की नकारार्थी ते ठरविण्यात येत असे. यामुळे प्रश्न विचारतानाच तो एका विशिष्ट पद्धतीनं विचारावा लागत असे. कासवाच्या पोटाकडच्या भागावर एकमेकांना काटकोनात असलेल्या रेषा नैसर्गिकरीत्याच असल्यामुळे ती हाडं भविष्य सांगताना जास्त विश्वासार्ह मानली जाऊ लागली.

या भविष्यदर्शी हाडांवर आणखी दोन प्रकारच्या खुणा आढळतात. कुठल्या दिवशी हे हाड वापरलं गेलं त्याची माहिती सांगणारा मजकूर आणि सत्ताधीशांना खंडणी किंवा सारा म्हणून द्यावयाचे हिशेब अशा गोष्टीही या हाडांवर लिहिलेल्या असत. यामुळे शांग काळात दिवस कसे मोजले जात, दिनदर्शिकेची कोणती पद्धत अस्तित्वात होती अशी बरीच माहिती मिळते.

शांग काळात चंद्राच्या साहाय्यानं कालगणना होत असे. दर ६० दिवसांनी ही गणना पुन्हा पहिल्यापासून सुरू व्हायची. अजूनही पारंपरिक चिनी कालगणनेत ६० वर्षांचं चक्र मानलं जातं. दर तीन वर्षांनी या कालगणनेत ६० दिवस जास्तीचे मिळवले जात. आपल्या हिशेबात दर सहा वर्षांनी दोन अधिक महिने चीनमध्ये त्या काळात येत असत. कुठल्या महिन्यात दरबारचा कुठला मानकरी राजाला देणगी द्यायचा तेही या हाडांवरून स्पष्ट होतं. या हाडांवरून शांग साम्राज्य खूप दूरवर पसरलं होतं, हेही दिसून येतं.

या हाडांवरच्या प्रश्नावरून तिथले सम्राट, त्यांचे सरदार, त्या काळातली गुलामगिरीची पद्धत, अर्थकारण, शेती तसेच लग्नपद्धतीतील देवाणघेवाण, स्त्रियांचं समाजातील स्थान या गोष्टीही स्पष्ट होतात. याचं एक उदाहरण आपण इथं बघू या. चेंग आणि कु नावाचे दोन भविष्यवेत्ते त्या काळात प्रसिद्ध होते. हाओ नावाच्या राणीसाठी कुनं पुढील प्रश्न विचारले होते.

माझं बाळंतपण वेदनायुक्त असेल की वेदनाविरहित असेल? मी केलेल्या धार्मिक व्रताचं फळ चांगलं की वाईट असेल? मला युद्धात विजय मिळेल की पराभव पत्करावा लागेल? ही हाओ राणी तीन हजार सैनिकांचं नेतृत्व करीत असे. शांग काळात किमान १०० स्त्रिया वेगवेगळ्या वेळी युद्धनेतृत्व करीत होत्या. त्या राजकारणात आघाडीवर होत्या. त्यांना सरदार नजराणे भेट देत असत. त्यात गुलामांचा समावेश असे. त्या स्त्रियांना सम्राटाच्या दरबारात मान होता. झौ काळात मात्र स्त्रियांना सार्वजनिक आयुष्य नसे. त्यांना घराबाहेर पडताना कर्त्या पुरुषाची परवानगी घ्यावी लागत असे. त्या काळात कांस्य हा मिश्रधातू वापरात होता आदी गोष्टी या हाडांवरून कळतात.

इ.स.१९७६ मध्ये राणी हाओची कबर पुरातत्त्व शास्त्रज्ञांना सापडली. हाओ राणी मेली तेव्हा तिच्याबरोबर सोळा गुलाम पुरण्यात आले. तसेच जेड आणि संगमरवराच्या पाचशे मूर्ती, हाडांच्या बनवलेल्या ४०० वस्तू, अनेक आरसे, काशाची वस्त्रे आणि काशाची २०० भांडी पुरण्यात आली. यावरून हाओ राणीला तिच्या काळात भरपूर मान मिळत होता, हे स्पष्ट होतं.

अशा त्या काळात बऱ्याच कर्तबगार स्त्रिया होत्या. तेव्हा चार हजार वर्षांपूर्वी तरी चीनमध्ये स्त्री-पुरुष समानतेचं युग होतं, असं म्हणायला हरकत नाही.

■

# परिशिष्ट – १

# हनुमान आणि विज्ञान

मी लहानपणापासून जे वाचन केलं त्यात पुराणंही होती. त्यात कुठंतरी मारुतीच्या चमकदार बुद्धीच्या कथा वाचल्या होत्या. तो जसा 'बुद्धिमतां वरिष्ठम्' होता तसाच अत्यंत उत्तम संगीतकार आणि वीणावादक होता. याची एक गोष्ट मला आठवते. एकदा तुंबरूला गर्व झाला. आपल्यासारखा गायक आणि वीणावादक या जगात दुसरा कुणी नाही, असं त्याला वाटू लागलं. तेव्हा शंकरानं त्याला मारुतीकडे पाठवलं. मारुती एका जंगलात झाडाखाली संगीतसाधना करीत बसला होता. त्याला तुंबरूनं आव्हान दिलं. तेव्हा मारुतीनं त्याच्याकडे लक्ष न देता त्याची संगीतसाधना चालूच ठेवली. मग त्यानं हातातली वीणा फेकून दिली. ती मारुतीच्या गानविद्येमुळे पाघळलेल्या दगडात पडून तरंगू लागली. मारुतीनं मग गाणं थांबवताच खडक घट्ट झाले. त्यात ती वीणा रुतून बसली. तुंबरूनं परत मारुतीला हाक मारली. तेव्हा मारुती म्हणाला, "तुझ्या बरोबर आलो असतो पण काय करू माझी वीणा त्या खडकात रुतून बसलीय तेवढी काढून दे, मग महादेवापुढे जाऊन आपण गाणं म्हणू. ते देतील तो निर्णय मी मान्य करीन."

तुंबरूनं बरेच प्रयत्न केले. वेगवेगळे राग गाऊन बघितले; पण ते पाषाण काही विरघळले नाहीत. तेव्हा तुंबरू मनात काय ते समजला आणि त्यानं मारुतीची क्षमा मागितली. याचा विज्ञानाशी म्हटलं तर तसा संबंध नाही, पण संगीताच्या सुरांनी समतानता साधली की काचेला तडे जातात आणि दगडही पाघळू लागतात, अशी एक समजूत आहे. ही समतानता फार महत्त्वाची ठरते. मौखिक सुरांनी अशी समतानता साधणं, यासाठी खूपच सराव असणं आवश्यक आहे. तो हनुमानाजवळ होता, हे महत्त्वाचं. ही कथा ज्यानं रचली त्यानं ध्वनिशास्त्राचा खूप अभ्यास केला असणार हे उघडच आहे.

हनुमानाच्या आयुष्यातील आणखी एक घटना म्हणजे मकरध्वजाचा समुद्रोल्लंघनाच्या वेळचा जन्म आणि प्रत्यक्ष समुद्रोल्लंघन, तसंच 'राम' असं लिहून तरंगलेले दगड. यासाठी विज्ञान वापरण्यात आलं होतं का? हे आपल्याला तपासून बघायला हवं. अधिक खोलात शिरलं तर आपल्याला काय दिसलं?

प्रथम मारुती हा माकड होता, ही आपली समजूत आपल्याला बाजूला

ठेवायला हवी तरच या सर्व बाबींचा उलगडा होऊ शकतो. श्री. विश्वनाथ खैरे यांनी त्यांच्या भारतीय मिथ्यांचा मागोवा या ग्रंथात 'हनुमान' या संकल्पनेचं जे विश्लेषण केलंय त्यापेक्षा माझं म्हणणं सर्वस्वी वेगळं आहे. खैरे मारुतीला 'शेंडे नक्षत्र ऊर्फ धुमकेतू' मानतात. म्हणजे मारुती ही संकल्पना खगोलशास्त्राशी जोडतात. त्यांचं स्पष्टीकरणही पटेल असं आहे. मला जे स्पष्टीकरण सुचलं ते जमिनीवरचं आहे. लायल वॉटसन यांच्या 'द लायटनिंग बर्ड' या पुस्तकाचा अनुवाद करताना आणि त्या आधी भूशास्त्रीय भटकंती करताना मला आदिवासी चालीरीतींमध्ये रसनिर्माण झाला. पुढे 'आदिवासींचे अनोखे विश्व' या ग्रंथासाठी संदर्भ गोळा करताना मला या दृष्टीने हनुमानाबद्दल एक नवा विचार सुचला. हा विचार सुचायला आणखी एक गोष्ट कारणीभूत ठरली. भारतीय महायुद्धात जे सैन्य कौरव पांडवांनी गोळा केले होते त्यात अर्जुनाच्या ध्वजावर 'मारुती' होता. हे तर मी लहानपणापासून वाचत होतो, हे खरं पण आदिवासींच्या चालीरीती गोळा करताना या घटनेला नवी दिशा मिळाली.

बऱ्याच रेड इंडियन, आफ्रिकन आणि ईशान्य भारतीय जमातींचं ख्रिस्तीकरण होण्याआधी त्यांच्या ध्वजावर एखादा प्राणी किंवा पक्षी असायचा. या पक्ष्याला किंवा पशूला ते पवित्र मानत असत. त्याची हत्या करत नसत. ती जमात किंवा ती टोळी त्या पशू किंवा पक्ष्यांच्या नावानं ओळखली जात असे. मारुती हा अशा 'वानर' ध्वज असलेल्या टोळीचा प्रमुख सदस्य असावा. आफ्रिकेत तसंच अमेरिकेत इंडियनांमध्ये त्यांच्या लढाऊ वीरांना जोपर्यंत ते लढवय्ये म्हणून कार्यरत असतील तोपर्यंत स्त्रीसंग वर्ज्य असे. आपल्याकडे बरेच कुस्तीगीर हा नियम पाळत असत. कुस्तीतून निवृत्त झाल्यानंतरच त्यांना लग्न करण्याची परवानगी असे. 'ब्रह्मचर्य हेच जीवन वीर्यनाश हा मृत्यू' या ग्रंथातही बऱ्याच अंशी हेच सांगितलं आहे. लग्न झाल्यानंतरही स्त्रीशी कितीवेळ आणि केव्हा संबंध ठेवला तर ब्रह्मचर्य टिकून राहते, याचंही त्यामध्ये विवेचन आहे. कारण पुत्रनिर्मिती हा तर हिंदूधर्माच्या दृष्टीनं एक महत्त्वाचा टप्पा प्रत्येक व्यक्तीच्या आयुष्याला अर्थ प्राप्त करून देत असतो. त्यामुळे स्त्री-पुरुष संबंध वर्ज्य करणे म्हणजे नरकात जाण्याची पहिली पायरी मानली जात असे. असंच 'वानर ध्वजधारी' जमातीतही मानत असावेत. ही जमात द्रवीडी असेल नाही असं नाही पण मानववंशशास्त्राच्या दृष्टिकोनातून कुठलाही सजीव जगतो तो पुनरुत्पादनासाठीच जगतो, हे त्रिकालाबाधित सत्य आहे.

मारुती हा 'वानरध्वज' असलेल्या जमातीतील वीर पुरुष. अशी परंपरा चालविणाऱ्या सर्वच पुरुषांना मारुती किंवा हनुमानही पदवी असावी आणि त्या सर्व हनुमानांची आख्यायिका बनताना एकच अजरामर हनुमान बनला, ही शक्यता टाळता येत नाही. असा हा वानरध्वज हनुमान 'समुद्रलंघोनी लंकेसी गेला', तो कसा?

पूर्वी कुठल्याही मोठ्या जलाशयाला 'सागर' म्हणायची पद्धत होती. आजही ती आढळते. उदा. मुंबईला पाणी पुरवठा करणारा एक जलाशय 'मोडकसागर' या नावानं ओळखला जातो. इतरही असे 'सागर' भारतात आहेत. पूर्वी संरक्षणाच्या दृष्टीनं बरेचदा बऱ्याच राजधानीच्या शहरांच्या भोवती खंदकातून पाणी सोडलं जात असे. याही पेक्षा महत्त्वाची गोष्ट म्हणजे पाणथळ प्रदेशात मध्यभागी जिथे एखादी टेकडी किंवा उंचवट्याची २ ते ४ चौरस मि.मी.ची जागा असे. तिथे वस्ती वसवली जायची. ते राजधानीचं शहर असे. तिथं जायचं तर बांबूनं ढकलल्या जाणाऱ्या सपाट बुडाच्या तरीचा म्हणजे होडीचा वापर केला जायचा. यात आणखी एक मेख होती. बरेचदा या पाणथळ भागात लाकडाचे मोठमोठे ओंडके टाकले जात, ते पाणी मुरून जड होत आणि पाण्यात बुडत. त्यावर सपाट फरशा किंवा खडकांचे सपाट तुकडे टाकले जात. मध्यप्रदेश, ओरिसा आणि आंध्रप्रदेशातील ग्रामीण भागात ही खडकांचे तुकडे काढायची पद्धत कालपरवापर्यंत बऱ्याच भागात वापरात असे.

या पद्धतीनुसार ज्या आकारमानाचे तुकडे हवेत तशा आकारात खडकांच्या पृष्ठभागावर गवत पसरले जात असे. म्हणजे चौकोन, त्रिकोण वगैरे. मग या गवतावर तेल टाकून ते पेटवून दिलं जायचं. गवत पेटून त्याची राख झाली की त्यावर पखालीनं गार पाणी ओतायचं. यामुळे दगड तडकायचे मग त्याचे तुकडे काढून घ्याचे. असे तुकडे पाण्यात बुडालेल्या आणि चिखलात रुतलेल्या ओंडक्यावर ठेवले जायचे तेही पाण्याखाली असत. सैन्यातील विशिष्ट लोकांना आणि राजाच्या गुप्तचरांना या गुप्तवाटा माहीत असत. अशा या बुडीत रस्त्यांचे अवशेष इंग्लंडपासून चीनपर्यंत संपूर्ण युरेशियातील अनेक ठिकाणी उत्खननात सापडलेले आहेत.

आता हे आधी अशासाठी सांगितलं की पुढं रामसेतूचा आणि हनुमानाच्या समुद्रोल्लंघनाचा उलगडा करायला हे उपयुक्त ठरेल. मूळ वाल्मिकी रामायणाच्या वेगवेगळ्या विद्वानांनी भाषाशास्त्र आणि इतर अभ्यास पद्धतींनी शुद्ध प्रती निर्माण केल्या आहेत. त्यानुसार राम नर्मदा नदी ओलांडून दक्षिणेस गेल्याचा कुठेही उल्लेख आढळत नाही. ह. धि. सांकलिया, इरावती कर्वे आदी विद्वानांनी पुरातत्त्व शास्त्र, मानवशास्त्र या विषयांच्या आधारे रावणाची लंका मध्यप्रदेश, ओरिसा किंवा बंगालमध्ये असावी असं म्हटलंय. या तीनही ठिकाणी प्राचीन काळापासून पाणथळ प्रदेश आणि भली मोठी सरोवरे होती आणि आहेत. तिथे वस्त्या होत्या. यांचेही अश्मयुगीन काळापासूनचे पुरावे आढळतात. अशा ठिकाणी वसलेली लंका हे बेट होतं म्हणजे चारी बाजूंनी पाण्यानं वेढलेली भूमी होती. तिथं जायला असे जलांतर्गत सेतू असावेत. हनुमान अशा एखाद्या सेतूवरून गेला असेल. त्याच भागात ज्यांच्या ध्वजावर मगरीचं चिन्ह होतं अशी जमात असेल.

'हनुमान' हा सुद्धा एक नसावा तर पराक्रमी वीर पुरुषांचा तो एक संघ असावा. यांचा ध्वज वानराचा असावा. या वानरध्वज लोकांनी मकरध्वज लोकांना आपल्याकडे वळवून घेतलं असावं. त्या काळात या दोन जमातींचा संकर झाला असावा. रामायण आणि राम-रावण युद्ध हे काही आठ-दहा दिवसात घडलेला खेळ नव्हता. कदाचित ते युद्ध अनेक वर्षंही चाललं असेल, ही शक्यता नाकारता येत नाही. त्यामुळे 'मकर' जमातीला वापरून वानरांच्या हनुमानदलानं लंकेत जायचे मार्ग माहीत करून घेतले असावेत. मग त्यावर आणखी शीला टाकून सेतू बांधला असावा. ही शक्यता नाकारता येत नाही.

 हा एक विचार मनात आला तो वेगवेगळ्या आदिम जमातींबद्दलचं लेखन करताना सत्यकथांचं आख्यायिकांत आणि आख्यायिकांचं मिथ्यकथात कसं रूपांतर होतं यावर वेळोवेळी बरंच लिहिलं गेलंय. ते ज्यांनी वाचलंय त्यांना वरील स्पष्टीकरण अतिशयोक्त वाटणार नाही, याची खात्री वाटते.

■

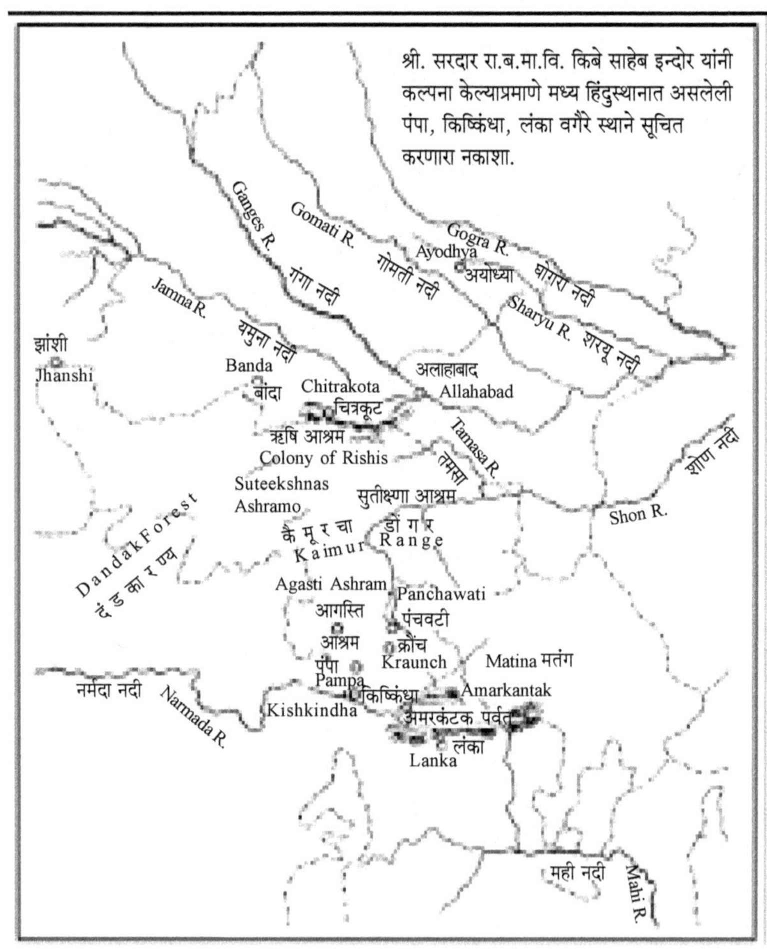


श्री. सरदार रा.ब.मा.वि. किबे साहेब इन्दोर यांनी
कल्पना केल्याप्रमाणे मध्य हिंदुस्थानात असलेली
पंपा, किष्किंधा, लंका वगैरे स्थाने सूचित
करणारा नकाशा.
Ganges R. गंगा नदी
Gomati R. गोमती नदी
Gogra R. घागरा नदी
Ayodhya अयोध्या
Jamna R. यमुना नदी
Sharyu R. शरयू नदी
झांशी
Jhanshi
Banda
बांदा
Chitrakota चित्रकूट
अलाहाबाद
Allahabad
ऋषि आश्रम
Colony of Rishis
Tamasa R. तमसा
शोण नदी
Suteekshnas
Ashramo
सुतीक्ष्णा आश्रम
Shon R.
Dandak Forest दंडकारण्य
कैमूरचा
Kaimur Range
डोंगर
Agasti Ashram
आगस्ति
Panchawati
पंचवटी
आश्रम
क्रौंच
Matina मतंग
Pampa
Kraunch
पंपा
नर्मदा नदी Narmada R.
किष्किंधा
Amarkantak
Kishkindha
अमरकंटक पर्वत
लंका
Lanka
मही नदी Mahi R.

श्री. किबे यांनी आयुष्यभर रामायणावर संशोधन केलं होतं.

डॉ. ह. धि. सांकलिया या जागतिक कीर्तीच्या पुरातत्त्व शास्त्रज्ञाचं आणि डॉ. इरावती कर्वे या त्रिखंड कीर्तीच्या मानवशास्त्रज्ञ विदूषीचं तसंच इतरही अनेक भारतीय व पाश्चात्त्य शास्त्रज्ञांचं मत रावणाची लंका ही मध्य प्रदेश किंवा ओरिसात (आता झारखंड) असावी असं आहे.

■

# संदर्भ आणि अधिक माहितीसाठी ग्रंथ


१. पॉप्युलर आर्किऑलॉजी हे इंग्लंड मधून प्रसिध्द होणारं नियतकालिक.

२. आर्किऑलॉजी हे आर्किऑलॉजीकल इन्स्टिटट्यूट ऑफ अमेरिका या संस्थेचे मुखपत्र.

३. सायंटिफिक अमेरिकन ह्या अमेरिकन मासिकातील लेख आणि लॉस्टसिरीज हे त्या लेखांचे संकलन.

४. सायन्स इन हिस्टरी – खंड पहिला इमर्जन्स ऑफ सायन्स, ले., जे.डी. बर्नल पेंग्विन, १९६५.

५. मरकॅटर्स वर्ल्ड-या मासिकाचे अंक.

६. ग्रेट पीपल्स ऑफ द एन्शंट वर्ल्ड – डी. एम. व्हॉन, लॉगमन अँड ग्रीन, १९२४.

७. इस्लामिक टेन्कॉलॉजी– अल-हसन आणि डी. आर. हिल. केंब्रीज युनि. प्रेस १९८६.

८. सायन्स अँड सिव्हिलायझेशन इन चायना- जे. नीडहॅम, केंब्रीज युनि. प्रेस १९९४ नंतरचे सहा खंड.

९. एन्शंट इन्व्हेन्शन्स – पीटर जेम्स आणि निक थॉर्प. बॅलंटाइन्स बुक्स, १९९४.

१०. सायन्स इन मेडिव्हल इस्लाम – हॉवर्ड टर्नर, ऑक्सफर्ड युनि. प्रेस १९९९.

११. द हिस्टरी ऑफ सायन्स ( खंड-५ ) रे स्पॅगेनबर्ग आणि डायेन के. मोझेर युनिव्हर्सिटी प्रेस, हैद्राबाद, १९९३.